"十三五"国家重点出版物出版规划项目
面向可持续发展的土建类工程教育丛书
普通高等教育工程造价类专业"十三五"系列教材

建设工程计价基础与定额原理

主　编　陶学明　熊　伟
副主编　陈胜明　卢永琴
参　编　陈泽友　黄　锐　项　健　肖光朋　郭丹丹

机械工业出版社

本书结合最新的《建设工程工程量清单计价规范》和《房屋建筑与装饰工程工程量计算规范》等九册专业计量规范、《建筑安装工程费用项目组成》等规范性文件以及编写团队多年来在教学中探索和优化的成果，本着深入浅出、突出重点、重在实用的原则，全面系统地阐述了工程造价构成、工程计价依据和计价方法，并系统地介绍了工程定额原理、各类定额的编制和使用方法，同时引入了典型工程案例。

本书为高校工程造价专业和工程管理专业的教材，也可供工程造价从业人员参考。

本书配有电子课件，免费提供给选用本书的授课教师。需要者请登录机械工业出版社教育服务网（www.cmpedu.com）注册下载，或根据书末的“信息反馈表”索取。

图书在版编目（CIP）数据

建设工程计价基础与定额原理/陶学明，熊伟主编．—北京：机械工业出版社，2016.1（2025.7 重印）

普通高等教育工程造价类专业“十三五”系列教材

ISBN 978-7-111-52039-9

Ⅰ.①建… Ⅱ.①陶…②熊… Ⅲ.①建筑工程—工程造价—高等学校—教材②建筑预算定额—高等学校—教材 Ⅳ.①TU723.3

中国版本图书馆 CIP 数据核字（2015）第 283328 号

机械工业出版社（北京市百万庄大街 22 号 邮政编码 100037）

策划编辑：刘 涛 责任编辑：刘 涛 臧程程

版式设计：霍永明 责任校对：佟瑞鑫

封面设计：马精明 责任印制：张 博

北京建宏印刷有限公司印刷

2025 年 7 月第 1 版第 9 次印刷

184mm×260mm · 14.5 印张 · 359 千字

标准书号：ISBN 978-7-111-52039-9

定价：42.00 元

电话服务	网络服务
客服电话：010-88361066	机 工 官 网：www.cmpbook.com
010-88379833	机 工 官 博：weibo.com/cmp1952
010-68326294	金 书 网：www.golden-book.com
封底无防伪标均为盗版	机工教育服务网：www.cmpedu.com

普通高等教育工程造价类专业系列教材

编 审 委 员 会

序　一

1996年，建设部和人事部联合发布了《造价工程师执业资格制度暂行规定》，工程造价行业期盼多年的造价工程师执业资格制度和工程造价咨询制度在我国正式建立。该制度实施以来，我国工程造价行业取得了三个方面的主要成就：

一是形成了独立执业的工程造价咨询产业。通过住房和城乡建设部标准定额司和中国建设工程造价管理协会（以下简称中价协），以及行业同仁的共同努力，造价工程师执业资格制度和工程造价咨询制度得以顺利实施。目前，我国已拥有注册造价工程师近11万人，甲级工程造价咨询企业1923家，年产值近300亿元，进而形成了一个社会广泛认同独立执业的工程造价咨询产业。该产业的形成不仅为工程建设事业做出了重要的贡献，也使工程造价专业人员的地位得到了显著提高。

二是工程造价管理的业务范围得到了较大的拓展。通过大家的努力，工程造价专业从传统的工程计价发展为工程造价管理，该管理贯穿于建设项目的全过程、全要素，甚至项目的全寿命周期。造价工程师的地位之所以得以迅速提高就在于我们的业务范围没有仅仅停留在传统的工程计价上，而是与我们提出的建设项目全过程、全要素和全寿命周期管理理念得到很好的贯彻分不开的。目前，部分工程造价咨询企业已经通过他们的工作成就，得到了业主的充分肯定，在工程建设中发挥着工程管理的核心作用。

三是通过推行工程量清单计价制度实现了建设产品价格属性从政府指导价向市场调节价的过渡。计划经济体制下实行的是预算定额计价，显然其价格的属性就是政府定价；在计划经济向市场经济过渡阶段，仍然沿用预算定额计价，同时提出了“固定量、指导价、竞争费”的计价指导原则，其价格的属性具有政府指导价的显著特征。2003年《建设工程工程量清单计价规范》实施后，我们推行工程量清单计价方式，该计价方式不仅是计价模式形式上的改变，更重要的是通过“企业自主报价”改变了建设产品的价格属性，它标志着我们成功地实现了建设产品价格属性从政府指导价向市场调节价的过渡。

尽管取得了具有划时代意义的成就，但是，必须清醒地看到我们的主要业务范围还是相对单一、狭小，具有系统管理理论和技能的工程造价专业人才仍很匮乏，学历教育的知识体系还不能适应行业发展的要求，传统的工程造价管理体系部分已经不能适应构建我国法律框架和业务发展要求的工程造价管理的发展要求。这就要求我们重新审视工程造价管理的内涵和任务、工程造价行业发展战略和工程造价管理体系等核心问题。就上述三个问题笔者认为：

1. 工程造价管理的内涵和任务。工程造价管理是建设工程项目管理的重要组成部分，它是以建设工程技术为基础，综合运用管理学、经济学和相关的法律知识与技能，为建设项目的工程造价的确定、建设方案的比选和优化、投资控制与管理提供智力服务。工程造价管理的任务是依据国家有关法律、法规和建设行政主管部门的有关规定，对建设工程实施以工程造价管理为核心的全面项目管理，重点做好工程造价的确定与控制、建设方案的优化、投资风险的控制，进而缩小投资偏差，以满足建设项目投资期望的实现。工程造价管理应以工程造价的相关合同管理为前提，以事前控制为重点，以准确工程计量与计价为基础，并通过优化设计、风险控制和现代信息技术等手段，实现工程造价控制的整体目标。

2. 工程造价行业发展战略。一是在工程造价的形成机制方面，要建立和完善具有中国特色的"法律规范秩序，企业自主报价，市场形成价格，监管行之有效"工程价格的形成机制。二是在工程造价管理体系方面，构建以工程造价管理法律、法规为前提，以工程造价管理标准和工程计价定额为核心，以工程计价信息为支撑的工程造价管理体系。三是在工程造价咨询业发展方面，要在"加强政府的指导与监督，完善行业的自律管理，促进市场的规范与竞争，实现企业的公正与诚信"的原则下，鼓励工程造价咨询行业"做大做强，做专做精"，促进工程造价咨询业可持续发展。

3. 工程造价管理体系。工程造价管理体系是指建设工程造价管理的法律法规、标准、定额、信息等相互联系且可以科学划分的整体。制订和完善我国工程造价管理体系的目的是指导我国工程造价管理法制建设和制度设计，依法进行建设项目的工程造价管理与监督。规范建设项目投资估算、设计概算、工程量清单、招标控制价和工程结算等各类工程计价文件的编制。明确各类工程造价相关法律、法规、标准、定额、信息的作用、表现形式以及体系框架，避免各类工程计价依据之间不协调、不配套、甚至互相重复和矛盾的现象。最终通过建立我国工程造价管理体系，提高我国建设工程造价管理的水平，打造具有中国特色和国际影响力的工程造价管理体系。工程造价管理体系的总体架构应围绕四个部分进行完善，即工程造价管理的法规体系、工程造价管理标准体系、工程计价定额体系以及工程计价信息体系。前两项是以工程造价管理为目的，需要法规和行政授权加以支撑，要将过去以红头文件形式发布的规定、方法、规则等以法规和标准的形式加以表现；后两项是服务于微观的工程计价业务，应由国家或地方授权的专业机构进行编制和管理，作为政府服务的内容。

我国从1996年才开始实施造价工程师执业资格制度，至今不过十几年的时间。天津理工大学在全国率先开设工程造价本科专业，2003年才获得教育部的批准。但是，工程造价专业的发展已经取得了实质性的进展，工程造价业务从传统概预算计价业务发展到工程造价管理。尽管如此，目前，我国的工程造价管理体系还不够完善，专业发展正在建设和变革之中，这就急需构建具有中国特色的工程造价管理体系，并积极把有关内容贯彻到学历教育和继续教育中。2010年4月，笔者参加了2010年度"全国普通高等院校工程造价类专业协作组会议"，会上通过了尹贻林教授提出的成立"普通高等教育工程造价类专业系列规划教材"编审委员会的议题。我认为，这是工程造价专业发展的一件大好事，也是工程造价专业发展的一项重要基础工作。该套系列教材是在中价协下达的"造价工程师知识结构和能力标准"的课题研究基础上规划的，符合中价协对工程造价知识结构的基本要求，可以作为普通高等院校工程造价专业或工程管理专业（工程造价方向）的本科教材。2011年4月中价协在天津召开了理事长会议，会议决定在部分普通高等院校工程造价专业或工程管理专业（工程造价方向）试点，推行双证书（即毕业证书和造价员证书）制度，我想该系列教材将成为对认证院校评估标准中课程设置的重要参考。

该套教材体系完善，科目齐全，笔者虽未能逐一拜读各位老师的新作，进而加以评论，但是，我确信这将又是一个良好的开端，它将打造一个工程造价专业本科学历教育的完整结构，故笔者应尹贻林教授和机械工业出版社的要求，还是欣然命笔，写了一下对工程造价专业发展的一些个人看法，勉为其序。

中国建设工程造价管理协会
秘书长　吴佐民

注：本序写于2011年。

序　二

进入21世纪，我国高等教育界逐渐承认了工程造价专业的地位。这是出自以下考虑：首先，我国三十余年改革开放的过程主要是靠固定资产投资拉动经济的迅猛增长，导致对计量计价和进行投资控制的工程造价人员的巨大需求，客观上需要在高校中办一个相应的本科专业来满足这种需求；其次，高等教育界的专家、领导也逐渐意识到一味追求宽口径的通才培养不能适用于所有高等教育形式，开始分化，即重点大学着重加强对学生培养的人力资源投资通用性的投入以追求“一流”，而对于更大多数的一般大学则着力加强对学生的人力资源投资专用性的投入以形成特色。工程造价专业则较好地体现了这种专用性，是一个活跃而精准满足了上述要求的小型专业。第三，大学也需要有一个不断创新的培养模式，既不能泥古不化，也不能随市场需求而频繁转变。达成上述共识后，高等教育界开始容忍一些需求大，但适应面较窄的专业。在近十年的办学历程中，工程造价专业周围逐渐聚拢了一个学术共同体，以“普通高校工程造价专业教学协作组”的形式存在着，每年开一次会议，共同商讨在教学和专业建设中遇到的难题，目前已有近三十所高校的专业负责人参加了这个学术共同体，日显人气旺盛。

在这个学术共同体中，大家都认识到，各高校应因地制宜，创出自己的培养特色。但也要有一些核心课程来维系这个专业的正统和根基。我们把这个根基定为与大学生的基本能力和核心能力相适应的课程体系。培养学生基本能力是各高校基础课程应完成的任务，对应一些公共基础理论课程；而核心能力则是今后工程造价专业适应行业要求的培养目标，对应一些高校自行设置、各有特色的工程造价核心专业课程。这两类能力和其对应的课程各校均已达成共识，从而形成了这套“普通高等教育工程造价类专业系列规划教材”。以后的任务则是要在发展能力这个层次上设置各校特色各异又有一定共识的课程和教材，从英国工程造价（QS）专业的经验看，这类用于培养学生的发展能力的课程或教材至少应该有项目融资及财务规划、价值管理与设计方案优化、LCC及设施管理等。那将是我们协作组今后的任务，可能要到“十三五”才能实现。

那么，高等教育工程造价专业的培养对象，即我们的学生应如何看待并使用这套教材呢，我想，学生应首先从工程造价专业的能力标准体系入手真正了解自己为适应工程造价咨询行业或业主方、承包商方工程计量计价及投资控制的需要而应当具备的三个能力层次体系，即成为工程造价专业人士必须掌握的基本能力、核心能力、发展能力入手，了解为适应这三类能力的培养而设置的课程，并检查自己的学习是否掌握了这几种能力。如此循环往复，与教师及各高校的教学计划互动，才能实现所谓的“教学相长”。

工程造价专业从一代宗师徐大图教授在天津大学开设的专科专业并在技术经济专业植入工程造价方向以来，在21世纪初由天津理工大学率先获教育部批准正式开设目录外专业，到本次教育部调整高校专业目录获得全国管理科学与工程学科教学指导委员会全体委员投票赞成保留，历时二十余载，已日臻成熟。期间徐大图教授创立的工程造价管理理论体系至今仍为后人沿袭，而后十余年间又经天津理工大学公共项目及工程造价研究所研究团队及开设工程造价专业的近三十所高校同行共同努力，已形成坚实的教学体系及理论基础，在工程造价这个学术共同体中聚集了国家教学名师、国家精品课、国家级优秀教学团队、国家级特色专业、国家级优秀教学成果等一系列国家教学质量工程中的顶级成果，对我国工程造价咨询业和建筑业的发展形成强烈支持，贡献了自己的力量，得到了高等工程教育界的认同也获得世界同行们的瞩目。可以想见经过进一步规划和建设，我国高等工程造价专业教育必将赶超世界先进水平。

天津理工大学公共项目与工程造价研究所（IPPCE）所长

尹贻林　博士　教授

注：本序写于2011年。

前 言

随着我国建设行业向工业化和现代化全面转型，建设工程工程量清单计价制度的全面建立，特别是建设项目全过程造价管理的普遍实施，为提高工程投资效益，保证工程质量与安全，维护各方利益及市场秩序，保证公平竞争奠定了重要的基础。工程计价与管理作为工程项目管理的核心内容，越来越受到投资方、建设方和承包商等建设各方参与主体的高度重视。工程造价不仅仅是计量与计价问题，已经更多地涉及造价水平如何确定，生产资源要素消耗量如何测定与控制，新材料、新工艺、新技术如何定价，工程造价的管控如何优化等价值管理的较深层次的问题。

编者及其教学团队总结了近20年工程造价教学、科研和工程实践的经验，结合工程造价专业学生能力培养的要求，以工程实践需求为导向，提出将工程造价专业知识分为三个层面的教学思路，第一为造价专业基础层面，提炼工程造价各专业工程的共同基础，集中教学；第二主要是操作层面的知识体系，包括各专业工程的计量与计价教学；第三主要是管理层面知识，解决工程造价管理和工程项目实施阶段造价控制以及造价管控综合能力提升的教学问题。这种安排，有利于学生较早就接触工程造价专业知识，系统掌握建筑产品基本构成要素的工程量、单位价格形成的基本原理，学习上能够循序渐进，由浅入深，并能开拓思路，对培养学生创新创业思维有较大好处。

本书就是为适应第一层面工程造价专业基础知识的学习而编写的。全书分为5章，结合2013版《建设工程工程量清单计价规范》和《房屋建筑与装饰工程工程量计算规范》等系列专业计量规范，2013版《建筑安装工程费用项目组成》《工程造价术语标准》等规范性文件，以及编者团队的科研成果和大量的工程案例编写。本书本着深入浅出、突出重点、重在实用的原则，全面系统地阐述了工程造价概念、工程造价构成、工程计价依据和计价方法，并对计价基础的重要组成部分——工程定额原理、各类定额的编制和使用方法进行了系统的介绍，同时引入大量典型工程案例，使本书具有较好的理论性和较强的实用性。

本书由西华大学陶学明、熊伟主编，陈胜明、卢永琴副主编。具体编写分工为陶学明、项健合编第1章，陈胜明、陶学明合编第2章，陶学明、肖光朋、郭丹丹合编第3章，卢永琴、陈泽友、黄锐合编第4章，熊伟、陈泽友、卢永琴合编第5章。王耀萱、伍洋在资料准备、例题编写等方面也做了大量工作。全书由陶学明、熊伟统稿。

中国建设工程造价管理协会秘书长吴佐民先生、四川省造价工程师协会会长谢洪学先生为本书提出了许多建设性意见，在此深表感谢。

本书主要作为高等学校工程造价专业和工程管理专业学生的教材使用，也可以作为工程造价从业人员的参考用书。

由于工程计价与工程造价管理的理论、方法和内容需要在工程实践中不断发展和完善，加之编者水平有限，书中难免有疏忽遗漏之处，敬请各位专家、学者、同行批评指正，我们不胜感激。

编 者

于西华大学

目　录

第1章

工程造价概论

本章学习重点

工程造价是工程建设中的一个重要组成部分，它既是工程经济问题，也涉及工程技术问题和建设项目管理问题。本章通过对建设项目的概念、特征、组成、分类的学习，逐步掌握建设项目建设程序及内容、建设项目管理的基本制度等知识点。通过学习工程造价的基本概念、特点和作用以及计价特征等，掌握工程造价的基础概念、工程造价管理的基础知识，熟悉我国工程造价管理制度，为进一步学习工程造价知识体系打下牢固基础。

建设工程具有投资大、建设周期长、功能特定和不能移动等特点，因此造价确定及投资风险较大，对国民经济的影响也很大。及时准确地确定建设项目的建造价格并对这个价格及相关影响因素进行有效的控制管理，对每一个建设项目来说都是十分敏感和重要的问题。建设项目的建造价格就是工程造价。由于建设项目的特殊性，其造价受到多方面的影响，建设项目的性质、用途和规模不同，建设地点和时间不同，建造方案不同，还有其他诸多因素的变化，均会影响到工程建设项目的最终造价。学习工程造价，必须了解工程造价的服务对象——建设项目。掌握建设项目的组成和分类，熟悉建设程序，对分层次计算及管理工程造价十分重要。通过对工程造价概念及其基础知识的深入学习，认识工程造价关系到建设市场中需求主体和供给主体双方及参与项目其他各方的经济利益，对于建设项目进行可行性研究、确定工程规模、进行投资分析、筹集建设资金、工程招标投标、工程价款的拨付和竣工结算等都是十分重要的。

1.1 建设项目的概念、组成与分类

1.1.1 建设项目概念及其特征

1. 项目的概念

项目是指在一定的约束条件下（主要是限定时间、限定资源），具有明确目标的一次性任务。项目包括许多内容，可以是建设一项工程，如工业与民用建筑工程、港口工程、铁路工程、公路工程等；也可以是完成某项科研课题或研制一套设备，还可以是开发一套计算机应用软件等。这些都是一个项目，都有一定的时间、质量要求，也都是一次性任务。

2. 建设项目概念

按照 GB/T 50875—2013《工程造价术语标准》的定义，建设项目是指按一个总体规划

或设计进行建设的，由一个或若干个互有内在联系的单项工程组成的工程总和。

建设项目是以工程建设为载体的项目，是作为被管理对象的一次性工程建设任务。它以建筑物或构筑物为目标产出物，需要支付一定的费用、按照一定的程序、在一定的时间内完成，并应符合相关质量要求。建设项目又称工程建设项目，具体是指按照一个建设单位的总体设计要求，在一个或几个场地进行建设的所有工程项目之和，其建成后具有完整的系统，可以独立形成生产能力或者使用价值。通常以一家企业、一个单位或一个独立工程为一个建设项目。

3. 建设项目特征

建设项目与其他项目一样，作为被管理的对象，具有以下主要特征：

(1) 单件性或一次性　这是工程建设项目的最主要特征。所谓单件性或一次性，是指就任务本身和最终成果而言，没有与这项任务完全相同的另一项任务。例如建设一项工程，需要单件报批、单件设计、单件施工和单独地进行工程造价结算，它不同于其他工业产品的批量性，也不同于其他生产过程的重复性。

(2) 具有一定的约束条件　凡是工程建设项目都有一定的约束条件，建设项目只有满足约束条件才能获得成功。因此，约束条件是项目目标完成的前提。建设项目的主要约束条件为限定的质量、限定的工期和限定的造价，通常也称这三个约束条件为工程项目管理的三大目标。

(3) 具有寿命周期　建设项目的单件性和项目过程的一次性决定了每个工程建设项目都具有寿命周期。任何项目都有其产生时间、发展时间和结束时间，在不同的阶段都有特定的任务、程序和工作内容。掌握和了解项目的寿命周期，就可以有效地对项目实施科学的管理和控制。建设项目的寿命周期包括项目建议书、可行性研究、项目决策、设计、招标投标、施工和竣工验收等过程。对工程造价的管理和控制，就要对项目全过程的工程造价进行管理和控制，也是对整个建设项目寿命周期的管理。

(4) 投资额巨大、建设周期长　建设项目不仅实物形体庞大，而且造价数额高昂，工程建设项目消耗资源多，涉及项目参与各方的重大经济利益，对国民经济的影响较大。同时工程建设一般周期较长，受到各种外部因素及环境的影响和制约，增加了工程项目管理及工程造价控制的难度。

1.1.2　建设项目的组成

根据建设项目的组成内容和层次不同，按照分解管理的需要从大到小依次可分为建设项目、单项工程、单位工程、分部工程和分项工程。

1. 建设项目

建设项目是指按一个总体规划或设计进行建设的，由一个或若干个互有内在联系的单项工程组成的工程总和。

工程建设项目的总体规划或设计是对拟建工程的建设规模、主要建筑物构筑物、交通运输路网、各种场地、绿化设施等进行合理规划与布置所作的文字说明和图纸文件。如新建一座工厂，它应该包括厂房车间、办公大楼、食堂、库房、烟囱、水塔等建筑物、构筑物以及它们之间相联系的道路；又如新建一所学校，它应该包括办公行政楼、一栋或几栋教学大楼、实验楼、图书馆、学生宿舍等建筑物。这些建筑物或构筑物都应包括在一个总体规划或设计之中，并反映它们之间的内在联系和区别，我们将其称为一个建设项目或工程建设项目。

2. 单项工程

单项工程是指具有独立的设计文件，建成后能够独立发挥生产能力或使用功能的工程项目。

单项工程是建设项目的组成部分，一个建设项目可以包括多个单项工程，也可以仅有一个单项工程。工业建筑中一座工厂的各个生产车间、办公大楼、食堂、库房、烟囱、水塔等，非工业建筑中一所学校的教学大楼、图书馆、实验室、学生宿舍等都是具体的单项工程。

单项工程是具有独立存在意义的一个完整工程，由多个单位工程所组成。

3. 单位工程

单位工程是指具有独立的设计文件，能够独立组织施工，但不能独立发挥生产能力或使用功能的工程项目。

单位工程是单项工程的组成部分。在工业与民用建筑中，如一幢教学大楼或写字楼，总是可以划分为建筑工程、装饰工程、电气工程、给排水工程等，它们分别是单项工程所包含的不同性质的单位工程。

建筑工程或房屋建筑工程，一般指房屋建筑的基础、主体结构等的建造过程，包括土石方工程，地基基础工程，砌筑工程，混凝土及钢筋混凝土工程，金属结构工程，木结构工程，屋面及防水工程，保温、隔热、防腐工程等。

装饰工程指对建筑物起保护、美观、修饰作用的各部件的建造工作。装饰工程包括楼地面工程，墙柱面工程，天棚工程，门窗工程，幕墙工程，油漆、涂料、裱糊工程等。

电气工程通指机械电气设备设施的安装。在房屋建筑中，特指对房屋建筑及其附属设施的电气安装。电气安装工程包括机械设备安装工程、电气设备安装工程、热力设备安装工程、自动化控制仪表安装工程、通信设备及线路工程、建筑智能化系统设备安装工程等。

给排水工程通称管道安装工程，是对工业管道和房屋建筑管道的安装工作。包括工业管道工程，消防工程，给排水、采暖、燃气工程，通风空调工程，长距离输送管道工程等。

电气工程与给排水工程也统称为通用安装工程。

4. 分部工程

分部工程是单位工程的组成部分，是按结构部位、路段长度及施工特点或施工任务将单位工程划分为若干个项目单元。

上述土石方工程、地基基础工程、砌筑工程等就是单位工程——房屋建筑工程的分部工程，楼地面工程、墙柱面工程、天棚工程、门窗工程等就是装饰工程的分部工程。

在每一个分部工程中，因为构造、使用材料规格或施工方法等不同，完成同一计量单位的工程所需要消耗的人工、材料和机械台班数量及其价值的差别也很大，因此，还需要把分部工程进一步划分为分项工程。

5. 分项工程

分项工程是分部工程的组成部分，是按不同施工方法、材料、工序及路段长度等将分部工程划分为若干个项目单元。

分项工程是可以通过较为简单的施工过程生产出来，并可用适当的计量单位测算或计算其消耗量和单价的建筑或安装单元。如土石方工程，可以划分为平整场地、挖沟槽土方、挖基坑土方等；砌筑工程可以划分为砖基础、砖墙等；混凝土及钢筋混凝土工程可划分为现浇混凝土基础、现浇混凝土柱、预制混凝土梁等。分项工程不是单项工程那样的完整产品，一般来说，它的独立存在是没有意义的，它只是单项工程组成部分中一种基本的构成要素，是为了确定建设工程造价和计算人工、材料、机械等消耗量而划分出来的一种基本项目单元，它既是工程质量形成的直接过程，又是建设项目的基本计价单元。

综上所述，一个建设项目由一个或几个单项工程组成，一个单项工程由一个或几个单位工程组成，一个单位工程又由若干个分部工程组成，一个分部工程又可划分为若干个分项工程。分项工程是建筑工程计量与计价的最基本部分。了解建设项目的组成，既是工程施工与建造的基本要求，也是进行计算工程造价的组成单元，作为从事工程造价计价与管理的工程造价技术人员，分清和掌握建设项目的组成显得尤为重要。

建设项目的组成示意图如图 1-1 所示。

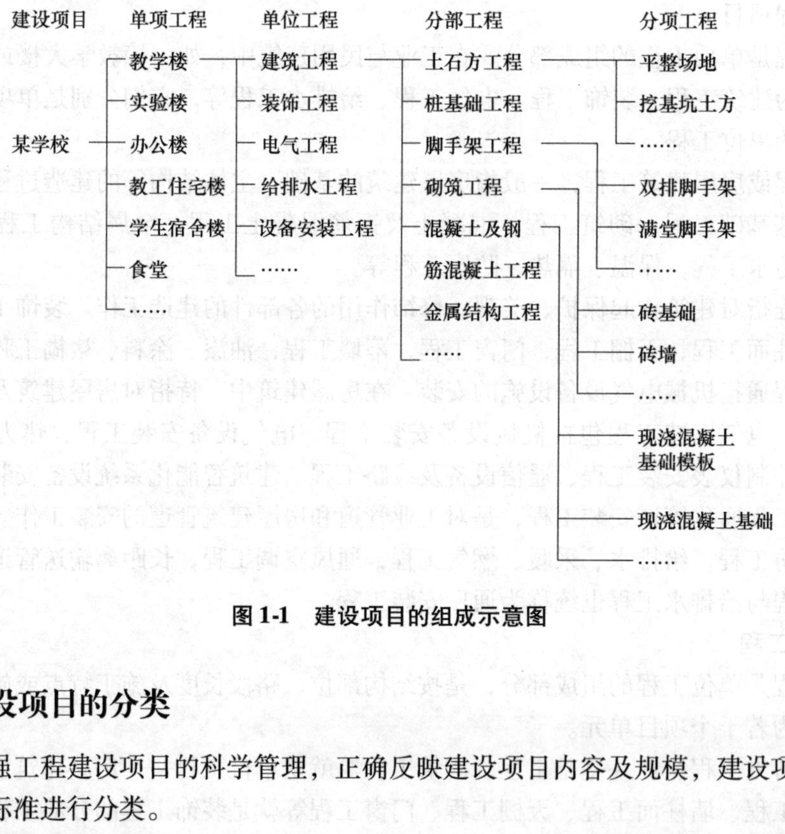

图 1-1　建设项目的组成示意图

1.1.3　建设项目的分类

为了加强工程建设项目的科学管理，正确反映建设项目内容及规模，建设项目可以按照不同的划分标准进行分类。

1. 按照建设性质划分

建设项目按其建设性质不同，可分为新建项目、扩建项目、改建项目、迁建项目和恢复项目。

（1）新建项目　指根据国民经济和社会发展的近远期规划，按照规定的程序立项，从无到有，新开始建设的项目。对原有的建设项目扩建，其新增加的固定资产价值超过原有全部固定资本价值三倍以上的，也属于新建项目。

（2）扩建项目　指原有企业为扩大原有产品的生产能力和效益，或增加新产品的生产能力和效益而增建的生产车间、独立生产线；行政事业单位在原有业务系统的基础上扩大规模而增建的固定资产投资项目。

（3）改建项目　指原有建设单位为了提高生产效率，改进产品质量或改进产品方向，对原有设备、工艺流程进行技术改造的项目；或为了提高综合生产能力，增加一些附属和辅助车间或非生产工程的项目。包括挖潜、节能、安全、环境保护等工程项目。

（4）迁建项目　指原有企事业单位根据自身生产经营和事业发展的需要，按照国家调整生产力布局的经济发展战略需要或出于环境保护等各种原因，迁移到另外的地方建设的项目。

（5）恢复项目　指原有企事业单位或行政单位，因自然灾害、战争或人为灾害等原因使原有固定资产遭受全部或部分报废，需要进行投资重建来恢复生产能力、业务工作条件和生活福利设施等的工程项目。这类工程项目，无论是按原有规模恢复建设，还是在恢复过程中同时进行扩建，都属于恢复项目。但对尚未建成投产或交付使用的工程项目受到破坏后，若仍按照原设计重建的，原建设性质不变；如果按照新设计重建，则根据新设计内容来确定其性质。

建设项目按其性质分为上述五类，一个建设项目只能有一种性质，在项目按总体设计全部建成以前，其建设性质是始终不变的。

2. 按照投资作用划分

建设项目按其投资在国民经济各部门中的作用，分为生产性工程项目和非生产性工程项目。

（1）生产性工程项目　指直接用于物质资料生产或直接为物质资料生产服务的建设项目，主要包括：

1）工业建设项目。包括工业、国防和能源建设项目。

2）农业建设项目。包括农、林、牧、渔、水利建设项目。

3）基础设施建设项目。包括交通、邮电、通信建设项目；地质普查、勘探建设项目。

4）商业建设项目。包括商业、饮食、仓储、综合技术服务的建设项目。

（2）非生产性工程项目　非生产性建设项目包括消费性建设项目，是指用于满足人民物质、文化和福利事业需要的建设和非物质生产部门的建设项目，主要包括：

1）办公用房。包括国家各级党政机关、社会团体、企业管理机关的办公用房。

2）居住建筑。包括住宅、公寓、别墅等。

3）公共建筑。包括科学、教育、文化艺术、广播电视、卫生、博览、体育、社会福利事业、公共事业、咨询服务、宗教、金融、保险等建设项目。

4）其他建设项目。不属于上述各类的其他非生产性项目。

3. 按照建设规模划分

为了适应建设项目分级管理的需要，国家将建设项目分为大型、中型、小型三类；更新改造项目分为限额以上和限额以下两类。不同等级标准的建设项目，在项目依法报建时，其审批机构或报建程序有所不同。按照建设规模划分的标准如下：

1）大型、中型、小型项目。大型项目、中型项目和小型项目是按照项目的建设总规模或总投资额来划分的。应按照批准的可行性研究报告所确定的总设计能力或投资总额的大小，依据国家颁布的《基本建设项目大中小型划分标准》进行划分。

2）生产单一产品的工业项目，按产品的设计生产能力划分；生产多种产品的工业项目，按其主要产品的设计生产能力来划分；生产品种繁多，不易分清主次，难以按产品的设计生产能力划分时，可按投资总额划分。

3）特殊建设项目。对国民经济和社会发展具有特殊意义的某些建设项目，虽然设计能力或全部投资不够大、中型项目标准，经国家批准已列入大、中型计划或国家重点建设工程的项目，也按照大、中型建设项目进行管理。

4）更新改造项目。更新改造项目指对原有设施进行固定资产更新和技术改造相应配套的工程以及有关工作，一般以提高现有固定资产的生产效率为目的。更新改造项目一般只按投资额分为限额以上和限额以下项目，不再按生产能力或其他标准划分。

基本建设项目的大、中、小型和更新改造项目的限额的具体划分标准，根据各个时期经济发展水平和时际工作中的需要而有所变化。

4. 按照项目的投资效益和市场需求划分

按照项目的投资效益，建设项目可划分为竞争性项目、基础性项目和公益性项目三种。

（1）竞争性项目　指投资效益比较高，竞争性比较强的建设项目。这些项目进入容易、市场调节作用明显。如商务办公楼、酒店、度假村、高档公寓等项目。这种项目的投资主体一般为企业，由企业自主决策，自担投资风险。

（2）基础性项目　指具有自然垄断性、建设周期长、投资额大而收益较低的基础设施或需要政府重点扶持的一部分基础工业项目，以及直接增强国力的符合经济规模的支柱产业项目。如交通、能源、水利、城市公用设施等。政府应集中必要的财力和物力，通过经济实体投资建设这些建设项目，同时，还应广泛吸收企业参与投资，有时还可吸收外商直接投资。

（3）公益性项目　指为社会发展服务、难以产生经济效益的建设项目。主要包括科技、文化、卫生、体育和环保等设施，公、检、法等政权机关以及政府机关、社会团体、办公设施、国防建设等项目。公益性项目的投资主要由政府用财政资金承担。

5. 按照项目的投资来源划分

按照项目的投资来源，建设项目可划分为政府投资项目和非政府投资项目两类。

（1）政府投资项目　指为了适应和推动国民经济或区域经济的发展，满足社会的文化、生活需要，以及出于政治、国防等因素的考虑，由政府通过财政投资、发行国债或地方财政债券、利用外国政府赠款和国家财政担保的国内外金融组织的贷款等方式独资或合资兴建的建设项目。

政府投资项目在国外也称公共工程。

按照其盈利性不同，政府投资项目又可分为经营性政府投资项目和非经营性政府投资项目，经营性政府投资项目是指具有盈利性质的政府投资项目，政府投资的水利、电力、铁路等项目都属于经营性项目。经营性政府投资项目应实行项目法人责任制，由项目法人对项目进行策划、资金筹措、建设实施、生产经营、债务偿还和资产的保值增值，并对项目实行全过程负责，使项目的建设与建成后的运营实现全过程管理。

非经营性政府投资项目一般是指非盈利性的，主要追求社会效益最大化的公益性建设项目。学校、医院以及各行政、司法机关的办公楼等项目都属于非经营性政府投资项目。非经营性政府投资项目可实行“代建制”，即通过招标等方式，选择专业化的项目管理单位负责建设实施，严格控制项目投资、质量和工期，待工程竣工验收后再移交给使用单位，从而使项目的投资、建设、监管和使用实现“四分离”。

（2）非政府投资项目　指企业、集体单位、外商和私人投资建设的工程项目。这类项目一般均实行项目法人责任制，使项目的建设与建成后的运营实现全过程管理。

1.2　建设项目的建设程序

1.2.1　建设项目建设程序概念

建设项目的建设程序指建设项目从设想、论证、评估、决策、勘测、设计、施工到竣工验收、投入生产或交付使用的整个建设过程中，各项工作必须遵循的内在规律。这个内在规律是人们在认识经济客观规律的基础上制定出来的，是建设项目科学决策和顺利进行的重要保证。

按照建设项目的内在规律，投资建设一项工程应当经过项目决策阶段、项目准备阶段、项目实施阶段和项目结束阶段共四个发展阶段和九个程序。各阶段以及每个阶段内的各项工作之间存在着严格的先后顺序关系，这种先后顺序可以进行合理的交叉，但不能任意颠倒。在不同的建设阶段，都需要计算不同形式的工程造价，这些工程造价有不同的精度要求，满足不同建设阶段的实际需要。建设程序示意图如图 1-2 所示。

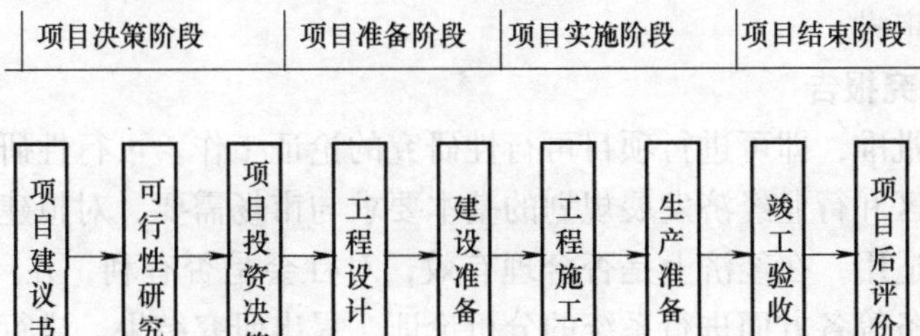

图 1-2　建设程序示意图

按照我国现行规定，建设项目从投资决策、建设实施到交付使用的建设程序需要完成以下工作：

1）根据国民经济和社会发展长远规划，结合行业和地区发展规划的要求，提出项目建议书。

2）在勘察、调查研究及详细技术经济论证的基础上编制可行性研究报告。

3）根据项目的咨询评估情况，对建设项目进行决策。

4）根据批准的可行性研究报告，编制设计文件。

5）初步设计经批准后，进行施工图设计，做好施工前的各项准备工作。

6）组织施工，并根据工程进度，做好生产或动用前的准备工作。

7）项目按批准的设计内容完成施工安装，经竣工验收合格后正式投产或交付使用。

8）使用一段时间或生产运营一段时间后（一般为 1 年），根据需要进行项目后评价。

1.2.2 建设项目建设程序内容

1. 编报项目建议书

项目建议书是拟建项目单位向国家提出的要求建设某一具体项目的建议文件，是建设程序中的最初阶段工作，是对拟建项目的初步设想，也是国家选择计划建设的工程项目的依据。

项目建议书的主要作用是推荐一个拟进行建设的项目的初步说明，论述它的建设必要性、建设条件的可行性和获利的可能性，供国家计划部门选择并确定是否进行下一步工作。项目建议书经批准后，可以进行详细的可行性研究工作，但并不表明项目非上不可，批准的项目建议书不是项目的最终决策。

项目建议书的内容视项目不同而有简有繁，但一般应包括以下主要内容：

1）建设项目提出的必要性和依据。

2）产品方案、拟建规模和建设地点的初步设想。

3）资源情况、建设条件、协作关系和设备技术引进国别、厂商等的初步分析。

4）投资估算、资金筹措及还贷方案设想。

5）项目的总体进度安排。

6）经济效益和社会效益的初步估计。

7）环境影响的初步评价。

对于政府投资项目，项目建议书按要求编制完成后，应根据拟建项目规模大小和限额标准分别报送有关部门审批。

2. 编报可行性研究报告

项目建议书一经批准，即可进行项目可行性研究的论证工作。可行性研究是根据国民经济长期发展规划，地区和行业经济发展规划的基本要求与市场需要，对拟建项目在工艺和技术上是否先进可靠与适用，在经济上是否合理有效，对社会是否有利，在环境上是否允许，在建造能力上是否具备等各方面进行系统的分析论证，提出研究结果，进行方案优选。从而提出拟建项目是否值得投资建设和怎样建设的意见，为项目投资决策提供科学合理和可靠的依据。

按有关规定，不同行业的建设项目，其可行性研究内容可以有不同的侧重点，但一般要求具备以下基本内容：

（1）总论　综述项目概况，项目提出的背景，投资的必要性，研究工作的依据及范围，可行性研究各部分的主要结论，存在的问题与建议，并列出建设项目主要技术经济指标。

（2）市场需求预测和拟建规模　主要内容包括：国内外需求情况的预测、国内现有工厂生产能力的估计、产品销售预测、价格分析、产品竞争能力、进入国际市场的前景、拟建项目的规模、产品方案和发展方向的技术经济比较和分析。

（3）资源、原材料、燃料及公用设施情况　主要内容包括：经批准的资源储量、品位、成分以及开发条件的评述，原料、辅助材料、燃料的种类、数量、质量、来源和供应可能性，所需公用设施的数量、供应方式和供应条件，外部协作条件及签订协议和合同的情况等内容。

（4）建厂条件和厂址选择方案　建厂的地理位置，气象、水文、地质、地形条件和社会经济状况，交通、运输及水、电、气、热的现状和发展趋势，厂址比较等选择意见，厂区总体布局方案等。

（5）设计方案　确定项目的构成范围，技术来源和生产方法，主要技术工艺和设备造型方案的比较，引进技术和设备的必要性及来源国家，设备和国内外分交或合作制造方案的设想以及必要的工艺流程图，全厂布置方案的初步选择和土建工程总量的估算，公用辅助设施和厂内外交通运输方式的比较和初步选择。

（6）环境保护与劳动安全　对项目建设地区的环境状况进行调查，预测项目对环境的影响，提出环境保护和“三废”治理的初步方案，提出劳动保护及安全生产等施工技术以及相应措施的方案。

（7）企业组织机构、劳动定员和人员资源配置

（8）项目施工计划

（9）投资估算和资金筹措　包括项目总投资估算、主体工程及辅助配套工程估算、流动资金估算等。资金筹措应注明资金来源、筹措方式、各种资金来源所占比例、资金成本及贷款的偿付方式等。

（10）项目社会及经济效果综合评价与结论及建议　进行生产成本估算、项目财务评价、国民经济评价、社会评价和不确定性分析，得出结论并给出建议。

3. 项目投资决策管理制度

按照我国现行规定，政府投资项目实行审批制，非政府投资项目实行核准制或登记备案制。

（1）政府投资项目　对于采用直接投资和资本金注入方式的政府投资项目，政府需要从投资决策的角度审批项目建议书和可行性研究报告，除特殊情况外，不再审批开工报告，同时还要严格审批初步设计和设计概算；对于采用投资补助、转贷和贷款贴息方式的政府投资项目，则只审批资金报告。

政府投资项目一般都要经过符合资质要求的咨询中介机构的评估论证，特别重大的项目还应实行专家评议制度。国家已逐步实行政府投资项目公示制度，以广泛听取各方面的意见和建议。

（2）非政府投资项目　对于企业不使用政府资金投资建设的项目，政府不再进行投资决策性质的审批制，而区别不同情况实行核准制或登记备案制。

1）核准制。企业投资建设《政府核准的投资项目目录》中的项目时，仅需向政府提交项目申请报告，不再经过批准项目建议书、可行性研究报告和开工报告的程序。

2）备案制。对于《政府核准的投资项目目录》以外的企业投资项目，实行备案制。除国家另有规定外，由企业按照属地原则向地方政府投资主管部门备案。

对于实施核准制或登记备案制的项目，虽然政府不再审批项目建议书和可行性研究报告，但并不意味着企业不需要编制可行性研究报告。为了保证企业投资决策的质量，投资企业也应编制可行性研究报告。

建设项目完成了审批制、核准制或登记备案制后，就可以进行项目设计任务书的编制了。

4. 工程设计

工程设计需编制设计任务书。设计任务书的主要内容，就是可行性研究报告的主要内

容。我国现行的工程设计工作一般为“三段式”设计，即初步设计、技术设计（也称扩大初步设计）和施工图设计。对一般建设项目，只作初步设计和施工图设计即可；而对于重大项目和技术复杂项目，应根据不同行业的特点和需要按三段式进行设计。设计是对拟建工程的实施在技术和经济上所进行的全面而详尽的安排，是工程建设计划的具体化，是组织施工的依据。设计质量直接关系到建设项目的质量，直接影响工程造价的高低，是工程建设决定性的环节。

（1）初步设计　初步设计是根据批准的可行性研究报告和设计基础资料，对工程进行系统研究，概略计算，作出总体安排，拿出具体实施方案。目的是在指定的时间、空间等限制条件下，在总投资控制的额度内和质量要求下，做出技术上可行、经济上合理的设计和规定。

初步设计的主要内容包括：设计依据，设计指导思想，建设规模，产品方案，工艺流程，设备选型，主要建筑物、构筑物，占地面积，征地数量，生产组织，劳动定员，建设工期，设计总概算等文字说明和图纸。

设计概算是控制建设项目总投资的主要依据。初步设计阶段，应当根据实际情况编制总概算，总概算应包括综合概算和单位工程概算。

初步设计是设计的第一阶段。不得随意改变被批准的可行性研究报告所确定的建设规模、产品方案、工程标准、建设地址和总投资等控制目标。如果初步设计提出的总概算超过可行性研究报告确定的总投资的10%或其他主要指标需要变更时，应说明原因和计算依据，并重新向原审批单位报批可行性研究报告。

建设项目的初步设计和设计概算，应按照不同的管辖级别由相应的主管部门审批。初步设计和设计概算未经批准的项目，一般不能进行施工图设计。

（2）技术设计　为了进一步解决初步设计中的重大技术问题，如工艺流程、建筑结构、设备选型等，根据初步设计和进一步的调查研究资料进行技术设计。这样做可以使建设工程更具体、更完善、技术指标更合理。在技术设计阶段，应根据技术设计的结果，修正设计概算，编制修正总概算。

（3）施工图设计　在初步设计或技术设计的基础上进行施工图设计，使设计达到施工建造的要求。施工图设计应结合实际情况，完整准确地表达出建筑物的外形、内部空间的分割、结构体系、构造状况以及建筑群的组成和周围环境的协调。它还包括电气系统、管道系统，各种运输、通信、建筑设备的设计。在工艺方面，应具体确定各种设备的型号、规格及各类非标准设备的制造加工图。

（4）施工图设计文件的审查　施工图设计完成以后，建设单位应按照规定，将施工图设计文件报政府有关部门和委托具有相应资质的审图机构进行审查。施工图审查机构按照有关法律、法规，对施工图涉及公共利益、公众安全和工程建设强制性标准、规范的内容进行审查。审查的主要内容包括：

1）是否符合工程建设强制性标准。

2）地基基础和主体结构的安全性。

3）勘察设计企业和注册执业人员以及相关人员是否按规定在施工图上加盖相应的图章和签字。

4）其他法律、法规、规章规定必须审查的内容。

施工图完成审查以后，应根据施工图、施工组织设计和工程造价计价依据编制工程预算。

5. 建设准备

项目在开工建设之前，应当切实做好各项准备工作，其主要内容包括：

1）征地、拆迁和场地平整。

2）完成施工用水、电、道路等接通工作。

3）准备施工图。

4）组织工程招标投标，择优选择施工承包商、工程监理单位及材料设备供应商。

5）办理工程质量监督和工程安全监督手续。

6）办理施工许可证。

建设准备最重要的工作是组织工程招标投标。建设工程招标，指招标人（也称发包人、建筑单位或业主）按照国家招标投标法律规定，就拟建的工程发布招标公告或投标邀请书，用公开招标或邀请招标的方式吸引拟建工程项目的潜在投标人（施工招标中也称承包人、施工单位）参与投标竞争，进而通过开标、评标、定标等法定程序从中择优选择中标人的一种法律行为。

建设工程投标，指符合招标文件规定的具有相应资质和条件的潜在投标人或投标人，按照招标文件的要求，填报实质性响应招标文件的投标文件（包括技术标和商务标），并在规定的时间和地点向招标人递交投标文件，争取中标的法律行为。

建设工程招标投标是以建设产品作为商品进行交换的一种交易形式，也是我国目前建设工程项目发包的主要方式。它由唯一的买主设定招标条件，招请若干个卖主通过秘密报价进行竞争，买主从中选择优胜者并与之签订合同，随后按照合同组织工程建设并进行工程管理。

6. 工程施工

工程施工是建设项目付诸实施的重要一步，要按照施工顺序合理组织施工，承包人应全力以赴，保证工程质量，按期完成工程建设任务。建设项目领取施工许可证后，承包人就可以进场施工。承包人应严格按照有关法律、法规和工程建设技术标准的规定，编制施工组织设计，制定质量、工期、造价、安全等各项保证措施，承包人要做好施工平面布置工作，组织或购买建筑材料和设备进场，做好施工前技术交底，签发施工任务单，按质按期完成施工任务。

施工阶段一般包括土建、装饰、给排水、采暖通风、电气照明、工业管道及设备安装等工程项目。施工过程中，承包商必须严格按照设计施工图施工，在确保工程质量的前提下，降低工程造价。施工中工程需要变更时，应取得设计单位和建设单位的同意。地下工程和隐蔽工程、基础和结构的关键部位，必须经过检验合格，才能进行下一道工序。对不符合质量要求的工程，要及时采取措施，不留隐患。不合格的工程不得交工。达到竣工验收标准后，由承包商移交给建设单位。

7. 生产准备

对于生产性建设项目，在其竣工投产前，建设单位应适时地组织专门班子或机构，有计划地做好生产准备工作，包括招收、培训生产人员；组织有关人员参加设备安装、调试，工程验收；落实原材料供应；组建生产管理机构，健全生产规章制度等。生产准备是由建设阶段转入经营的一项重要工作。

8. 竣工验收

竣工验收是工程建设过程中关键一环，是全面考核工程建设成果，检验设计和工程质量的重要步骤，也是工程项目由建设转入生产或使用的标志。凡列入固定资产投资计划的工程项目，不论新建、扩建、改建、迁建性质，具备投产条件和使用条件的，都要及时组织验收，并办理固定资产交付使用的移交手续。

按现行规定，工程项目的验收根据规模的大小和复杂程度可分为初步验收和正式验收两个阶段进行。规模较大、较复杂的工程建设项目应先进行初验，然后进行全部工程项目的正式验收。规模较小、较简单的项目，可以一次进行全部项目的竣工验收。

建设项目按设计文件的规定内容和施工图的要求全部完成，经过各单位工程的验收，符合设计要求，并具备竣工图、竣工决算、工程总结等必要的文件资料，由项目主管部门或建设单位向负责验收的单位提出竣工验收申请报告。

竣工验收要根据投资主体、工程规模及复杂程度由国家有关部门或建设单位组成验收委员会或验收组完成。验收委员会或验收组应对工程设计、施工和设备质量等方面作出全面评价，不合格的工程不予验收。对遗留问题提出具体解决意见，限期落实完成。验收委员会或验收组应向主管部门提出验收报告，验收报告的内容包括：竣工图和竣工工程决算表，工程造价竣工结算书，隐蔽工程记录，工程定位测量记录，设计变更资料，建筑物、构筑物各种实验记录，质量事故处理报告，交付使用财产表等有关资料。

9. 项目后评价

项目后评价是工程项目实施阶段管理的延伸。工程项目竣工验收，只是工程建设完成的标志，而不是工程项目管理的终结。工程项目建设和运营是否达到投资决策时所确定的目标，只有经过项目运营取得实际投资效果后，才能进行正确的判断。所以，项目后评价是在工程项目竣工投产、生产运营或使用一段时间后，再对项目的立项决策、设计施工、竣工投产、生产使用等全过程进行系统评价的一种技术经济活动，是固定资产管理的一项重要的内容，也是固定资产管理的最后一个环节。通过工程项目后评价以达到肯定成绩、总结经验、研究问题、吸取教训、提出建议、改进工作、不断提高项目决策水平和投资效果的目的。

1.2.3 建设项目管理的基本制度

1. 建设项目管理的四项制度

为加强建设项目管理，保证工程建设严格按照有关法律、法规和标准、规范实施，确保建设工程质量，控制项目合理工期，做好工程造价的管理和控制。按照国家的规定，在我国的工程建设中，实施了建设项目法人责任制度、招标投标制度、工程监理制度和合同管理制度等四项基本制度。

（1）建设项目法人责任制度　在工程建设过程中，我国先后试行了各种方式的投资项目责任制度。但是，责任主体、责任范围、目标和权益、风险承担方式等都不明确。为了改变这种状况，建立投资责任约束机制，规范项目法人行为，明确其权力、义务，提高投资效益，国家制定了实行建设项目法人责任制的规定。要求国有单位经营性基本建设大中型项目必须组建项目法人，实行项目法人责任制，由项目法人承担投资风险，项目法人要对工程项目的建设及建成后的生产经营实行一条龙管理和全面负责。

(2) 建设项目招标投标制度 按照《中华人民共和国招标投标法》规定，在我国进行工程建设项目，其勘察、设计、施工、监理以及与工程建设有关的重要设备、材料的采购，必须通过招标投标方式择优选择承包单位。招标投标活动，是招标人对工程、货物和服务事先公开发布招标文件，吸引多个投标人提交投标文件参与竞争，并按招标文件规定择优选择交易对象的行为。

建设工程项目招标投标的基本程序，是先由招标人采用公开招标或邀请招标的方式，发布招标文件，然后符合条件的投标人响应招标文件，报出自己的投标文件参与投标，再经过开标、评标、定标等一系列法定程序，最终择优选出最符合招标文件要求的中标候选人，并与招标人签订工程合同。

(3) 建设项目工程监理制度 建设工程监理即指具有相应资质的工程监理企业，接受项目法人的委托，依据国家批准的工程项目建设文件，有关工程建设的法律、法规和工程建设监理合同及其他工程建设合同，对工程建设实施的监督管理。

建设工程监理可以是建设工程项目活动的全过程监理，也可以是建设工程项目某一实施阶段的监理，如设计阶段监理、施工阶段监理等。我国目前应用最多的是施工阶段监理。建设工程监理是代表项目法人对施工单位的建设行为进行监控的专业化服务活动，其特性主要表现为监理的服务性、科学性、独立性和公正性。监理单位与项目法人之间是委托与被委托的合同关系，与被监理单位是监理与被监理关系。

(4) 建设项目合同管理制度 在市场经济条件下，企业的经济往来主要是通过合同形式进行的。一个企业的经营成败与合同及合同管理有密切关系。建设项目合同管理是项目法人或工程承包商对以自身为当事人的合同依法进行订立、履行、变更、解除、转让、终止以及审查、监督、控制等一系列行为的总称。其中订立、履行、变更、解除、转让、终止是合同管理的内容；审查、监督、控制是合同管理的手段。合同管理必须是全过程的、系统性的、动态性的。合同管理全过程就是由洽谈、草拟、签订、生效开始，直至合同失效为止。

在建设项目管理中，合同管理是一个重要的管理职能。随着建设项目管理理论研究和实际经验的积累，人们越来越重视对建设工程合同的管理。合同管理已成为建设项目管理的一个重要领域和项目法人与承包商高度关注的热点。

2. 建设项目实施阶段的管理制度

建设项目实施阶段是从施工准备开始到竣工验收质保结束的一系列过程。实施阶段是把施工图和材料设备等变成建筑产品实体的过程，是建设资金投入最大和建设过程最长的阶段，也是工程造价确定与管理的主要阶段。

我国的建设项目实施阶段管理工作，有一系列的经验和教训，严格认真地按照管理制度办事，工程项目建设就顺利，质量、工期、造价都能得到保障。按照国家有关规定，建设项目实施阶段包括工程建设项目报建、委托建设监理、招标投标、施工合同签订、施工许可证领取、施工建造、竣工验收和质量保修等各个管理环节。

(1) 工程建设项目报建 所谓报建，是指建设单位或其代理机构在工程建设项目可行性研究或其他立项文件批准后向当地建设行政主管部门或其授权机构进行报建，交验工程建设项目立项的批准文件和要求的其他文件。报建的内容主要包括工程名称、建设地点、投资规模、资金来源、工程规模、开工竣工日期、发包方式、工程筹建情况等。

(2) 委托建设监理 在我国，国家推行建设工程监理制度。项目法人或建设单位为了保证工程质量，合理控制工期，对施工企业的施工活动实施必要的监督，必须委托工程监理企业。监理企业的选择，一般通过招标投标确定。

建设监理的主要内容包括建设投资控制、工程质量控制、建设工期控制、工程合同管理、工程安全管理、建设项目信息管理、协调有关单位之间的工作关系。一般称为“三控三管一协调”。

（3）招标投标　按照《中华人民共和国招标投标法》的规定，对与工程建设项目有关的勘察、设计、施工、监理以及与工程建设有关的重要设备、材料的采购进行招标投标。

（4）施工合同签订　通过招标投标或有条件直接发包选定承包人后，发包人和承包人就完成特定工程项目的建筑施工、设备安装等工作内容，签订明确双方权利和义务的施工合同。建设工程施工合同是建设工程的主要合同之一，是工程建设质量控制、工期控制和造价控制的主要依据。

（5）施工许可证领取　按照国家规定，从事各类房屋建筑及其附属设施的建造、装修装饰和与其配套的线路、管道、设备的安装，以及城镇市政基础设施工程的施工，建设单位在开工前应当依照相关规定，向工程所在地的县级以上人民政府建设行政主管部门申请领取施工许可证。

建设单位在开工前办理工程建设项目施工许可证手续，是建设项目开工建造的必经过程，未取得施工许可证的，不得开工。

（6）施工建造　施工建造与前文工程施工的要求和内容一致，可参见前文。

（7）竣工验收　竣工验收是建设工程的最后阶段，是全面检验建设项目是否符合设计要求和工程质量检验标准的重要环节。具体工作见前文所述。

（8）质量保修　按照《中华人民共和国建筑法》的规定，建设工程实行质量保修制度。建设工程质量保修制度是指建设工程在办理交工验收手续后，在规定的保修期限内，因勘察、设计、施工、材料等原因造成的质量缺陷，应由责任单位负责维修。

1.3 工程造价的概念

1.3.1 工程造价基本概念

1. 工程造价的定义

按照 GB/T 50875—2013《工程造价术语标准》的定义，工程造价是指工程项目在建设期预计或实际支出的建设费用。

工程造价的直意就是工程的建造价格，也就是建设工程产品的价格。这里所说的工程，泛指一切建设工程，包括房屋建筑工程、公路工程、铁路工程、水利水电工程、市政公用工程、矿业工程、民航工程、机电工程等。这里所说的造价，即建造价格，站在投资者的角度，有“工程投资”“买价”的含义；站在施工承包商的角度，又有“工程价格”“成本”的含义。

按照建设产品价格属性和价值的构成原理，由于所处的角度不同，工程造价有两种不同的含义。第一种含义，工程造价是指建设一项工程预期开支或实际开支的全部固定资产投资费用。第二种含义，工程造价是指工程价格，即为建成一项工程，预计或实际在工程发承包交易活动中所形成的建筑安装工程费用。

（1）第一种含义的工程造价 工程造价的第一种含义是从投资者或业主的角度来定义的。投资者选定一个工程项目投资，为了获得投资项目的预期收益，就需要对项目进行策划、决策、招标投标、勘察设计、施工建造，直到竣工验收和交付使用等一系列投资管理活动。在上述投资管理活动中所花费的全部费用，就构成了工程造价。从这个意义上说，建设工程造价就是建设工程项目固定资产的总投资。

固定资产是指在社会再生产过程中可供长时间反复使用，单位价值在规定限额以上，并在其使用过程中不改变其实物形态的物质资料，如建筑物、机械设备、运输工具等。

投资是投资主体为了特定的目的，以达到预期收益的资金垫付行为。固定资产投资是指专用于建设和形成固定资产的投资。按照我国现行规定，固定资产投资可划分为工程建设投资、更新改造投资、房地产开发投资和其他固定资产投资等四部分。其中工程建设投资是用于新建、改建、扩建和重建项目的资金投入行为，是形成新增固定资产，扩大生产能力和工程效益的主要手段。

（2）第二种含义的工程造价 工程造价的第二种含义，是从市场交易的角度来定义的。在市场经济的条件下，工程造价是指以建设工程这种特定的商品形式作为交易对象，通过招标投标或其他交易方式，在各方进行反复测算的基础上，最终由市场形成的价格。这里的工程，既可以是涵盖范围很大的一个建设项目，也可以是其中一个单项工程或单位工程，甚至也可以是整个建设工程中的某个阶段，如土地开发工程、建筑工程、装饰工程、安装工程等。随着经济发展、技术进步、分工的细化和市场的不断完善，工程建设的中间产品也会越来越多，商品交换会更加频繁，工程价格的种类和形式也会更为丰富。投资主体的多元格局、资金来源的多种渠道，使相当一部分建设工程的最终产品作为商品进入了流通领域，如写字楼、公寓、工业厂房、仓库、商业设施和商品住宅小区等，都是投资者为实现投资利润最大化而生产的建筑产品，它们的价格是商品交易中现实存在的，是一种有加价的工程价格。

通常，人们把工程造价的第二种含义认定为工程发承包价格，也称建筑安装工程造价，即完成一个工程项目的建筑工程、装饰工程、安装工程、设备及其他相关项目的全部费用。一般而言，工程发承包价格是工程造价中一种重要的，也是最典型的价格交易形式。它是在建筑市场通过招标投标和公平竞争，由投资者和承包商两个市场主体共同认可的价格。建筑安装工程造价在项目固定资产中占有50%～60%的份额，是工程建设中最活跃的部分，也是建筑市场交易的主要对象之一。

工程造价的两种含义实质上是以不同角度把握同一事物的本质，它们既是一个统一体，又是相互区别的。最主要的区别在于需求主体和供给主体在市场追求的经济利益不同，因而管理的性质和管理的目标不同。从管理性质上讲，前者属于投资管理范畴，后者属于价格管理范畴。从管理目标上讲，作为项目投资费用，投资者关注的是降低工程造价，以最小的投入获取最大的经济效益，因此，完善项目功能，提高工程质量，降低投资费用，按期交付使用，是投资者始终追求的目标。作为工程价格，承包商所关注的是利润和成本，对一个确定的建设项目而言，他们追求的是较高的工程造价，在成本不变的情况下，以获得更多的利润。不同的管理目标，反映不同的经济利益，但它们之间的矛盾正是市场的竞争机制和利益风险机制的必然反映。

由于所处的角度不同，对市场经济条件下的投资者（业主）来说，工程造价就是工程投资，就是建筑产品的“买价”，也是投资者作为市场供给主体“出售”建设项目时确定价格和衡量投资经济效益的尺度。对施工承包商来说，工程造价就是建筑产品的“卖价”，降低建设项目的成本，将会得到更多的收益。正确理解工程造价的两种含义，是为了不断发展和完善工程造价的管理内容，提高工程造价的管理水平，推动工程建设的顺利进行。

2. 工程造价相关概念

（1）投资的含义　投资指的是特定经济主体为了在未来可预见的时期内获得收益或使资金增值，在一定时期内向一定领域的标的物投放足够数额的资金或实物的货币等价物的经济行为。投资是现代经济生活中的最重要的内容之一，无论是政府、企业、金融组织或个人，作为经济主体，都在不同程度上以不同的方式直接或间接地参与投资活动。投资的基本目的，是实现投资者及投资主体的利益追求，取得某种未来的收益。

投资包括投资主体、投资目的、投资手段和投资行为过程四个方面的内容。投资主体指从事投资的企业、单位、个人和政府；投资目的指投资主体取得的经济效益；投资手段指可用于投资的有形资产和无形资产；投资行为过程指资金投入、使用、管理与回收的资金不断循环运动的全过程。投资主体、投资目的、投资手段和投资行为过程的内在特点及其相互关系，反映了投资这一经济范畴的质的规定性，这就是投资的含义。

投资又有广义投资和狭义投资之分。广义的投资是指人们的一种有目的的经济行为，即以一定的资源投入某项计划，以获取所期望的报酬。所投入的资源可以是资金，也可以是土地、人力、技术、管理经验或其他资源。狭义的投资，是指人们为实现某种预定的开发、经营目标而预先垫支的资金。

（2）静态投资　静态投资是以某一基准年、月的建设要素的价格为依据所计算出的建设项目投资的瞬时值。静态投资包括：建设工程项目前期工程费、建筑安装工程费、设备和工器具购置费、工程建设其他费用、基本预备费，以及因工程量误差而引起的工程造价的增减等。静态投资不包括以后时期因价格上涨等风险因素而增加的投资，也不包括因时间变化而发生的投资利息支出。

（3）动态投资　动态投资指为完成一个工程项目的建设，预计投资需要量的总和。动态投资除包括静态投资外，还包括建设期贷款利息、有关税费、涨价预备费等。动态投资概念较为符合市场价格运行机制，使投资的估算、计划、控制更加符合实际。

静态投资和动态投资密切相关。动态投资包含静态投资，静态投资是动态投资最主要的组成部分，也是动态投资的计算基础。

（4）建设项目总投资　为完成工程项目建设并达到使用要求或生产条件，在建设期内预计或实际投入的全部费用总和。建设项目总投资指投资主体为获取预期收益，在选定的建设项目上所需投入的全部资金。建设项目按用途可分为生产性建设项目和非生产性建设项目。生产性建设项目总投资包括固定资产投资和流动资产投资两部分：非生产性建设项目总投资只包括固定资产投资，不含流动资产投资。建设项目总造价指项目总投资中的固定资产投资总额。

（5）固定资产投资　固定资产投资是投资主体为达到预期收益的资金垫付行为。我国的固定资产投资包括基本建设投资、更新改造投资、房地产开发投资和其他固定资产投资四种。其中，基本建设投资指利用国家预算内拨款、自筹资金、国内外基本建设贷款以及其他专项资金进行的，以扩大生产能力（或新增工程效益）为主要目的的新建、扩建工程及有关的工作量。更新改造投资是通过以先进科学技术改造原有技术，以实现内涵扩大再生产为主的资金投入行为。房地产开发投资是房地产企业开发厂房、宾馆、写字楼、仓库和住宅等房屋设施和开发土地的资金投入行为。其他固定资产投资指按规定不纳入投资计划和利用专项资金进行基本建设和更新改造的资金投入行为。

建设项目的固定资产投资也就是建设项目的工程造价，二者在量上是等同的。其中，建筑安装工程投资也就是建筑安装工程造价，二者在量上也是等同的。从这里也可以看出工程造价两种含义的同一性。

（6）建筑安装工程造价　建筑安装工程造价也称建筑安装工程费用。从投资的角度看，它是建设项目投资中的建筑安装工程部分的投资，也是项目造价的组成部分。从市场交易的角度看，建筑安装工程造价是投资者和承包商双方共同认可的、由市场形成的价格。

对一栋房屋建筑物而言，其建筑安装工程造价一般由建筑工程造价、装饰工程造价、电气工程造价、给排水工程造价等构成。即只包括构成建筑物本身建造价格的费用。

（7）建设单位　在我国，建设单位指建筑产品的所有者，也是承包商的客户；在国际上，一般称业主。在建筑市场中，建设单位为“需方”或“买方”，在工程施工合同中，也称为“甲方”。

（8）承包人　承包人指拥有一定数量的建筑设备、流动资金、工程技术与经济管理人员，取得建设资质证书和营业执照的，能够按照业主的要求提供不同形态的建筑产品的施工企业，是建筑市场的“供方”或“卖方”，在工程施工合同中，也称为“乙方”。

（9）工程造价咨询企业　指取得工程造价咨询资质等级证书，接受委托从事建设工程造价咨询活动的企业。按照国家规定，工程造价咨询企业应当依法取得工程造价咨询企业资质，对建设项目投资、工程造价的确定与控制提供专业咨询服务，并在其资质等级许可的范围内从事工程造价咨询活动。

（10）工程项目管理公司　我国目前推行建设工程项目全过程管理制度，由政府或业主委托专业的工程项目管理公司对建设工程项目进行管理，代替业主从事工程项目的管理工作，这个制度就叫“代建制”，工程项目管理公司即“代理主业”。

1.3.2　工程造价的特点

工程建设的特点，使工程造价具有以下特点：

1. 工程造价的大额性

任何一项建设工程，不仅实物形体庞大，耗费的资源数量多，构造复杂，而且造价高昂。动辄需要投资几百万、几千万甚至几十亿元人民币的资金。工程造价的大额性涉及工程建设项目各个参与主体的重大经济利益，同时也对宏观经济产生重大影响。因此，工程造价的数量越大，其节约的潜力就越大。所以，加强工程造价的管理可以取得巨大的经济效益，这也决定了工程造价的特殊地位。

2. 工程造价的单件性

任何一个工程项目都有特定的用途，由于其功能、规模各不相同，使得每一项工程的结构、造型、平面布置、设备配置和内外装饰都有不同要求。工程所处地区、地段和时段不同，其投资费用也不同。这些工程内容和实物形态的个体性和差异性，决定了工程项目需要单件设计、单件施工，决定了工程项目需要单件计算价格，也就是工程造价的单件性。

3. 工程造价的动态性

任何一项工程从决策到竣工交付使用，都有一个较长的建设期。在建设期间，存在许多影响工程造价的动态因素，如现场条件、设计变更，材料价格、人工费用、索赔事件甚至计价政策的变化，都会影响工程造价的变动。所以，工程造价在整个建设期处于不确定状态，不能事先确定其变化后的准确数值，只有在竣工结算后，才能最终确定工程的实际价格。这就是工程造价的动态性。所以，工程造价必须考虑可变因素和风险因素。

4. 工程造价的层次性

工程造价的层次性取决于工程的层次性。一个建设项目往往含有多个单项工程，一个单项工程又由多个单位工程组成。单位工程又可分为分部分项工程。与此相适应，工程造价也应该反映这些层次组成。因此，工程造价可分为建设工程总造价、单项工程造价、单位工程造价。单位工程造价还可以细分为分部工程费用和分项工程费用。

5. 工程造价的地区性

工程项目是固着在大地上的，不能移动。工程项目有地区性，工程造价也有地区性。地区性使工程造价水平、计价因素、工程造价的可变性和竞争性等，均产生很大差异。这种差异既表现在因省、地区不同，则工程造价不同，也表现在国内、国外不同，则造价差异更大。所以，应充分注意工程造价的地区性。

6. 工程造价的专业性

建设工程按专业可分成许多类，如建筑工程、市政工程、公路工程、水利水电工程、矿山工程、铁路工程、电信工程等。不同的专业其工程造价具有不同的特点。由于各专业性质、特点不同，计量规范和计价标准不同，计价的水平也有差别，由此导致了工程造价的多专业性。各专业工程造价之间的差别是客观事物的自然反映，是始终存在的，因此，工程造价的计价和管理必须考虑专业性的特点。

1.3.3 工程造价的职能

工程造价除具有一般商品价格职能外，还具有自己特殊的职能。

1. 预测职能

工程项目的建设一般都要经过可行性研究、设计、招标投标、工程施工、竣工验收等阶段。每一阶段都必须对工程造价进行预测。同时，投资人预测工程造价不仅作为项目决策依据，也是筹集资金、控制造价的依据。承包商预测工程造价，既为投标决策提供依据，也为投标报价和成本管理提供依据。

2. 控制职能

工程造价的控制职能表现在两个方面：一是工程造价的纵向控制，即上一阶段的工程造价作为下一阶段的控制目标。例如：投资估算控制设计概算，设计概算控制工程预算，工程预算控制竣工结算等。二是工程造价的横向控制，即在某一个阶段，将一定的工程造价指标和技术经济指标作为控制目标对工程造价进行控制。工程造价的控制职能在工程建设中具有十分重要的意义，它直接关系到项目能否获得预期的投资效益，同时工程造价的控制效果也直接关系到承包商的经济效益。

3. 评价职能

工程造价的评价职能主要表现在三个方面：首先工程造价是国家或地方政府控制投资规模、评价项目经济效果、确定建设规划的重要依据。从宏观经济的运行来看，基本建设投资过大或过小都不好。因此，国家或地方政府根据一定的投资规模只选定经济效果评价好的项目列入年度投资或中长期投资计划。其次，工程造价是金融部门评价项目偿还能力，确定贷款计划、贷款偿还期以及贷款偿还风险的重要经济评价指标。工程造价也是建设单位考察项目经济效益进行投资决策的基本依据。最后，工程造价是承包商评价自身技术、管理水平和经营成果的重要依据。

4. 调控职能

工程建设行业既是资金密集行业，也是劳动力密集行业，因此，工程建设直接关系到整个经济的运行和增长，也直接关系到国家重要资源分配和资金流向，对国民经济有着重大影响。所以国家对建设规模、结构进行宏观调控是不可缺少的，对政府投资项目进行直接调控和管理也是非常必要的。这些都要用工程造价作为经济杠杆，对工程建设中的物质消耗水平、建设规模、投资方向等进行调控和管理。

工程造价职能是否能得以实现，主要依赖于市场竞争机制的形成。在现代市场经济中，要求市场主体有自身独立的经济利益，并能根据市场价格信息来决定其经济行为。作为买方的投资者和作为卖方的施工承包商，以及其他商品和劳务的提供者，在市场竞争中根据价格的变化，根据自己对市场走向的判断来调节自己的经济活动。这种不断调节使价格总趋向价值基础，形成价格围绕价值上下波动的基本运动形态。也只有在这种条件下价格才能实现它的基本职能和其他各项特殊职能。

1.3.4 工程造价的作用

工程造价涉及国民经济各部门、各行业，涉及社会再生产中的各个环节，在市场经济的条件下，工程造价的作用范围和影响程度，决定了工程造价在工程建设领域具有的举足轻重的地位。

1. 工程造价是项目决策和投资控制的重要依据

建设工程投资大、生产和使用周期长，工程造价的大额性和动态性，决定了投资者必须对拟建项目进行详细的规划，包括工程造价的估算、概算和预算。它不仅是项目决策的依据，同时也是筹集资金、控制投资的依据。

工程造价决定着项目的投资费用。投资者是否有足够的财务能力支付这笔费用，是否认为值得支付这项费用，是项目决策中要考虑的主要问题。如果建设工程的价格超过投资者的支付能力，就会迫使他放弃拟建的工程；如果项目投资的效果达不到预期目标，他也会自动放弃拟建的工程。因此，工程造价在项目决策阶段成为项目财务分析和经济评价的重要依据。

工程造价在控制投资方面的作用非常明显。工程造价的层次性和动态性，决定了工程造价必须经过多次预估和综合，最终通过竣工结算确定下来。每一次预估的过程就是对造价的控制过程；而每一次估算对下一次估算又都是对造价的严格的控制。一般讲，每一次估算都不能超过前一次估算的一定幅度。这种控制是在投资者财务能力的限度内为取得既定的投资效益所必需的。建设工程造价对投资的控制也表现在利用制定各种规范、定额、标准和参数，对建设工程造价的计算依据进行控制。在市场经济风险利益机制的作用下，工程造价对投资的控制作用成为投资的内部约束机制。

2. 工程造价是工程招标投标的主要竞争因素

自《中华人民共和国招标投标法》2000 年实施以来，我国绝大部分工程项目的发包与承包都是通过招标投标过程完成的。建设单位即招标人通过招标，择优选择投标报价较低、技术水平高、综合实力强的施工承包商；各个承包商通过投标，报出有竞争力的投标报价取得工程项目，通过承包工程项目获取利润。在这个过程中，招标人择优选择的依据主要是工程造价，承包商竞争的主要方面也是工程造价。在招标投标活动中，要求承包商准确掌握工程项目的计量与计价，正确使用与计量计价相关的规范、定额和计价规定，才能正确编制工程造价技术文件，报出既具有竞争力又能使承包商自己盈利的投标报价。

3. 工程造价是施工准备和成本控制的重要依据

建设工程的施工是完成投资项目的实施阶段，对承包商或建筑安装企业来说，工程造价的预算和结算，是进行施工前期准备和施工过程中成本控制的重要依据。

工程项目的实施决定着建设产品的最终完成和实现，在项目施工前有大量的现场准备工作和施工中的一些物质材料准备工作，如材料设备的订货、采购；劳动力的组织、调遣；预付款的拨付、使用等。这些都必须以对建设项目工程造价的分析计算作为准备依据。

成本控制指通过控制手段，在达到预定的工程项目功能和工期要求的同时优化成本开支，将总成本控制在预算范围内。在承包商争取到工程项目，确定了施工合同价格以后，承包商的经济效益就完全通过成本控制实现。成本控制的主要工作有成本计划，按施工组织设计和施工方案预算成本，提供预算报告，分解成本目标；通过成本监督和成本跟踪，审核工程费用，确定工程款支付，作出实际成本报告，核算工程消耗的人工、材料、机械台班数量以及单价水平。而这一切，都以对工程造价的构成要素和工程造价中人工、材料、机械台班消耗水平进行分析和对比，作为工程项目成本控制的依据和手段。

4. 工程造价是评价投资效果和项目经济效益的重要指标

建设工程造价是一个包含着多层次工程造价的体系，就一个工程项目来说，它既是建设项目的总造价，又包含单项工程的造价和单位工程的造价，同时也包含单位生产能力的造价，或每平方米建筑面积的造价等。所有这些，使工程造价自身形成了一个指标体系。在评价土地价格、建筑安装工程和设备价格的合理性时，就必须利用这个指标体系；在评价工程项目的偿贷能力、获利能力和宏观经济效益时，也要依靠这个体系。工程造价能够为评价投资效果提供多种评价指标，并能够形成新的价格信息，为以后类似工程项目提供参考。同时，工程造价也是评价建筑安装企业管理水平和经营成果的重要依据。

1.3.5 建设工程的计价特征

工程计价即计算工程造价，工程项目的特点决定了工程计价具有如下特征：

1. 计价的单件性

建设工程产品的价格既受到个体差别性的影响，也受到工程所处不同地区气候、地质、地震、水文等自然条件和当地技术经济条件的影响，这些决定了每项工程不会重复生产，其价格具有单件性。因此，建设工程产品不能像其他工业产品那样按品种、规格批量定价，必须根据工程的具体情况，对每一件建设产品单独计算造价。任何工程的计价都指特定空间一定时限的价格，即使是完全相同的工程，由于建设地点或施工时间不同，仍必须进行单独计价。

2. 计价的多次性

建设工程是一种特殊的经济活动，具有周期长、规模大、造价高的特点。其建设过程要按照工程建设程序分阶段进行。为了适应工程建设过程中不同阶段对造价的不同要求，同时适应工程项目管理的需要，在不同阶段，需要多次性分阶段计算工程造价。这个计价过程也是逐步细化、逐步深化和逐步接近实际造价的过程。

(1) 投资估算　在编制项目建议书和可行性研究阶段，按照有关规定，应编制投资估算。投资估算是以方案设计或可行性研究文件为依据，按照规定的程序、方法，对拟建项目所需总投资及其构成进行的预测和估计。投资估算是决策、筹集资金和控制造价的主要依据。投资估算经主管部门批准后，即作为国家对该项目的计划控制造价。

(2) 设计概算　在初步设计阶段，按照有关规定，需编制初步设计的概算造价，习惯称之为设计概算。设计概算是以初步设计文件为依据，按照规定的程序、方法，对建设项目总投资及其构成进行的概略计算。设计概算比投资估算的准确性要高，但它受投资估算的控制。设计概算造价可分为工程项目概算总造价、单项工程概算综合造价、单位工程概算造价三个层次。设计概算经主管部门批准后，即为控制拟建项目工程造价的最高限额。

(3) 修正设计概算　修正设计概算是在技术设计阶段，根据技术设计的要求，通过对初步设计概算进行修正调整后编制的工程造价。在一般情况下，修正设计概算不能超过概算造价。

(4) 施工图预算　指以施工图设计文件为依据，按照规定的程序、方法，在工程施工前对工程项目的工程费用进行的预测与计算，也称为设计预算或工程预算。此阶段施工图预算的造价比设计概算的造价更为详尽和准确。国家投资项目的预算造价受概算造价的控制，按照施工图预算使用场合及使用对象的不同，施工图预算目前主要有以下表现形式：

1）工程量清单，指建设工程的分部分项工程项目、措施项目、其他项目、规费项目和税金项目的名称和相应数量等的明细清单。

2）招标控制价，指根据国家或省级建设行政主管部门颁发的有关计价定额和计价办法，依据拟订的招标文件和招标工程量清单，结合工程具体情况计算的工程造价，招标控制价应与招标文件一起公开发布，它是招标工程的最高投标限价。招标控制价由建设单位（即招标人）编制，也可以委托具有相应资质的工程造价咨询公司编制。招标控制价既是工程项目招标的依据，也是投资方筹建建设资金，进行工程造价管理的主要依据。

3）投标报价，指投标人投标时响应招标文件要求所报出的在已标价工程量清单中标明的总价。投标报价是投标人（施工单位）竞争工程项目的主要依据，应根据自己的企业定额和市场行情编制。投标报价若中标也是施工单位进行施工准备的依据。

(5) 签约合同价　发承包双方在合同中约定的工程造价，包括了分部分项工程费、措施项目费、其他项目费、规费和税金的合同总金额。通过招标投标发包的工程，中标价就是合同价，也是经过市场竞争确定的工程承包价格。签约合同价是根据不同的建设市场价格行情，各个工程的特点和施工企业管理水平比较，经公平、公开竞争后，承发包双方共同认可的成交价格。但签约合同价不是工程最后决算的工程造价。根据计价方法的不同，建设工程合同有很多类型，不同类型合同的合同价内涵也会有所不同。

(6) 结算价　结算价分为期中结算价、终止结算价与竣工结算价。在施工过程中，根据施工合同规定的结算方式和时间，按照合同规定的工程价款的调整方法，对承包商按月(或分阶段)完成的工程内容进行结算，支付相应工程进度款，称为期中结算价。期中结算价是反映不同施工阶段完成工程量或工程形象进度的实际价格。终止结算价指工程项目因故终止建造施工，建设单位与承包商对已完成工程进行造价清算的一种结算价。竣工结算价指发承包双方根据国家有关法律、法规规定和合同约定，在承包人完成合同约定的全部工作后，对最终工程价款的调整和确定，反映的是工程项目最终实际造价。竣工结算文件一般由承包商编制，建设单位审核，也可委托具有相应资质的工程造价咨询公司审核。

(7) 决算价　决算价指工程竣工决算阶段，以实物数量和货币指标为计量单位，综合反映竣工项目从筹建开始到项目竣工交付使用为止的全部建设费用。竣工决算文件由建设单位编制，上报主管部门审查。

工程计价的多次性，是由建设项目的特点所决定的，与工程建设程序的各个阶段密切联系，各个阶段需要的工程造价形式不同，要求不一样，但都是工程造价成果文件的表现形式。将各个阶段工程造价的形成和管理联系成一个系统，就构成了建设项目全过程造价管理。建设程序与工程造价的逻辑关系如图 1-3 所示。

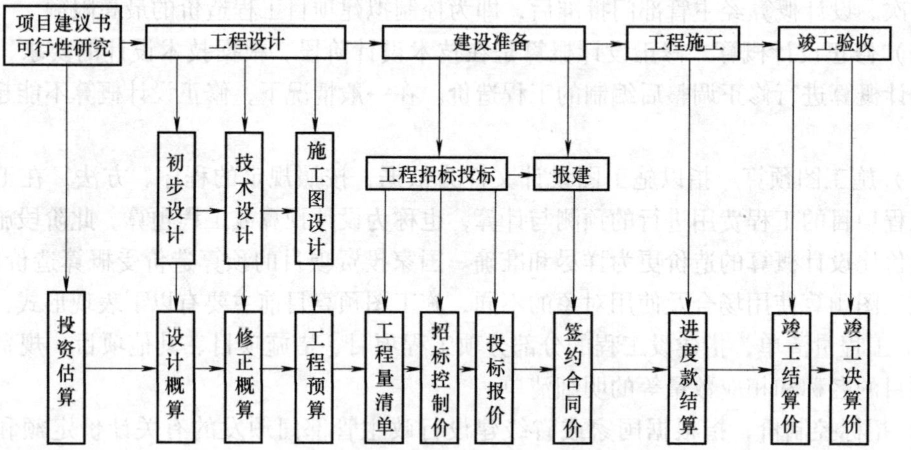

图 1-3　建设程序与工程造价的逻辑关系

3. 计价的组合性

工程造价采用“组合计价”的计价方法。这种方法将工程项目由大到小地进行分解，即将一个建设项目的施工任务分解为单项工程、单位工程、分部工程和分项工程。先进行分项工程计价，再进行组合，依次完成分部工程、单位工程和单项工程的计价，经过逐步组合和汇总，最后形成一个建设项目的工程造价。所以，工程造价计价时的计算量很大。工程造价的组合性，是由计价对象的组合性决定的。

工程造价的计价组合过程和顺序如图 1-4 所示。

4. 计价方法的多样性

建设项目的多次计价有其各不相同的计价依据，在各个阶段的计价也有不同的作用，每次计价的精确度要求也各不相同，由此决定了计价方法的多样性。例如，投资估算的方法有设备系数法、生产能力指数估算法等；计算概算、预算造价的方法有单价法和实物法等。不同的方法有不同的适用条件，计价时应根据具体情况加以选择。

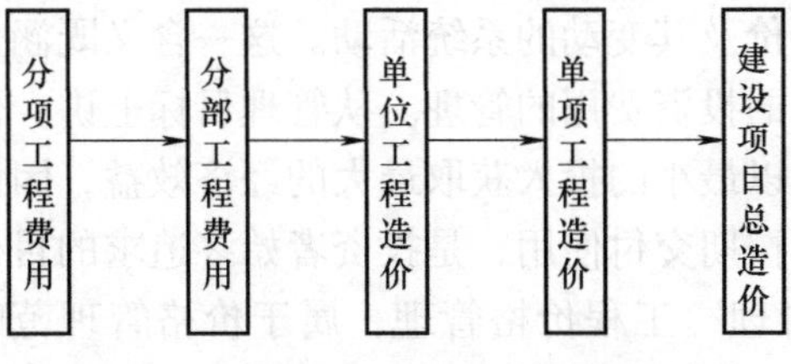

图 1-4　工程造价的计价组合过程和顺序

5. 计价依据的复杂性

由于工程造价的构成复杂，影响的因素较多，决定了计价依据的复杂性。计价依据主要可分为以下七类：

1）工程量计算依据。包括可行性研究报告、设计文件、计量规范、定额等。

2）人工、材料、机械等实物消耗量计算依据。包括投资估算指标、概算定额、预算定额等。

3）工程单价计算依据。包括计价规范、计价定额中人工单价、材料价格、机械台班费等。

4）设备单价计算依据。包括设备原价、设备运杂费、进口设备关税等。

5）措施费、管理费和工程建设其他费用计算依据。

6）政府规定的税、费。

7）物价指数和工程造价指数。

1.4　工程造价管理

1.4.1　工程造价管理的概念

工程造价管理指在建设工程项目的建设中，全过程、全方位、多层次地运用技术、经济及法律等手段，通过对建设工程项目工程造价的预测、优化、控制、分析、监督等，以获得资源的最优配置，以尽可能少的人力、物力和财力获取建设工程项目的最大投资效益。

国际全面造价管理促进协会对工程造价管理的定义是："造价工程或造价管理，其领域包括应用从事造价工程实践所获得的工程经验与判断和通过学习掌握的科学原理与技术，去解决有关工程造价预算、造价控制、运营计划与管理、盈利分析、项目管理以及项目计划与进度安排等方面的问题。"

1. 工程造价管理的含义

工程造价有两种含义，相应地，工程造价管理也有两种含义，一是工程投资费用的管理；二是工程价格的管理。

（1）建设工程投资费用管理　建设工程投资费用管理，属于投资管理范畴。管理，是为了实现一定的目标而进行的计划、组织、指挥、控制、协调等系统活动。建设工程投资管理，就是为了达到预期的效果对建设工程的投资行为进行计划、组织、指挥、控制与协调。

这种含义的管理侧重于投资费用的管理，而不是侧重于工程建设的技术方面。建设工程投资费用管理的含义是：为了实现投资的预期目标，在拟定的规划、设计方案的条件下，预测、计算、确定和监控工程造价及其变动的系统活动。这一含义既涵盖了微观的项目投资费用的管理，也涵盖了宏观层次的投资费用的管理。从管理目标上讲，作为项目投资费用，投资者关注的是降低工程造价，以最小的投入获取最大的经济效益，因此，完善项目功能，提高工程质量，降低投资费用，按期交付使用，是投资者始终追求的目标。

（2）建设工程价格管理　工程价格管理，属于价格管理范畴。价格管理分两个层次。在微观层次上，是施工承包商在掌握市场价格信息的基础上，为实现管理目标而进行的成本控制、计价、定价和竞价的系统活动。作为工程价格，承包商所关注的是利润和成本，为此，他们追求的是较高的工程造价。在宏观层次上，是政府根据社会经济发展的要求，利用法律手段、经济手段和行政手段对价格进行管理和调控，以及通过市场管理规范市场主体价格行为的系统活动。工程建设关系国计民生，同时政府投资公共项目今后仍然会有相当份额，所以国家对工程造价的管理，不仅承担一般商品价格的调控职能，而且在政府投资项目上也承担着微观主体的管理职能。这种双重角色的双重管理职能，是工程造价管理的一大特色。区分两种管理职能，进而制定不同的管理目标，采用不同的管理方法是建设工程造价管理的本质所在。

2. 全面工程造价管理

按照国际工程造价管理促进会给出的定义，建设工程全面造价管理（Total Cost Management，TCM）指有效地利用专业知识与专门技术，对资源、成本、盈利和风险进行筹划和控制。建设工程全面造价管理，要求政府主管部门、行业协会、业主、施工承包商、设计单位、监理及造价咨询单位等，在建设工程投资决策、设计、招标投标、施工、竣工验收的各个阶段，基于建设工程项目全寿命周期，对建设工程本身的建造成本以及质量、工期、安全生产、环境等要素进行的集成管理。建设工程全面造价管理包括全寿命周期造价管理、全过程造价管理、全要素造价管理和全方位造价管理。

（1）全寿命周期造价管理　建设工程全寿命周期造价管理（Life Cycle Costing，LCC）指对建设工程的建造成本与建成后的日常使用成本之和进行综合管理。它包括建设前期、建设期、使用期及拆除期各个阶段的成本。由于在实际管理过程中，在工程建设及使用的不同阶段，工程造价存在诸多不确定性，使得全寿命周期造价管理工作比较困难。因此，全寿命周期造价管理主要作为一种实现建设工程全寿命周期造价最小化的指导思想，指导建设工程的投资决策及设计方案的选择。

（2）全过程造价管理　全过程造价管理指覆盖建设工程策划、决策及建设实施各个阶段的造价管理。包括前期决策阶段的项目策划、投资估算、项目经济评价、项目融资方案分析；设计阶段的限额设计、方案比选、概预算编制；招标投标阶段的标段划分、发承包模式及合同形式的选择、招标控制价或标底编制；施工阶段的工程计量与结算、工程变更控制、索赔管理；竣工验收阶段的结算与决算等。

通过建设工程全过程造价管理，使得项目的投资效益最大化，合理使用项目的人力、物力和财力，降低工程造价。全过程造价管理要求工程项目各相关利益主体的全过程参与，这些相关利益主体构成一个利益管理团队，共同合作和分别负责整个建设工程项目全过程中各种形式造价的确定与控制。

(3) 全要素造价管理 影响建设工程造价的因素有很多。为此，控制建设工程造价不仅仅是控制建设工程本身的建造成本，还应同时考虑工期成本、质量成本、安全与环境成本的控制，从而实现工程成本、工期、质量、安全、环境的集成管理。全要素造价管理的核心是按照优先性的原则，协调和平衡工期、质量、安全、环保与成本之间的对立统一关系。

(4) 全方位造价管理 建设工程造价管理不仅仅是业主或承包单位的任务，而且应该是政府建设主管部门、行业协会、建设单位、设计单位、施工单位以及有关咨询机构的共同任务。尽管各方的地位、利益、角度等有所不同，但必须建立完善的协同工作机制，才能实现建设工程造价的有效控制。

1.4.2 我国工程造价管理制度

1. 工程造价管理体制

(1) 政府部门的行政管理 政府在工程造价管理中既是宏观管理主体，也是政府投资项目的微观管理主体。从宏观管理的角度，政府对工程造价管理有一个严密的组织系统，设置了多层管理机构，规定了管理权限和职责范围。国务院建设主管部门在全国范围内行使工程造价管理职能，包括：

1）组织制定建设工程造价管理有关法规、规章并监督实施。

2）组织制定全国统一经济定额并监督指导其实施。

3）制定工程造价咨询企业的资质标准并监督其执行。

4）管理全国工程造价咨询企业资质工作，审定甲级工程造价咨询企业资质。

5）制定工程造价管理专业技术人员执业资格标准并监督其执行。

6）监督管理建设工程造价管理的有关行为。

各省及行业主管部门的工程造价管理机构，在其管辖范围内行使相应的管理职能。

(2) 行业协会的自律管理 我国工程造价管理协会已初步形成三级协会体系。即中国建设工程造价管理协会，省、行业工程造价管理协会，工程造价管理协会分会。其职责范围也初步形成了宏观领导、中观区域和行业指导、微观具体实施的体系。

(3) 企业、事业机构管理 企业、事业机构对工程造价的管理，属于微观管理范畴，通常是针对具体的建设工程项目而实施工程造价管理活动。企业、事业机构管理系统根据主体的不同，可划分为业主方工程造价管理系统、承包方工程造价管理系统、中介服务方工程造价管理系统。

1）业主方工程造价管理。业主对项目建设的全过程进行造价管理，其职责主要是：进行可行性研究、投资估算的确定与控制；设计方案的优化和设计概算的确定与控制；施工招标文件和招标控制价（或标底）的编制；工程进度款的支付和工程结算及控制；合同价的调整；索赔与风险管理；竣工决算的编制等。

2）承包方工程造价管理。承包方工程造价管理组织的职责主要有：投标决策，并通过市场研究，结合自身积累的经验进行投标报价；编制施工定额；在施工过程中进行工程造价的动态管理，加强风险管理、工程进度款的支付；工程索赔、竣工结算；同时加强企业内部的管理，包括施工成本的预测、控制与核算等。

3）中介服务方工程造价管理。中介服务方主要有设计单位与工程造价咨询机构，其主要职责包括：按照业主或委托方的意图，在可行性研究和规划设计阶段确定并控制工程造价；采用限额设计以实现设定的工程造价管理目标；招标投标阶段编制标底或预算控制价；参与评标、议标；在项目实施阶段，参与项目工程造价全过程管理；通过设计变更、现场签证、索赔与结算等工作进行工程造价的控制。

2. 造价工程师管理制度

在我国建设工程造价管理活动中，从事工程造价管理的专业人员可以分为两大类，即造价工程师和造价员。

(1) 造价工程师执业资格制度　我国的造价工程师执业资格制度是从1996年初步建立的，到现在已经完善、规范。造价工程师是指取得"中华人民共和国造价工程师资格证书"，在一个单位注册从事建设工程造价管理活动的专业人员。

造价工程师应通过全国造价工程师执业资格统一考试或者资格认定、资格互认，取得"中华人民共和国造价工程师资格证书"，并经注册取得"中华人民共和国造价工程师注册执业证书"和执业印章，在一个单位从事建设工程造价管理活动。考试合格但未经注册的人员，不得以造价工程师的名义从事建设工程造价活动。凡从事工程建设活动的建设、设计、施工、工程造价咨询、工程造价管理等单位，必须在计价、评估、审查（核）、控制及管理等岗位配备有造价工程师执业资格的专业技术人员。

国际上工程造价专业人士从总体上可以分为以美国为代表的造价工程师（Cost Engineer，CE）和以英国为代表的工料测量师（Quantity Surveyor，QS）。一是造价工程师体系。美国的多数项目造价管理人员在通过了美国造价工程师学会的考核以后，就被称为"注册造价工程师"。二是工料测量师体系。英国等国家规定，在获得一定学历和实践经验，通过专业学会的执业资格能力评估考试后，加入学会成为会员的候选人就成为特许工料测量师。

工程造价与工料测量非常相似，并且在许多方面重叠，一般都是在相同的领域工作。工料测量师具体的工作内容与我国的造价工程师基本相同。

(2) 造价工程师的素质要求　造价工程师的工作关系到国家和社会公众利益，技术性很强，因此，对造价工程师的素质有特殊要求。造价工程师的素质要求包括以下几个方面：

1）职业道德方面的素质。

由于工程项目的大额性，许多项目工程造价高达数亿、上百亿元。工程造价的确定是否准确，造价控制是否合理，造价金额是否真实，不仅关系到国民经济发展的速度和规模，而且关系到参与项目相关主体的经济利益关系。因此，要求造价工程师具有良好的思想修养和职业道德，既能维护国家利益，又能维护项目各方主体的经济利益，做到诚信、廉洁、公正、敬业，绝不能以权谋私。

2）专业方面的素质。

造价工程师专业技能方面的素质集中表现在以专业知识和技能为基础的工程造价管理方面的实际工作能力。造价工程师应掌握和了解的专业知识主要包括：

① 相关的经济理论与项目投资和融资管理。

② 相关法律、法规和政策与工程造价管理。

③ 建筑经济与企业管理。

④ 财政税收与金融实务。

⑤ 市场、价格与现行各类计价依据（定额）。

⑥ 招标投标与合同管理。

⑦ 建筑制图与识图、建筑技术与综合工程技术。

⑧ 施工技术与施工组织。

⑨ 施工工作方法与动作研究。

⑩ 计算机应用和信息管理。

3）身体方面的素质。

4）造价工程师的技能结构。

造价工程师是建设领域工程造价的管理者，其执业范围和担负的重要任务，要求造价工程师必须具备现代管理人员的技能结构。

按照行为科学的观点，作为管理人员应具有三种技能，即技术技能、人文技能和观念技能。

技术技能指能使用经验、教育及训练上的知识、方法、技能和设备，来完成特定任务的能力。

人文技能指与人共事的能力和判断能力。

观念技能指了解整个组织及自己在组织中的地位的能力，使自己不仅能按本身所属的群体目标行事，而且能按整个组织的目标行事。

但是，不同层次的管理人员所需具备的三种技能的结构并不相同，造价工程师应同时具备这三种技能，特别是观念技能和技术技能。但也不能忽视人文技能，忽视与人共事的能力的培养，忽视激励作用。

(3) 造价工程师执业资格考试　注册造价工程师执业资格考试实行全国统一大纲、统一命题、统一组织的办法。原则上每年举行一次。

1）报考条件。工程造价或相关专业大专及其以上毕业，从事工程造价业务工作一定年限后，均可申请参加造价工程师执业资格考试。

2）考试科目。造价工程师执业资格考试分为四个科目："建设工程造价管理""建设工程计价""建设工程技术与计量（土建或安装专业）"和"工程造价案例分析"。参加全部科目考试的人员，须在连续两个考试年度通过。

3）证书取得。造价工程师执业资格考试合格者，由省级人事部门颁发国家统一制作的造价工程师执业资格证书，该证书全国范围内有效，并作为造价工程师注册的凭证。

(4) 造价工程师注册　造价工程师实行注册执业管理制度。取得造价工程师执业资格的人员，经过注册方能以注册造价工程师的名义执业。国务院建设主管部门作为造价工程师注册机关，负责全国注册造价工程师的注册和执业活动，实施统一的监督管理工作。

造价工程师只能在一个单位注册和执业。

(5) 造价工程师执业　造价工程师的执业范围包括：

1）建设项目建议书、可行性研究投资估算的编制和审核，项目经济评价，工程概算、预算、结算，竣工结（决）算的编制和审核。

2）工程量清单、招标控制价（或者标底）、投标报价的编制和审核，工程合同价款的签订及变更、调整，工程款支付与工程索赔费用的计算。

3）建设项目管理过程中设计方案的优化、限额设计等工程造价分析与控制，工程保险理赔的核查。

4）工程经济纠纷的鉴定。

注册造价工程师应当在本人承担的工程造价成果文件上签字并盖章。修改经注册造价工程师签字盖章的工程造价成果文件，应当由签字盖章的注册造价工程师本人进行。

3. 造价员管理制度

建设工程造价员（简称造价员）是指取得“全国建设工程造价员资格证书”，在一个单位从事建设工程造价管理活动的专业人员。

（1）资格考试　造价员资格考试实行全国统一考试大纲、通用专业和考试科目，各造价管理协会或归口管理机构（简称管理机构）和中国建设工程造价管理协会专业委员会（简称专业委员会）负责组织命题和考试。通用专业分建筑工程、安装工程和市政工程三个专业，通用考试科目包括“工程造价管理基础知识”和“专业工程计量与计价”。其他专业和考试科目由各管理机构、专业委员会根据本地区、本行业的需要设置。

1）报考条件。凡遵守国家法律、法规，恪守职业道德，具备下列条件之一者，均可申请参加造价员资格考试：

① 普通高等学校工程造价专业、工程或工程经济类专业在校生。

② 工程造价专业、工程或工程经济类专业中专及以上学历。

③ 其他专业，中专及以上学历，从事工程造价活动满 1 年。

符合下列条件之一者，可向管理机构申请免试“建设工程造价管理基础知识”：①普通高等学校工程造价专业的应届毕业生；②工程造价专业大专及其以上学历的考生，自毕业之日起两年内；③已取得资格证书，申请其他专业考试（即增项专业）的考生。

2）资格证书的颁发。造价员资格考试合格者，由各管理机构、专业委员会颁发由中国建设工程造价管理协会统一印制的“全国建设工程造价员资格证书”及专用章。“全国建设工程造价员资格证书”是造价员从事工程造价业务的资格证明。

（2）从业范围　从业造价员可以从事与本人取得的“全国建设工程造价员资格证书”专业相符合的建设工程造价工作。造价员应在本人承担的工程造价业务文件上签字、加盖专用章，并承担相应的岗位责任。

造价员跨地区或行业变动工作，并继续从事建设工程造价工作的，应持调出手续、“全国建设工程造价员资格证书”和专用章，到调入所在地管理机构或专用委员会申请办理变更手续，换发资格证书和专用章。

造价员不得同时受聘于 2 个或 2 个以上单位。

4. 工程造价咨询企业管理制度

（1）工程造价咨询的概念　咨询从咨询者的角度看，指征求意见；从被咨询者的角度来看，就是担任顾问。

现代咨询是以信息为基础，利用科学技术和管理人才的专业技能，根据委托方的要求，对委托方的任务进行分析、研究，提供解决有关决策、技术和管理等方面问题的优化方案的智力服务的活动过程。它以智力劳动为特点，以特定问题为目标，以委托人为服务对象，按合同规定条件或约定进行有偿的经营活动。

工程造价咨询指面向社会接受委托，承担建设工程项目的可行性研究、投资估算、经济评价，工程概算、预算、结算、竣工决（结）算，工程招标标底或预算控制价、投标报价的编制和审核，对工程造价进行监控以及提供有关工程造价信息资料等业务工作。

（2）工程造价咨询企业　工程造价咨询企业指接受委托，对建设项目投资、工程造价的确定与控制提供专业咨询服务的企业。工程造价咨询企业应当依法取得工程造价咨询企业资质，并在其资质等级范围内从事工程造价咨询活动。工程造价咨询企业从事工程造价咨询活动，应当遵循独立、客观、公正、诚实信用的原则，不得损害社会公共利益和他人的合法权益。任何单位和个人不得非法干预依法进行的工程造价咨询活动。

工程造价咨询企业资质等级分为甲级、乙级。

(3) 工程造价咨询企业的业务承接　工程造价咨询企业依法从事工程造价咨询活动，不受行政区域限制。甲级工程造价咨询企业可以从事各类建设项目的工程造价咨询业务，乙级工程造价咨询企业可以从事工程造价 5000 万元以下的各类建设项目的工程造价咨询业务。

工程造价咨询业务范围包括：

1）建设项目建议书及可行性研究投资估算、项目经济评价报告的编制和审核。

2）建设项目概预算的编制与审核，并配合设计方案比选、优化设计、限额设计等工作进行工程造价分析与控制。

3）建设项目合同价款的确定（包括招标工程工程量清单和招标控制价、标底、投标报价的编制和审核）；合同价款的签订与调整（包括工程变更、工程洽商和索赔费用的计算）；工程款支付，工程结算及竣工结（决）算报告的编制与审核等。

4）工程造价经济纠纷的鉴定和仲裁的咨询。

5）提供工程造价信息服务等。

6）对建设项目的组织实施进行全过程或者若干阶段的管理和服务。

习　题

1. 什么是建设项目？
2. 建设项目的建设程序的内容有哪些？
3. 建设项目、单项工程、单位工程、分部工程和分项工程如何划分？举例说明。
4. 工程造价有哪些特点？
5. 投资估算、设计概算、修正设计概算如何划分？有何作用？
6. 什么是工程预算造价、签约合同价、竣工结算价、竣工决算价？
7. 为什么说竣工结算价才是建设项目的最终实际造价？
8. 为什么国家推行建设项目全过程造价管理？
9. 你认为对造价工程师而言，最重要的素质要求是什么？
10. 从造价工程师的执业范围来看，你认为你需要掌握哪些工程造价专业知识？

第2章

工程定额原理

本章学习重点

通过学习工程定额的基本概念、基本原理、管理、编制等基础知识，熟悉施工过程及其分类、各类工作时间的确定、工程定额测定的主要依据和主要方法等内容。再通过学习施工定额的概念、人工消耗定额编制、材料消耗定额编制、机械台班消耗定额编制，掌握工程定额的基本原理，施工定额的编制方法，建筑安装工程人工、材料及机械台班定额消耗量的确定，概算定额，概算指标和投资估算指标等内容。以上内容为工程造价技术人员必备的专业知识，是工程造价技术人员综合能力的体现。

随着建设工程项目管理水平的不断提高，特别是工程招标投标制度的普及和工程造价全过程管理的普遍开展，工程定额及定额原理的运用，在现代建设工程量化管理及价值管理中越来越受到重视。工程定额直接影响到建设项目产品定价的各个方面，它不仅是工程项目管理的基础，也是工程投资和工程造价管理的基本依据。了解工程定额的概念，熟悉工程定额的特点、分类，研究施工过程和工作时间，掌握工程定额的测定方法和编制方法，对学好工程造价基础知识和基本理论，提高工程造价全过程管理的水平和质量，减少建筑产品生产过程中的劳动消耗，提高生产效率，降低工程成本，具有十分重要的意义。

2.1 工程定额概述

2.1.1 工程定额基本概念

1. 工程定额的含义及研究对象

（1）定额的概念　所谓定额，就是规定的额度或数额。就是进行生产经营活动时，根据一定时期的生产水平和产品的质量要求，完成一定数量的合格产品所需消耗的人力、物力和财力的数量标准。由于不同的产品有不同的质量要求和安全规范要求，因此定额不单是一种合理的数量标准，还是关于数量、质量和安全要求的统一体。

（2）工程定额的概念　工程定额是指工程建设中，国家按照有关建筑产品的设计和施工验收规范、质量和安全评定标准，颁发的用于规定完成某单位建筑合格产品所必需的人工、材料、机械等的消耗量标准。它反映在一定的社会生产力发展水平的条件下，完成建设工程中的某项合格产品与各种生产消耗之间特定的数量关系。

1）工程定额的“单位”指定额子目中所规定的定额计量单位，因定额性质的不同而不同；“产品”指“工程建设产品”，称为工程定额的标定对象。

2）工程定额反映了在一定的社会生产力条件下，完成某项合格产品与各种生产消耗之间特定的数量关系，同时也反映了其施工技术和管理水平。

3）工程定额不仅给出了建设工程投入与产出的数量关系，同时还给出了具体的工作内容、质量标准和安全要求。

（3）工程定额的研究对象　在一定的社会生产力发展水平的条件下，生产出质量合格的单位建筑产品与消耗的人力、物力和财力的数量标准之间存在着以质量为基础的数量关系。工程定额主要是在一定的社会生产力发展水平的条件下，研究建筑合格产品的生产和生产消耗之间的数量关系，研究为完成建筑合格产品生产消耗的规律性。

（4）定额水平　定额水平是反映生产资源消耗量大小的相对概念，它是衡量定额消耗量高低的指标。定额水平受一定时期的生产力发展水平的制约，工程定额水平必须反映当时的生产力发展水平。一般来说，定额水平与生产力水平成正比，与生产资源消耗量成反比。定额水平可以分为社会平均水平和平均先进水平两种。

定额的社会平均水平，指在正常施工条件下，以平均的劳动强度，平均技术熟练程度，平均的技术装备条件，完成单位合格产品所需付出的劳动消耗量的水平，这种以社会平均劳动时间来确定的消耗量水平，通常称为社会平均水平。

定额的平均先进水平，指在正常的施工条件下，多数施工班组或生产者必须经过努力才能达到的劳动消耗量水平。

2. 我国工程定额的产生和发展

据史书记载，我国自唐朝起就有国家制定的有关营造的规范。在《大唐六典》中就有各种用工量的计算方法。到了北宋时期，国家分行业制定了将工料限量与设计、施工、材料结合在一起的《营造法式》，可谓由国家制定的一部建筑工程定额。清朝时期为适应营造业的发展，专门设置了“样房”和“算房”两个机关，样房负责图纸设计，算房则专门负责施工预算。可见，定额的使用范围被扩大，定额的功能也有所增加。

新中国成立以后，我国的工程定额才逐渐建立和日趋完善并成熟发展起来。最初，我国吸取了前苏联定额工作的经验，20 世纪 70 年代后期，又参考了欧洲多国和美日等国家有关定额方面的管理内容。在各个时期，结合我国的实际情况编制了相应的定额。1951 年，东北地区制定了统一劳动定额，随后，其他地区也相继编制了劳动定额或工时消耗定额，这一时期是我国劳动定额的创立初期。1955 年，我国发布了全国统一的劳动定额，标志着我国建筑工程定额集中管理的开始。1956 年，国家编制了全国统一施工定额。1962 年，原建筑工程部重新修订并颁发了《全国建筑安装工程统一劳动定额》。1979 年，国家重新颁发《建筑安装工程统一劳动定额》。1995 年原建设部组织编制和颁发了《全国统一建筑工程基础定额》（土建工程）和《全国统一建筑工程预算工程量计算规则》，2002 年原建设部组织编制和颁发了《全国统一建筑装饰装修工程消耗量定额》，为实行量价分离提供了依据。2003 年原建设部发布了《建设工程工程量清单计价规范》，该规范对清单计价的适用范围、计价原则等都做了明确规定。2008 年又对该规范进行了修编完善。直到 2013 年，国家对原来的《建设工程工程量清单计价规范》进行了分离，重新发布了《建设工程工程量清单计价规范》和《房屋建筑与装饰工程工程量计算规范》等九个专业的工程量计算规范，其内容更趋完善。

3. 工程定额的作用和特点

（1）工程定额的作用

1）工程定额具有节约社会劳动和提高劳动生产率的作用。工程定额作为资源消耗的数量标准，可以用来控制各种资源的实际消耗。为了使工程资源的实际消耗控制在工程定额的数量标准范围内，就必须通过各种办法，促使工人节约社会劳动、提高劳动生产率、加快工作进度、不断增强责任感、自觉控制各种消耗、努力提高经济效益。

2）工程定额有利于对建筑市场的规范化，促使市场公平竞争。对于投资者来说，可以根据工程定额权衡财务状况、方案优劣、支付能力等；对于施工企业来说，可以根据工程定额在投标报价时提出科学的、充分的数据和信息，从而可以正确地进行价格决策，增加在市场竞争中的主动性和竞争力。

3）工程定额是建设工程计价的依据。不论是工程前期阶段的投资估算、设计概算、施工图预算等造价文件的编制，还是工程实施阶段工程标底、工程招标控制价、投标报价、竣工结算价等造价文件的编制，都得以工程定额为依据并通过计算单价与组价去完成。

4）工程定额有利于完善市场的信息系统。定额中的数据来源于市场，来源于大量的施工实践。也就是说定额中的数据是市场信息的反馈。信息的可靠性、灵敏度对于定额的管理相当重要。当信息越可靠、完备性越好、灵敏度越高时，定额中的数据就越准确，这对于通过建设工程定额所反映的工程造价就较为真实；反之，就必须主动完善市场信息。

5）工程定额是企业实行管理的必要手段。工程定额中的各项消耗数量及标准，可以作为企业编制施工进度计划、下达任务书、合理组织调配资源、进行成本核算的依据。也可以作为企业进行考核评比、开展劳动竞赛、计件工资发放和超额奖励的依据。

（2）工程定额的特点　在社会主义市场经济条件下，工程定额具有以下几个特性。

1）科学性。定额是采用科学的态度，运用科学的方法，在研究施工生产的客观规律及长期观察、测定及广泛收集资料的基础上制定的。在制定过程中，必须对现场的工时、机具及现场生产技术和组织合理的配备等各种情况进行科学的综合分析、研究。另外，定额具有科学性的特点还体现在定额的制定和贯彻要达到一体化，制定定额是为了提供贯彻依据，贯彻是为了实现科学管理的目标。

2）指导性。随着我国建设市场的不断成熟和规范，工程定额原有的指令性特点逐渐弱化，主要起到对整个建设市场和具体建设产品交易的指导作用。一方面工程定额作为国家各地区和行业颁布的指导性依据，可以规范建设市场的交易行为，在具体的建设产品定价过程中也可以起到相应的参考作用，同时还可以作为政府投资项目定价以及造价控制的重要依据；另一方面，在现行的工程量清单计价方式下，体现交易双方自主定价的特点，投标人的主要依据是企业定额，但企业定额的编制和完善仍然离不开统一定额的指导。

3）稳定性和时效性。编制建设工程定额都要测算定额的水平，使编制出的定额在使用过程中真正地被施工管理人员接受。而在此水平条件下编制的建设工程定额只能真实地反映在某一定时期内施工生产的技术水平和管理水平。因而建设工程定额在某一时期内具有相对的稳定性，并在该时期内具有相应的效力。一般五年左右更换一次。

4）系统性。建设工程本身种类众多、系统庞大，这就决定了为建设工程服务的定额也种类较多。建设工程定额是由多种定额有机结合而成的整体，具有相对独立的系统。

5）统一性。编制建设工程定额须在一定范围内依据国家统一的标准、规范、已编定额、各种参数等统一的尺度下实现。而在实际工作中需要借助统一的建设工程定额进行规划、组织、调节、控制及社会监督活动。这些都是建设工程定额统一性特点的体现。

2.1.2 工程定额的分类

工程定额是一个综合概念。在建筑安装的施工生产过程中，要根据不同的需要去选择和使用不同的定额。如企业的内部管理中有劳动消耗定额、材料消耗定额、机械台班定额和企业定额等。又如计算和确定建筑安装工程造价、推行工程项目招标投标制度、建设资金拨付等要使用预算定额、费用定额等。因此，建设工程定额应从不同的角度出发进行分类。

1. 按工程定额反映的生产要素消耗内容分类

（1）劳动消耗定额　劳动消耗定额简称劳动定额。它指在正常施工技术和组织条件下，完成规定计量单位的合格建筑安装产品所需消耗的人工工日数量标准。“劳动消耗”在这里仅仅指活劳动的消耗。因此，劳动定额也称为工时定额或人工定额。劳动定额的主要表现形式是时间定额，但同时也表现为产量定额。时间定额与产量定额互为倒数。

（2）材料消耗定额　材料消耗定额简称材料定额。它指在正常施工条件和节约、合理使用材料的条件下，生产完成单位合格产品所必须消耗的材料数量标准。这里的材料，主要指工程建设中使用的原材料、半成品、成品、构配件和燃料、水、电等资源的总称。

（3）机械消耗定额　机械消耗定额是以一台机械一个工作班为计量单位，因此又称为机械台班定额。它指在正常施工条件、合理劳动组织和合理使用施工机械的条件下，利用某种机械生产完成单位合格产品所必须消耗的机械工作时间，或在单位时间内机械完成合格产品的数量。机械消耗定额的主要表现形式是机械时间定额，同时也表现为产量定额。

劳动定额、材料消耗定额、机械台班定额反映的是社会平均必须消耗的水平，是制定各种其他定额的基础，因此称为基础定额。三大基础定额都是计量性定额。

2. 按工程定额的编制程序和用途分类

（1）工序定额　工序定额是以个别工序（或个别操作）为测定对象的定额，它是组成一切工程定额的基础，又称为基本定额。例如，可以在砌砖工程中分别制定出铺灰、砌砖、勾缝等工序定额。由于其比较琐碎，所以除用作编制个别工序的用工量外，很少将工序定额用于施工中。

（2）施工定额　施工定额指完成一定计量单位的某一施工过程，或基本工序所需消耗的人工、材料和施工机械台班数量标准。

施工定额是以同一性质的施工过程或工序作为测定对象进行编制，表示生产产品数量与生产要素消耗综合关系的定额。施工定额是工程定额中分项最细、定额子目最多的一种定额，也是工程定额中最基础的定额。一般由劳动消耗定额、材料消耗定额、机械消耗定额三个相对独立的部分组成。为了更好地满足企业对内部的管理与成本控制，因此施工定额常采用平均先进水平来编制。

（3）预算定额　预算定额指在正常的施工条件下，完成一定计量单位合格分项工程和结构构件所需消耗的人工、材料、施工机械台班数量及其费用标准。

预算定额主要用于施工图设计阶段计算工程造价或编制工程预算。它以分部分项工程为对象测定，表示完成规定计量单位分项工程的人工、材料、机械台班消耗的数量和费用标准。预算定额是一种计价性定额，是编制地区单位估价表、确定工程造价的依据。它在施工定额基础上综合扩大编制而成，同时也是概算定额的编制基础。在编制水平上预算定额采用社会平均水平编制而成。

（4）概算定额　概算定额指完成单位合格扩大分项工程，或扩大结构构件所需消耗的人工、材料、施工机械台班数量及其费用标准。

概算定额主要用于初步设计阶段计算和确定工程概算造价（编制设计概算），它是计算劳动力、材料、机械台班需用量所使用的一种定额。概算定额也是一种计价性定额，它的项目划分粗细程度与扩大初步设计的深度相适应，在预算定额基础上根据历史的工程预结算等资料综合扩大而成，其定额水平一般为社会平均水平。

（5）概算指标　概算指标指以扩大分项工程为对象，反映完成规定计量单位的建筑安装工程资源消耗的经济指标。

概算指标主要是在三阶段设计（初步设计、技术设计、施工图设计）的初步设计阶段编制初步设计概算所采用的一种指标性定额。它是计算和确定工程的初步设计概算造价，计算劳动力、材料、机械台班需用量所使用的一种定额。概算指标比概算定额更加综合扩大，是概算定额的扩大与合并，仍属于计价定额。

（6）投资估算指标　投资估算指标指以建设项目、单项工程、单位工程为对象，反映其建设总投资及其各项费用构成的经济指标。

投资估算指标用于在项目建议书和可行性研究阶段编制投资估算，是计算投资需要量时使用的一种指标性定额。投资估算指标的项目概略，一般以独立的单项工程或完整的工程项目为对象，根据历史的工程概预算、决算和价格变动等资料编制。它是一种计价性定额。

（7）消耗量定额　消耗量定额指完成规定计量单位的合格建筑安装产品所消耗的人工、材料、施工机械台班的数量标准。

消耗量定额是由建设行政主管部门根据合理的施工组织设计，按照正常施工条件制定的社会平均消耗量标准，适用于市场经济下的建筑安装工程计价。

（8）费用定额　费用定额是按照现行的工程造价构成规定计算工程造价时配合计价性定额使用的一种定额。

（9）工期定额　工期定额指在正常的施工技术和组织条件下，完成建设项目和各类工程所需的工期标准。

工期定额包括建设工期和施工工期两个层次。建设工期指建设项目或独立的单项工程在建设过程中所耗用的时间总量，一般用月数或天数表示。它从开工建设时算起到项目全部建成投产或交付使用时为止，不包括由于计划调整或决策失误而导致停建缓建所延误的时间。施工工期一般指单项工程或单位工程从开工到完工并达到国家验收标准所经历的时间，它是建设工期的一部分。

3. 按工程定额的编制单位和管理权限范围分类

（1）全国统一定额　全国统一定额是由国家建设行政主管部门根据全国各专业工程的生产技术和组织管理情况编制的并在全国范围内执行的定额。如《全国统一建筑工程基础定额》《全国统一安装工程预算定额》等。

（2）行业定额　行业定额指按照国家行政管理部门的规定，根据本行业情况编制的仅供本行业和相同专业性质范围内使用的专业定额。如《公路工程预算定额》《冶金工程定额》等。

(3) 地区定额　地区定额指由各省、自治区、直辖市建设行政主管部门考虑本地区特点，对国家定额进行补充调整编制的定额。如《四川省房屋建筑与装饰装修工程清单计价定额》等。

(4) 企业定额　企业定额指由企业根据自身的施工技术、机械装备和管理水平，参照国家、地区相关部门编制的仅限于本企业内部使用的定额。企业定额水平一般应高于国家现行定额，才能满足生产技术发展、企业管理和市场竞争的需要。在工程量清单计价方式下，企业定额是施工企业进行建设工程投标报价的重要依据。

(5) 临时定额　临时定额指当现行定额项目不能满足生产需要时，根据现场实际情况由建设、施工双方编制的一次性补充定额，仅供建设施工双方对合作的现行工程项目一次性使用。同时，临时定额应当报当地造价管理部门备案，以作为今后修订正式定额的参考资料之一。

4. 按计价定额和非计价定额分类

按照工程定额是否直接用于工程计价，可以将定额分为计价定额与非计价定额。预算定额、概算定额、概算指标、投资估算指标、费用定额等属于计价定额，其余的定额都可以归为非计价定额。计价定额是最常用也是最重要的工程定额，它直接关系到工程造价的合理确定与管理，是建设工程计量与计价的主要依据之一。

5. 按工程定额专业分类

按照工程定额的专业，可以把工程定额分为房屋建筑工程与装饰装修工程定额、通用安装工程定额、市政工程定额、铁路工程定额、公路工程定额、矿山井巷工程定额等。

2.1.3 工程定额管理

1. 工程定额管理的任务和内容

(1) 工程定额管理的任务

1) 深化工程定额改革，为实现以市场形成工程价格运行机制服务。深化工程定额改革，实行国家宏观调控与放开调整权相结合的管理方式，建立服务工程造价全过程管理、与清单计价体系相适应的工程定额体系、定额编制规则、动态调整机制、表现形式等，鼓励企业编制自身企业定额，根据自身企业定额以工程个别成本为基础进行报价或根据国家、地区相关定额为参考进行报价，提高企业竞争能力，促使企业公平竞争。

2) 不断完善国家基础定额，使其与社会生产力的发展相适应。国家基础定额的水平要反映社会生产力水平。当社会生产力水平提高，国家基础定额的耗用量就要作相应调整，使之与社会生产力发展水平相适应，从而通过定额的制定、完善、执行，达到控制消耗、节约社会劳动的目的。

3) 为投资管理和企业管理提供依据。管理的最终目标是提高经济效益。工程定额管理作为投资管理和企业管理的一个重要环节，是最基础性的管理工作。一方面它要适应整个管理工作的需要，受其他管理工作状况的制约和影响。另一方面工程定额管理的任务也在于用定额强化投资管理和企业管理的约束机制，并为其他管理工作创造有利的前提。

(2) 工程定额管理的内容　工程定额管理是经济管理中基础性管理工作。管理的主要内容是科学制定和及时修订各种定额，整理和发布定额信息，组织和检查定额执行情况，分析定额完成情况和存在的问题，及时反馈信息。

工程定额种类繁多，管理内容各有特点。但从共性角度看，工程定额管理内容包括三个方面：定额的编制与修订、定额的贯彻执行和信息反馈。从市场的信息流程来看，定额管理的主要内容是信息的采集、加工和传递、反馈的过程。

工程定额管理具体包括以下内容：

1）制定定额的编制计划和编制方案。

2）积累收集和分析整理基础资料。

3）编制和修订定额。

4）整理、测定定额的水平。

5）审批和发布定额。

6）组织征询有关各界对新定额的意见与建议。

7）整理和分析意见、建议，诊断新编定额中存在的问题。

8）对新编定额进行必要的调整与修改。

9）组织对新定额进行交底和一定范围内的宣传、解释和答疑。

10）从各方面为新定额的贯彻执行创造条件，积极推行新定额。

11）监督检查定额的执行，收集、储存定额执行情况和反馈信息。

上述管理内容之间，既相互联系又相互制约。它们的顺序也大体反映了工程定额管理的工作流程。

2. 工程定额管理的机构和职能

从管理的权限看，住房与城乡建设部标准定额司是工程定额管理的对口领导机构，主要负责制定和颁发有关工程定额的政策、制度、发展规划，组织拟订全国统一定额，组织监督各类工程建设标准定额的实施，对各省、自治区、直辖市的定额管理工作实行业务指导。住房与城乡建设部标准定额研究所是部属专业研究机构，主要负责工程定额的基础理论和现代管理方法、手段的研究和推广运用，根据委托组织制定各类国家级定额和指标，建立和管理国家级定额信息中心。标准定额司和标准定额研究所既有明确的分工，也有明确的协作。

各省、自治区、直辖市和国务院行业主管部门的定额管理机构在其授权范围内各自行使自己的定额管理职能，主要负责本部门、本地区工程定额的编制、报批和发布工作。同时为编制全国统一定额提供基础资料。

2.1.4 工程定额编制

1. 工程定额编制的依据和原则

（1）工程定额编制的依据

1）国家有关的法律、法规，政府的价格政策等。

2）工人的技术等级标准、工资标准、工资奖励制度、劳动保护制度、八小时工作制。

3）各种设计规范、建筑安装工程施工及验收规范、安全技术操作规程和质量评定标准等。

4）具有代表性的典型工程施工图、技术测定资料、定额统计资料等。

（2）工程定额编制的原则　工程定额质量的高低决定了工程定额是否能在工程建设过程中充分发挥控制消耗、提高经济效益的作用。而工程定额质量的高低又取决于工程定额的水平是否反映当时的社会生产力发展水平。因此，为了保证工程定额的质量，在制定工程定额时必须遵循以下原则：

1）技术先进、经济合理的原则。工程定额制定时，项目的确定，生产技术、施工方法和材料的选用等都必须反映当时的社会生产力发展水平，及时采用已经成熟并普遍推广的新技术、新材料、新工艺，以促进生产力的提高和建筑技术水平的提高。

2）简明适用的原则。简明适用指定额的结构合理、步距大小适当、文字浅显易懂、使用方法简便，能较大范围满足不同层次、不同用途的需要。

3）专群结合的原则。工程定额要以专家为主导，同时要与工程定额的使用群众相结合并参考他们的意见的原则进行编制。

2. 工程定额编制的步骤

工程定额编制的基本步骤为：

1）根据不同的定额，建立相应的编制机构，并有针对性地收集有关的编制依据资料。如现行的技术标准、技术规范、施工技术及验收规范、现行的定额、新材料和新工艺的工程实践资料等。

2）制定定额的编制方案，拟订定额的适用范围。如定额适用于某个地区，或适用于某个专业等。

3）拟订定额项目的划分、章节的编排等具体形式。

① 章节的编排要方便基层单位的使用。定额章、节的编排，划分的合理性，关系到定额的使用是否方便。因此，定额章、节的编制是一项重要工作。章的划分，通常有以下几种：

a. 按不同的分部划分，例如装饰工程可以按不同分部划分为楼地面、墙柱面、天棚、门窗、油漆、涂料等。

b. 按不同工种和劳动对象划分，例如建筑工程可以按工种、劳动对象划分为土石方、砌筑、脚手架、混凝土以及钢筋混凝土、门窗、抹灰、装饰等。

节的划分，通常有以下几种：

a. 按不同的材料划分，例如抹灰工程可以按不同的材料划分为石灰砂浆、水泥砂浆、混合砂浆等。

b. 按分部分项工程划分，例如现浇构件可以按分部分项工程的功效不同划分为基础、地面、柱、梁、墙、板等。

c. 按不同构造划分，例如屋面防水可以按构造划分为柔性防水层、刚性防水层、瓦屋面、镀锌薄钢板（铁皮）屋面等。

定额章节的编排还必须包括涵盖工程内容、质量要求、劳动组织、操作方法、使用机具以及有关规定的文字说明。

定额中的文字说明要简单明了，每种定额应有“总说明”，将两章以及两章以上的共同问题编写在“总说明”中；每章应有“章说明”，将两节及两节以上的共同问题编写在“章说明”中；每节的文字说明一般包括工作内容、操作方法和有关规定等。

② 项目划分合理。定额项目划分主要来自两个方面。一是定额项目齐全，二是定额项目划分的粗细恰当。项目划分齐全主要要求施工过程的一般活动都能在定额中体现出其消耗量标准；定额项目划分的粗细恰当主要要求从编制施工作业计划、签发施工任务书、计算工

人劳动报酬等需要出发，妥善处理定额项目与工序的关系。

定额项目的齐全，关系到定额适用范围的大小。所谓“齐全”，指在施工过程中主要的、常有的施工活动，都能够直接反映在工程定额项目中。

定额项目划分粗细恰当，关系到定额的使用价值。项目划分过粗或过细都会带来一定的负面影响。一般来说，项目划分应从编制施工作业计划、签发施工任务书、计算工人劳动报酬等需要出发，以工种分部分项工程为基础，妥善处理好粗与细、繁与简、单项与综合、工序与项目的关系，使项目划分粗细适当。

定额项目具体划分方法主要有以下几种：

a. 按机具和机械施工方法划分。不同的施工方法对定额的水平影响较大，比如手工操作与机械操作的工效差别很大。因此，项目划分时要根据手工操作和使用机具情况划分为手工、机械和部分机械定额项目。

b. 按产品的结构特征和繁简程度划分。在施工内容上属于同一类型的施工过程，由于工程结构的繁简程度和几何尺寸不同，对定额水平仍有较大影响。所以要根据产品的结构特征、复杂程度及几何尺寸的大小划分定额项目。如现浇混凝土设备基础模板的制作安装，就需要根据其复杂程度和几何尺寸的大小，划分为一般的、复杂的、体积在多少立方米以内的或多少立方米以上的项目。

c. 按工程质量的不同要求划分。不同的工程质量要求，其单位产品的工时消耗也有较大的差别。例如：砖墙面抹石灰砂浆，按施工及质量验收规范规定，不同等级有不同抹灰遍数的质量要求。因此，可以按高级、中级、普通抹灰质量要求分别划定定额项目。

d. 按使用的材料划分。完成某一产品所使用的材料不同，对定额水平的影响也很大。如不同材质、不同管径的各种管材，对管道安装的工效影响就很大。鉴于此，在划分管道安装项目时，则按不同材料的不同管径来划分项目。

③ 步距大小适当。步距指同类工作过程相邻定额项目的水平间距。步距大小要适当，如砌筑砖墙可采用1/4砖墙、1/2砖墙、3/4砖墙、1砖墙、3/2砖墙、2砖墙等。定额步距的大小与定额的简明适用程度关系极大。步距大，定额项目就会减少，定额水平的精确度就会降低；步距小，定额项目就会增多，编制工作量大，定额水平的精确度就会提高。一般来说，可以根据不同的需要采用不同的步距。

④ 定额的文字说明、注释等应简练、通俗易懂。定额中的计算方法力求简化，易于掌握。

⑤ 计量单位的确定能够准确、形象地反映产品的形态特征。每一施工过程都会得到一定的产品，该产品必须用一定的计量单位来表示。在许多情况下，一种产品可以采用几种计量单位。如可以根据产品的属性去选择物理计量单位和自然计量单位。物理计量单位如m^3、m^2、m、kg等，自然计量单位如个、套、组等。有时要考虑使用方便而采用扩大计量单位，如$100m^3$等。所以在编制定额时，应首先确定项目的计量单位。

确定计量单位应遵循以下原则：

a. 能够准确、形象地反映产品的形态特征。

物体的长、宽、高都发生变化时，应采用m^3为计量单位，例如土石方、混凝土构件等项目。

当物体厚度不变，长和宽发生变化，并引起面积发生变化时，宜采用m^2为计量单位，例如地面面层、装饰抹灰等项目。

物体截面形状及大小不变，但长度改变时，应以延长米为计量单位，例如装饰线条、栏杆扶手、给排水管道、导线敷设等项目。

体积、面积相同，但质量和价格差异较大，应当以 kg 或 t 为计量单位，例如金属结构的制作、运输、安装等。

按个、组、套等自然计量单位计算，例如洗脸盆、排水栓等项目。

b. 便于计算和验收工程量。例如墙脚排水坡以 m^2 为计量单位，窗帘盒以 m 为计量单位，便于计算和验收工程量。

c. 计量单位的大小要适当。计量单位的选择既要做到方便使用，又要能保证定额的精确度，例如人工挖土方以 $10m^3$ 为单位，人工运土以 $100m^3$ 为单位，机械运土以 $1000m^3$ 为单位。

d. 便于定额的综合。施工过程各组成部分的计量单位应尽可能相同，例如人工挖土方，其组成部分的人工挖方、人工运土、人工回填土项目都应以 m^3 为单位，便于定额的综合。

e. 必须采用国家法定的计量单位。定额中计量单位的名称和书写都应采用国家法定的计量单位。

3. 定额的制定

定额的制定指在收集资料的基础上，定额编制机构和编制人员在定额的适用范围内按照拟定的定额形式合理有序地制定定额。定额编制的基本理论是对工作进行研究，即对工作进行分析、设计和管理，从而最大限度地节约工作时间，提高工作效率，并实现工作的科学化、标准化和规范化。

（1）工时研究　工时研究就是工作时间研究，即将工人或施工机械在整个生产中所消耗的工作时间，根据其性质、范围和具体情况，予以科学地划分、归纳，以充分利用工作时间，提高劳动效率。这是技术测定的基本步骤和内容之一，也是编制劳动定额的基础工作。工时研究包括动作研究和时间研究两部分。

（2）施工过程研究

1）施工过程的概念。施工过程就是在施工现场所进行的生产过程。施工过程可大可小，大到一个建设项目，小到一个工序，最终目的是要建造、扩建、修复或拆除工业及民用建筑物和构筑物的全部或其中一部分。砌筑墙体、粉刷墙体、安装门窗、敷设管道等都是施工过程。

2）施工过程的分类。按不同的分类标准，施工过程可以分成不同的类型。

① 按施工的性质不同，可分为建筑过程和安装过程。

② 按施工过程的完成方法不同，可分为手工操作过程（手动过程）、机械化过程（机动过程）和机手并动过程（半机械化过程）。

③ 按施工劳动分工的特点不同，可分为个人完成的过程、工人班组完成的过程和施工队完成的过程。

④ 按施工过程组织上的复杂程度，可分为工序、工作过程和综合工作过程。

4. 确定定额水平

定额水平主要反映在产品质量与原材料消耗量、劳动组织合理性与人工消耗量、生产技术水平、施工工艺先进性等方面。定额水平的确定是一项细致复杂的工作，具有较强的技术性。确定定额水平，必须做好有关定额水平的资料收集、整理和分析工作，弄清楚定额水平的各种影响因素。

1）收集定额水平资料。该项工作要充分发挥定额专业人员的作用，积极认真做好技术测定工作。无论是编制企业定额还是临时定额，都应以技术测定资料作为确定定额水平的重要依据。另外，还要收集在正常施工条件下的施工过程中实际完成的实践资料和其他统计资料。收集定额水平资料要注意资料的准确性、代表性和完整性。

2）分析采用的定额水平资料。在收集到的资料中，选用施工条件正常、工作内容齐全、影响因素清楚、产品的数量和质量及工料消耗量可靠的资料进行分析整理。

3）确定定额水平。定额水平的确定要根据拟编制定额的种类来决定，决定是坚持平均水平还是平均先进水平。编制行业定额用以对整个行业进行指导时，应以该行业的平均水平作为定额水平；编制地区定额用于指导某地区时，应该以某地区该行业的平均水平作为定额水平；编制企业定额为企业控制成本及投标报价时，应以该企业的平均先进水平作为定额的水平。

5. 定额水平的测算对比

新编定额与现行定额相比，其水平是提高还是降低，提高或降低幅度为多少，需要通过对定额水平进行测算来确定。定额水平的测算对比，常采用总体水平对比和单项水平对比的方法。

（1）总体水平对比方法　即用同一单位工程计算出的工程量，分别套用新编定额和现行定额的消耗量，计算出人工、材料、机械台班总消耗量后进行对比，从而分析新编定额与现行定额的定额水平提高或降低的幅度，其计算公式为

$$\text{新编定额水平提高或降低幅度}=\left(\frac{\text{现行定额分析的单位工程消耗量}}{\text{新编定额分析的单位工程消耗量}}-1\right)\times 100\% \tag{2-1}$$

（2）单项水平对比方法　即用新编定额选定项目和现行定额对应的项目进行对比。其比值反映了新编定额与现行定额的定额水平提高或降低的幅度，其计算公式为

$$\text{新编定额水平提高或降低幅度}=\left(\frac{\text{现行定额单项消耗量}}{\text{新编定额单项消耗量}}-1\right)\times 100\% \tag{2-2}$$

2.2 施工过程与工作时间

2.2.1 施工过程及其分类

建筑安装工程可分为各种分部工程，如土石方工程、砖石工程、混凝土及钢筋混凝土工程等。每一个分部工程又由各个施工过程所组成。

1. 施工过程的概念

施工过程就是在建设工地范围内所进行的生产过程。其最终目的是要建造、恢复、改建、移动或拆除工业、民用建筑物和构筑物的全部或一部分。所以，施工过程就是工程建设的生产过程。例如：挖沟槽土方、砌筑墙体、安装门窗、敷设管道都是不同性质的施工过程。建筑安装施工过程与其他物质生产过程一样，也包括生产力三要素，即劳动者、劳动对

象、劳动工具。也就是说，施工过程是由不同工种、不同技术等级的建筑安装工人完成的，并且必须有一定的劳动对象——建筑材料、半成品、构配件等和使用一定的劳动工具——手动工具、小型机具和机械等。每个施工过程的结束，即获得一定的产品，这种产品或者改变了劳动对象的外表形态、内部结构或性质（由于制作和加工的结果），或者改变了劳动对象在空间的位置（由于运输、安装的结果）。所得到的产品数量可以用一定的计量单位来表示，如块、m^2、m^3等。许多情况下，都可用二三种的计量单位表示。例如砖砌体的计量单位可能是砌筑 $1m^2$ 墙体或砌筑 $1m^3$ 墙体。

2. 施工过程的分类

对施工过程进行分类，目的是通过对施工过程的组成部分进行分解，并按其不同的劳动分工、工艺特点、复杂程度来区别和认识施工过程的性质和包括的全部内容，更为深入地确定施工过程各个组成部分的必要性及其顺序的合理性，从而能正确地制定各个工序所需要的工时消耗。

(1) 按施工过程的专业性质和内容分类　可分为建筑过程、安装过程和建筑安装过程。

1) 建筑过程。建筑过程指工业与民用建筑的新建、恢复、改建、移动或拆除的施工过程。

2) 安装过程。安装过程指安装工艺设备或科学实验等设备的施工过程，以及用大型预制构件装配工业和民用建筑的施工过程。

3) 建筑安装过程。现代建筑技术的发展和新型建筑材料的应用，建筑过程和安装过程往往交错进行，难以区分，在这种情况下进行的施工过程称为建筑安装过程。

(2) 按施工过程的完成方法和手段分类　可分为手工操作过程（手动过程）、机械化过程（机动过程）和机手并动过程（半自动化过程）。

1) 手动过程。手动过程指劳动者从事体力劳动，在无任何动力驱动的机械设备参与下所完成的施工过程。

2) 机动过程。机动过程指劳动者操纵机器所完成的施工过程。

3) 机手并动过程。机手并动过程指劳动者利用由动力驱动的机械所完成的施工过程。

(3) 根据施工过程组织上的复杂程度分类　施工过程可分解为工序、工作过程和综合施工过程。

1) 工序。工序是在组织上分不开和技术上相同的施工过程。工序的特征是工人编制不变，劳动对象、劳动工具和工作地点也不变。在工作中如有一项改变，就说明已经由一项工序转入另一项工序了。从施工的技术操作和组织的角度看，工序是工艺方面最简单的施工过程。如钢筋制作，它由平直钢筋、钢筋除锈、切断钢筋、弯曲钢筋等工序组成；从劳动过程的角度看，工序又可以分解为更小的组成部分——操作。如弯曲钢筋工序由放置钢筋、旋紧旋钮、弯曲钢筋、放松旋钮、搁置钢筋等几个操作组成；而操作本身是一个施工动作接一个施工动作的综合，就是说操作本身由若干动作组成。如把钢筋放在工作台上操作，就由走向钢筋处、拿起钢筋、拿了钢筋返回工作台、把钢筋摆在工作台上、将钢筋移到支座前组成。而动作又由许多动素组成，动素是对人体动作的分解。每一个操作和动作都是完成施工工序的一部分。施工过程、工序、操作、动作的关系如图 2-1 所示。

在编制施工定额时，工序是基本工作过程，是主要的研究对象。测定定额时只需分解和标定到工序为止。如果进行某项先进技术或新技术的工时研究，就要分解到操作甚至到动作为止，从中研究可以改进操作或节约的工作时间。工序可以由一个人完成，也可以由一个综合工人小组完成，可以由手动完成，也可以由机械操作完成。

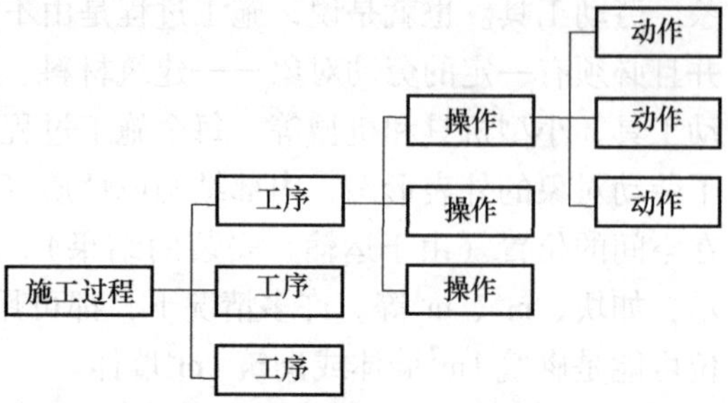

图 2-1　施工过程的组成

2）工作过程。工作过程是由同一工人或同一工人小组完成的在技术操作上相互联系的工序的综合体。其特点是人员编制、工作地点不变，而材料和劳动工具可以变换。例如，砖墙和勾缝，抹灰和粉刷。

3）综合施工过程。综合施工过程是同时进行的，在组织上有机联系在一起的，并且最终能获得一种产品的施工过程的总和。例如，浇灌混凝土结构的施工过程由调制、运送、浇灌和捣实等工作过程组成。

（4）按照施工工艺特点分类　施工过程可分为循环施工过程和非循环施工过程两类。凡施工过程各个组成部分按一定顺序依次循环进行，并每经一次重复都可以生产出同一种产品的施工过程，称为循环施工过程。否则，即为非循环施工过程。通常情况下机械化施工过程大多是循环施工过程，如机械挖土、起重机吊装构件等；手动施工过程大多是非循环施工过程，如人工砌筑砖墙、人工挖土方等。

（5）根据施工各阶段工作在产品形成中所起的作用分类　可分为施工准备过程、基本施工过程、辅助施工过程和施工服务过程。

1）施工准备过程。施工准备过程指在施工前所进行的各种技术、组织等准备工作，例如编制施工组织设计、现场准备、原材料的采购、机械设备进场、劳动力的调配和组织等。

2）基本施工过程。基本施工过程指为完成建筑工程或产品所必须进行的生产活动，例如基础打桩、墙体砌筑、构件吊装、门窗安装、管道敷设、电器照明安装等。

3）辅助施工过程。辅助施工过程指为保证基本施工过程正常进行所必需的各种辅助性生产活动，例如施工中临时道路的铺筑，临时供水、照明设施的安装，机械设备的维修保养等。

4）施工服务过程。施工服务过程指为保证基本和辅助施工过程所需要的各种服务活动，例如原材料、半成品、机具等的供应、运输和保管，现场清理等。

3. 施工过程研究

对施工过程进行研究，是在施工过程分类的基础上进行的。它是从工作方法的角度对被研究的施工过程进行系统、逐项的分析记录和考察研究，以求在现有设备技术条件下，改变落后和薄弱的工作环节，最终获得更有效、更简便的施工程序和方法。同时，它又是制定和推行施工定额必要的基础和条件。

对施工过程的研究常常采用模型分析的方法，模型可分为实物模型、图式模型和数学模型三种。其中图式模型是常用的基本方法。

用图式模型分析施工过程经常采用线图和流程程序图。一般线图用于分析和研究流动作业型的施工过程，而流程程序图用于分析和研究连续作业型的施工过程。对各种图式模型进行详尽分析和研究的目的，是检查有哪些是属于不必要的、重复的作业，哪些是无效劳动，以便于提出改进措施。

4. 影响施工过程的因素

施工过程中各个工序工时的消耗，常常会由于施工组织、施工方法和工人的劳动态度、技术水平的不同有很大差别。对单位建筑产品工时消耗产生影响的各种因素称为对施工过程的影响因素。对施工过程的影响因素进行分析和研究，其目的是正确确定单位建筑产品所需要的作业时间消耗。对施工过程的影响因素包括技术因素、组织因素和自然因素。

（1）技术因素　指由建筑物设计要求和施工物质条件引起的对施工过程的影响因素。如产品的形式和质量要求；材料的类别和规格；所用工具和机械设备的类别、型号和性能等。

（2）自然因素　指由于气候条件等对施工过程的影响因素。如酷暑、大风、雨雪、冰冻等。

（3）组织因素　指由施工组织、施工方法、工人技术水平、劳动态度等对施工过程的影响因素。如施工组织的方法与水平、工人的操作方法及技术熟练程度等。

2.2.2 工作时间研究

工作时间研究指对工人在整个施工过程中所消耗的工作时间，根据其性质、范围和具体情况进行科学划分和归纳，明确哪些属于定额时间，哪些属于非定额时间，找出造成非定额时间的原因，以便采取技术措施和组织措施，消除产生非定额时间的因素，以充分利用工作时间，提高劳动生产率。

1. 工作时间的概念

工作时间，指的是工作班延续时间，它是由工作班制度决定的。例如工作班制度定为八小时工作制时，则工作时间为8h，午休时间不包括在其内。由于工人和机械的工时消耗不同，因此，对工作时间消耗的研究可以分为两个系统进行，即工人工作时间的消耗和工人所使用的机器工作时间的消耗。两种消耗类型分别用于确定人工消耗定额和机械台班消耗定额。

2. 工人工作时间消耗的分类

工人在工作班内消耗的工作时间，按其消耗的性质，基本可以分为两大类：必需消耗的时间和损失时间，如图2-2所示。

（1）必需消耗的时间　它是工人在正常施工条件下，为完成一定合格产品（工作任务）所消耗掉的时间，必需消耗的时间即构成工人的定额时间，而定额时间是构成时间定额的全部时间元素。

定额时间由有效工作时间、休息时间和不可避免的中断时间组成。有效工作时间又可分解为基本工作时间、准备与结束时间和辅助工作时间。

1）基本工作时间指工人完成一定产品的施工工艺过程所必需消耗的时间。通过这些工艺过程可以改变材料的外形，如钢筋制作中的钢筋加工成形等；可以改变材料的结构与性质，如浇筑混凝土，混凝土制品的养护、干燥等工序；也可以改变产品的外部及表面的性质，如粉刷、油漆等。基本工作时间长短与工作量大小成正比。

2）准备与结束时间指为工作的开始作准备和工作结束后的整理工作所必需消耗的时

间。如工作开始之前的接受施工任务单、研究图纸、准备工具、领取材料等，生产任务结束后的工作地点的整理、清扫等。准备与结束时间一般与工人所接受的工作量大小无关，而与工作内容有关。

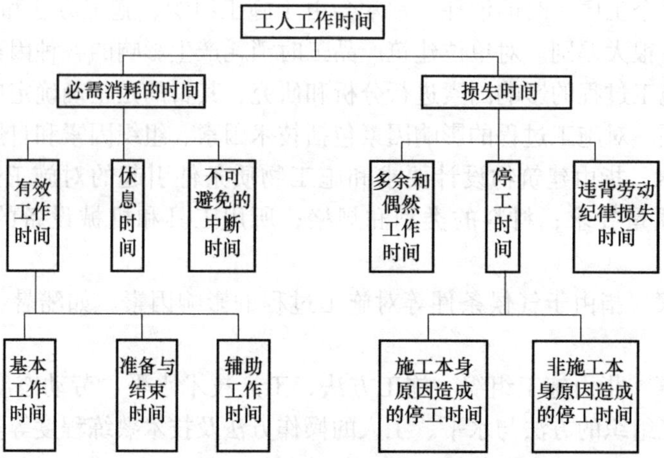

图 2-2　工人工作时间的分类

3）辅助工作时间是为了保证基本工作能够顺利完成进行的辅助工作所必需消耗的时间。辅助工作时间的结束往往就是基本工作的开始，如砌砖过程中的放线、收线，混凝土浇捣过程中的移动跳板、浇水润湿模板等。辅助工作时间长短与工作量大小有关系。

4）不可避免的中断时间指由于工程本身或施工工艺特点引起的工作中断所必需的时间。如安装工人等候起重机吊构件时的中断，工地范围内由一个工作地点转移到另一个工作地点的工时消耗等。不可避免的中断时间应计入定额时间内，但应尽量缩短此时间的消耗。

5）不可避免的休息时间指工人工作过程中由于劳累所必须进行短暂的、合理的休息时间，该时间主要是为了保证工人体力的恢复，因此在时间定额中应该计算。

（2）损失时间　它是与产品生产无关，而与施工组织和技术上的缺点有关，与工人在施工过程中的个人过失或某些偶然因素有关的时间消耗。损失时间包括多余和偶然工作时间、停工时间和违背劳动纪律损失时间。它也称为非定额时间。

1）多余和偶然工作指在正常的条件下，施工过程中不应该发生的工作，以及由于意外事件引起的工作。多余工作不能增加产品数量，如重砌质量不合格的墙体。偶然工作能获得一定产品，如抹灰时补上前一工序偶然遗留的墙洞等，这部分时间在拟定定额时应适当考虑其影响。

2）停工时间指由于非正常原因造成的工作中断。由于造成停工原因不同，可分为施工本身原因造成的停工时间和非施工本身原因造成的停工时间。施工本身原因造成的停工，如施工组织不善、材料供应不及时、工作面准备工作未做好、工作地点组织不良等引起的停工；非施工本身原因造成的停工，如气候发生特殊变化或施工现场停水停电造成的停工。

3）违背劳动纪律损失时间，指工人在工作班开始和午休后迟到、午饭前和工作班结束前的早退、擅自离开工作岗位、工作时间内聊天或办私事等造成的工时损失。

3. 机械工作时间消耗的分类

在机械化施工过程中，除了对工人工作时间的消耗进行分类研究外，还需要研究机械工作时间的消耗。机械工作时间消耗的分类，如图 2-3 所示。

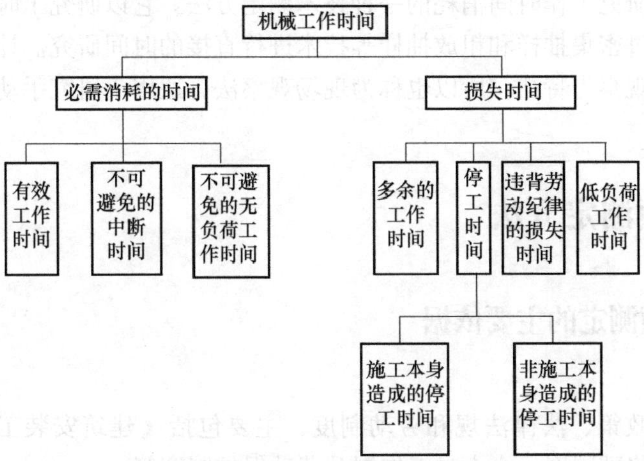

图 2-3　机械工作时间消耗的分类

从图中可以看出，机械工作时间分为必需消耗的时间和损失时间两大类。必需消耗的时间也称为定额时间，损失时间也称为非定额时间。

（1）必需消耗的时间　包括机械的有效工作时间、不可避免的无负荷工作时间、不可避免的中断时间三部分。

1）有效工作时间，包括正常负荷下的工作时间和降低负荷下的工作时间。其中降低负荷下的工作时间指由于受施工操作条件、材料特性的限制，造成机械在低于其规定的负荷下工作的时间。

2）不可避免的无负荷工作时间，指由施工过程的特点和机械的特性所造成的无负荷工作时间，如铲运机返回到铲土地点。

3）不可避免的中断时间，指由于技术操作和施工过程组织的特性而造成的机械工作中断时间。其中又可分为与操作有关的不可避免的中断时间和与机械有关的不可避免的中断时间。

（2）损失时间

1）多余的工作时间，指可以避免的机械无负荷下的工作时间或者在负荷下的多余的工作时间。前者如工人没及时给混凝土装料而引起的空转，后者如搅拌机搅拌混凝土时超过规定的搅拌时间。

2）停工时间，指由于施工本身和非施工本身造成的停工时间。前者是由于施工组织不善、机械维护不良引起的停工，后者是由于气候条件（暴风雨等）和外来的原因（如水、电源中断）引起的停工。

3）违反劳动纪律的损失时间，指由于工人迟到、早退及其他违反劳动纪律的行为而引起的机械停歇。

4. 工作时间研究

工作时间研究就是将劳动者在整个施工过程中所消耗的工作时间，根据性质、范围和具体情况，进行科学的划分、归纳，明确哪些属于定额时间，哪些属于非定额时间，找出造成非定额时间的原因，以便采取技术和组织措施，消除产生非定额时间的因素，以充分利用工作时间，提高劳动效率，并为指定劳动定额提供依据。

计时观察法是研究工作时间消耗的一种技术测定方法。它以研究工时消耗为对象，以观察测时为手段，通过密集抽样和粗放抽样等技术进行直接的时间研究。计时观察法运用于建筑施工中，以现场观察为特征，所以也称为现场观察法，适用于研究手动过程和机动过程的工时消耗。

2.3 工程定额测定方法

2.3.1 工程定额测定的主要依据

1. 政策、法规

国家有关经济政策、法律法规和劳动制度，主要包括《建筑安装工人技术等级标准》和工资标准、工资奖励制度、八小时工作制及劳动保护制度等。

2. 规范、规程、标准

国家现行的各类规范，如施工验收规范、建筑安装工程安全操作规程、设计规范、质量评定标准，现行的标准通用图和国家建筑材料标准等。

3. 技术测定和统计资料

主要指工时消耗的单项或综合统计资料。包括典型工程施工图、定额统计资料等，同时还包括已经成熟使用并推广的新技术、新结构、新材料和先进经验等。

2.3.2 工程定额测定的主要方法

1. 技术测定法

技术测定法是研究工作时间消耗的一种技术测定方法。它以研究工作消耗为对象，以观察测时为手段，通过密集抽样和粗放抽样等技术进行直接的时间研究。它根据先进合理的生产技术、操作工艺、劳动组织和正常的生产条件，对施工过程中的具体活动进行实地观察，详细记录施工的工人和机械的工作时间消耗、完成产品的数量及有关影响因素，将记录的结果加以整理，客观分析各种因素对产品的工作时间消耗的影响，据此进行取舍，以获得各个项目的时间消耗资料，从而制定劳动定额。采用技术测定法制定定额有充分的科学依据，准确程度较高，定额的水平精确度也高，适用于手工作业和机械作业，是制定定额的主要方法。但是采用此方法需要耗用大量的人力，技术要求高。

2. 科学计算法

科学计算法是根据施工图和其他技术资料，运用科学合理的计算公式确定材料消耗量的一种方法。科学计算法主要用于主要材料消耗量的测定，而且只能计算材料的净用量，材料的损耗量仍要在现场通过观测获得。

3. 比较类推法

比较类推法又称典型定额法，是以精确测定好的同类型工序或产品的定额，经过对比分析，类推出同类中相邻工序或产品定额的方法。采用这种方法制定定额简单易行、工作量小。但是，往往会因对定额的时间组成分析不够、对影响因素估计不足或所选典型定额不当而影响定额的质量。此方法适用于制定同类产品品种多、批量小的劳动定额和材料消耗定额。

4. 统计分析法

统计分析法是对同类工程或产品，根据过去施工中有关工时、材料、机械台班消耗等的记录和统计资料，考虑当前及今后施工生产条件的变化，利用统计学的原理，进行科学的分析研究后制定定额的一种方法。采用此方法必须具备原始记录、统计台账和经过初步整理的完整、可靠的历史统计资料。统计分析法简便易行，工作量小，省时省力，比经验估计法有较多的统计资料。但是，由于统计资料只是实耗工时的记录，在统计时并没有剔除生产技术中不合理的因素，只能反映已经达到的劳动生产率水平。因此，也只适用于批量大、产品稳定、生产周期长的定额项目的制定。

5. 经验估计法

经验估计法是根据定额人员、工程技术人员和工人的实践经验，经现场调查、观测，考虑材料、工具、设备、组织条件和操作方法后直接估算定额的方法。这种方法简便易行，量小快速。但是，由于缺乏技术资料，水平不易平衡，准确性差，易出现偏高或偏低的现象。它通常适用于制定产品品种多、工程量小或新产品试制以及不常出现的项目等一次性定额的制定。

2.3.3 技术测定法

1. 技术测定法的准备工作

（1）正确选择技术测定对象　测定前，要根据不同的测定目的选择测定对象。所谓测定对象就是对其进行技术测定的施工工人。应选择具有普遍代表性的班组或个人作为测定对象，其中应包括比较先进的和比较落后的部分班组和个人。

（2）确定需要进行技术测定的施工过程　一般来说，需要编制定额的施工过程都应进行测定。

（3）划分施工过程的组成部分　目的是便于设计正常的（标准的）施工条件和分析研究测时数据。将需要测定的施工过程按工序、操作或动作划分为若干组成部分，以便于准确记录时间和分析研究。

（4）选择施工的正常条件　绝大多数企业和施工队（组）在合理组织施工的条件下所处的施工条件，称之为施工的正常条件。选择正常的施工条件是技术测定中的一项重要内容，也是确定定额的依据。

选择正常的施工条件，应该具体考虑以下问题：

1）所完成的工作和产品的种类，以及对其质量的要求。

2）所采用的建筑材料、制品和装配式配件等。

3）采用的劳动工具和机械的类型。

4）工作的组成，包括施工过程的组成部分。

5）工人的组成，包括小组成员的专业、技术等级和人数。

6）施工方法和劳动组织，包括工作的地点的组织、工人配备、劳动分工和完成主要工序的方法等。

（5）测定工具准备　测定工具包括文件夹、表格、计时器、计算器、相机等。

2. 技术测定法的主要方法

根据施工过程的特点以及测定的任务、对象、方法的不同，技术测定法主要有三种，分别是测时法、工作日写实法、写实记录法，如图2-4所示。技术测定法的选择主要考虑施工过程的特点和测时精确度的要求。

（1）测时法　用测时法研究施工过程某些重复的循环工作的工时消耗，不研究工人休息、准备与结束及其他非循环的工作时间。根据具体测时手段的不同，测时法可分为选择测时法和连续测时法。

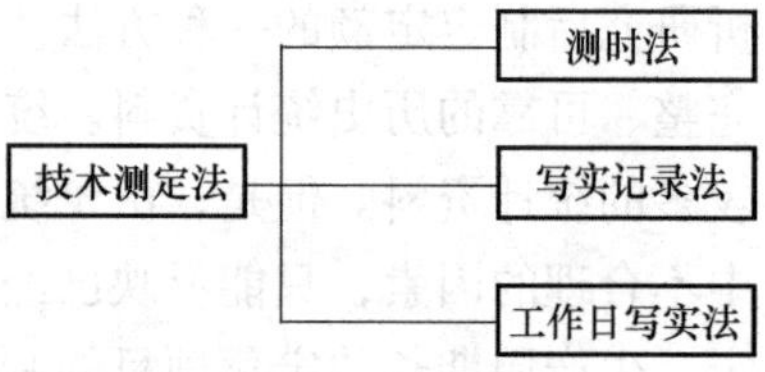

图2-4　技术测定法示意图

1）选择测时法。即间隔选择施工过程中非紧密连接的组成部分（工序或操作）测定工时。采用选择测时法，从被观测对象某一循环工作组成部分开始，即开动秒表，当该组成部分终止时，立即停表，然后记录延续时间，并将秒表归零，再记录下一个组成部分，如此依次记录延续时间。采用选择测时法，应特别注意定时点，记录时间时仍在进行的工作组成部分应不予观察。

2）连续测时法。即连续测定一个施工过程各工序或操作的延续时间。采用连续测时法，在工作进行中和非循环组成部分出现之前，一直不停止秒表。观测者根据各组成部分之间的定时点，在秒针走动过程中记录它的终止时间，再用定时点终止时间之间的差表示各组成部分的延续时间。

由于测时法属于抽样调查的方法，因此为了保证选取样本的数据可靠，需要对同一施工过程进行重复测时。一般来说，观测次数越多，数据资料的准确性就越高，当然也就越耗费人力和时间，这样既不现实也不经济。确定观测次数较为科学的方法，应该是依据误差理论和经验数据相结合的方法来判断。表2-1给出了测时法所必需的观察次数。很显然，需要的观察次数与要求的算术平均值精确度及数列的稳定性有关。

表2-1　测时法所必需的观察次数

稳定系数 \ 观察次数 \ 精确度	算术平均值精确度（%）				
	5以内	7以内	10以内	15以内	25以内
1.5	9	6	5	5	5
2	16	11	7	5	5
2.5	23	15	10	6	5
3	30	18	12	8	6
4	39	25	15	10	7
5	47	31	19	11	8

① 表中稳定系数

$$K_p = \frac{t_{max}}{t_{min}} \tag{2-3}$$

式中　t_{max}——最大观测值；

t_{min}——最小观测值。

② 算术平均值精确度的计算公式为

$$E = \pm \frac{1}{\overline{X}} \sqrt{\frac{\sum \Delta^2}{n \times (n-1)}} \tag{2-4}$$

式中 E——算术平均值精确度；

$\overline{X}$——算术平均值；

n——观察次数；

Δ——每次观察值与算术平均值之差。

（2）写实记录法 写实记录法是一种观测和研究施工过程中各种性质的工作所用时间的一种方法。其工作时间消耗包括基本工作时间、辅助工作时间、不可避免中断时间、准备与结束时间、休息时间及各种损失时间。通过写实记录法可以获得分析工作时间消耗和制定工程定额时所必需的全部资料。此种测定方法比较简单、易于掌握，精确度较高，因此在实际工作中经常采用。其观测对象可以是一个工人或一个班组。

1）写实记录法的种类。写实记录法按其记录时间方法的不同，可分为数示法、图示法和混合法三种。

① 数示法：是三种方法中精确度较高的一种，但其登记手续较麻烦。其特点是用数字表示时间，只限于对两名或两名以下的工人进行观测。适用于组成部分较少而且比较稳定的施工过程，记录时间的精确度为 5～10s。

② 图示法：用线表示施工过程各组成部分的工时消耗。它可以在同一时间对三个及三个以下的工人进行观测记录。此法精确度较数示法低，为 0.5～1min，但登记、整理较简便，因此应用范围广。

③ 混合法：用数字和线段分别表示施工过程各组成部分的工人人数和工时消耗。此法可同时对三个以上的工人进行观测。记录方法是用图示法记录各组成部分的延续时间，用数示法记录各组成部分的人数。

2）写实记录法延续时间的确定。写实记录法延续时间的确定指在采用写实记录法中任何一种方法进行测定时，对每个被测施工过程或同时测定两个以上的施工过程所需的总延续时间的确定。延续时间的确定，应立足于既不能消耗过多的观察时间，又能得到比较可靠和准确的结果。同时，还必须注意所测施工过程的广泛性和经济性、已经达到的功效水平的稳定性、同时测定不同类型施工过程的数目、被测定的工人人数以及测定完成产品的可能次数等。

为便于测定人员确定写实记录法的延续时间，根据过去的经验拟定的表 2-2 供测定时参考使用。当然，应用表 2-2 时，必须同时满足表中三项要求，如其中一项达不到最低要求，应酌情增加延续时间。

表 2-2 写实记录法确定延续时间

序号	项 目	同时测定施工过程的类型数	测定对象		
			单人的	集体的	
				2～3 人	4 人以上
1	被测定的个人或小组的最低数	任一数	3 人	3 个小组	2 个小组

（续）

序号	项　目	同时测定施工过程的类型数	测定对象		
			单人的	集体的	
				2~3人	4人以上
2	测定总延续时间的最小值/h	1 2 3	16 23 28	12 18 21	8 12 24
3	测定完成产品的最低次数	1 2 3	4 6 7	4 6 7	4 6 7

（3）工作日写实法　工作日写实法是研究整个工作日内各类工时消耗的方法，是按照时间消耗的顺序进行实地的观察、记录和分析研究的一种测定方法。根据工作日写实的记录资料，可以分析哪些工时消耗是合理的、哪些工时消耗是无效的，并找出工时损耗的原因，拟定措施，消除引起工时损失的因素，从而进一步促进劳动生产率的提高。工作日写实法示例见表2-3。

表2-3　工作日写实结果表

观察对象和工地	某厂职工宿舍			
工作队（小组）	小组成员　工种：瓦工　4人			
施工过程名称：砌2砖 混水墙　　观察时间：自8:00至17:00完成				
工时消耗表				
序号	工时消耗种类	消耗量/min	百分比（%）	劳动组织的主要特点
1	1）必需消耗的时间	1363	71.0	
2	①有效工作时间	1187	61.8	
3	②休息时间	176	9.2	①脚手板质量不好
4	③不可避免中断时间	0	0	②搅拌机故障
5	2）损失的时间	557	29.0	③工长和技术人员指导不及时
6	①多余和偶然时间	103	5.4	④宿舍离工地远，工人迟到
7	②停工时间	384	20.0	
8	③违纪损失时间	70	3.6	
消耗工时汇总		1920	100	建议： ①建设工长和技术人员加强对砌砖工人工作的指导，并及时检查督促 ②工人开始工作前要先检查脚手板，工地及技术人员必须负责贯彻技术安全措施 ③立即修好搅拌机 ④采取措施消除上班迟到现象
测定完成标砖数量		6.66千块		
生产率		工日/千块		
实际：1920/（60×8×6.66）=0.6 可能：1363/（60×8×6.66）=0.426				

3. 技术测定资料的整理

（1）确定影响工时消耗的具体因素　影响工时消耗的具体因素指在施工过程的观察中，实际发生且对工时消耗起作用的因素。应确定的因素包括以下内容：

1）观察日期、工作班时间。

2）施工过程名称及项目名称。

3）施工过程所处环境温度、雨量、风力等。

4）工人的详细情况。

5）所使用的材料品种、质量。

6）工具、机械设备的说明。

7）产品规格及产量。

8）工作地点及施工过程的组织。

9）产品数量的计数。

（2）整理施工过程观察资料　对每次技术测定的资料，必须进行系统的分析研究和整理。整理观察资料的基本方法一般采用平均修正法。平均修正法是在对测时数据进行修正的基础上取出平均值的方法。修正测时数据就是去除或修正那些偏高、偏低的可疑数据，目的是保证不受偶然数据的影响。

4. 人工工时消耗量确定的基本方法

通过技术测定法可获得施工作业的各类时间消耗资料，加工整理后将必需消耗的时间汇总计算，就是整个工作过程中人工消耗的时间定额。时间定额以工日为单位，每个工日的工作时间规定为8h。时间定额的常用单位是：工日/m^3、工日/m^2、工日/块、工日/套、工日/组等。计算出时间定额后，利用倒数关系便可计算出产量定额，产量定额以m^3/工日、t/工日、m/工日等单位表示。

（1）确定基本工作时间　工序作业时间包括基本工作时间和辅助工作时间。基本工作时间在必需消耗的工作时间中占的比重很大。在确定基本工作时间时，必须细致精确。基本工作时间的消耗一般应根据技术测定资料来确定，即首先确定工作过程每一组成部分的工时消耗，然后再综合出工作过程的工时消耗。

1）当各组成部分与最终产品单位一致时，基本工作时间就是各个组成部分作业时间的总和。计算公式为

$$T_1 = \sum_{i=1}^{n} t_i \tag{2-5}$$

式中　T_1——单位产品基本工作时间；

t_i——各组成部分的基本工作时间；

n——各组成部分的个数。

2）当各组成部分单位与最终产品单位不一致时，应将各组成部分的单位换算为最终产品单位后再汇总计算基本工作时间。计算公式为

$$T_1 = \sum_{i=1}^{n} k_i \times t_i \tag{2-6}$$

式中　k_i——对应 t_i 的换算系数。

【例 2-1】　*在240mm厚标准砖墙砌筑施工中，通过观测得知每1m^3砌体砌筑的基本工作时间为6.5h，如将勾缝作为砌砖墙施工过程的一个组成部分，每平方米墙面所需的勾缝时间为10min，试求完成1m^3该砖墙的砌筑工作所需的基本工作时间。*

解：1）1砖厚的砖墙，每立方米砌体墙面面积的换算系数为 $\frac{1}{0.24}m^2 = 4.17m^2$。

2）$1m^3$砌体所需勾缝时间为$4.17 \times 10min = 41.7min$。

3）每立方米砌体砌筑所需基本工作时间为$(6.5 + 41.7/60)h = 7.20h$。

（2）确定辅助工作时间　辅助工作时间如果占必需消耗定额时间的比重较大时，可以用计时观察资料来确定。如果所占的比重较小时，可以按该项时间占工序时间的百分率来确定。这种百分率可以通过查阅工时规范中规定的辅助工作时间百分比来确定。

将以上两种时间合并称之为工序作业时间，它是产品主要的必需消耗的工作时间。

（3）确定规范时间　工序作业时间以外的准备与结束时间、不可避免的中断时间、休息时间由于往往占必需消耗的定额时间的比重较小，称为规范时间，当计时观察资料中不能获取足够的规范时间资料时，也可利用工时规范或经验数据确定。

（4）确定定额时间　基本工作时间、辅助工作时间、准备与结束工作时间、不可避免的中断时间和休息时间之和，就是劳动定额的时间定额。

已知基本工作时间和辅助工作时间消耗的具体数据，且已知其他三种时间占整个定额时间的百分率，求定额时间采用下列公式：

$$\text{规范时间} = \text{准备与结束时间} + \text{不可避免的中断时间} + \text{休息时间} \tag{2-7}$$

$$\text{工序作业时间} = \text{基本工作时间} + \text{辅助工作时间} = \frac{\text{基本工作时间}}{1 - \text{辅助工作时间}\%} \tag{2-8}$$

$$\text{定额时间} = \text{工序作业时间} + \text{规范时间} = \frac{\text{工序作业时间}}{1 - \text{规范时间}\%} \tag{2-9}$$

【例2-2】　某墙体砌筑工程，根据定额测定资料得知，完成每$1m^3$砌体砌筑的基本工作时间为6.5h，辅助工作时间占工序作业时间的4%，准备与结束时间、不可避免的中断时间和休息时间分别占定额时间的2%、2%、16%。试求完成该砌筑工作的时间定额。

解：

1）基本工作时间$=6.5/8$ 工日$/m^3 = 0.81$ 工日$/m^3$

2）工序作业时间$=0.81/(1-4\%)$工日$/m^3 = 0.844$ 工日$/m^3$

3）时间定额$=0.844/(1-2\%-2\%-16\%)$工日$/m^3 = 1.055$ 工日$/m^3$

2.3.4 科学计算法

科学计算法主要用于材料消耗定额的制定。

1. 工程材料分类及耗用量计算原理

（1）工程材料的分类　要合理确定工程材料的消耗量，就必须对工程材料的类别进行了解和区分。

1）根据材料消耗的性质划分：施工中材料的消耗可分为必需消耗的材料和损失的材料两类。

① 必需消耗的材料。它指在合理使用材料的条件下，生产合格产品所需消耗的材料。它包括直接用于工程的材料、不可避免的施工废料、不可避免的施工损耗。

② 损失的材料。它属于施工正常消耗，是确定材料消耗定额的基本依据。其中，直接用于建筑和安装工程的材料来编制材料净用量定额；不可避免的施工废料和施工损耗来编制材料损耗定额。

2）根据材料消耗与工程实体的关系划分：施工中的材料可分为实体材料和非实体

材料。

① 实体材料。它是直接构成工程实体的材料。它包括工程直接性材料和辅助性材料。直接性材料指一次性消耗掉并直接用于建筑物或结构本体的材料。如钢筋混凝土中的钢筋、水泥、砂石等。辅助性材料指施工过程中必须用但是并不构成建筑物或结构本体的材料，如土石方工程中的炸药、雷管、引线等。直接性材料用量大，辅助性材料用量少。

② 非实体材料。它指施工过程中必须使用但又不能直接构成工程实体的施工措施性材料。如脚手架、模板、支撑等。

（2）工程材料的耗用量计算原理　建筑工程中的各种材料的耗用量主要通过以下四种方法获得：

1）现场技术测定法。用该方法主要是为了取得编制材料损耗定额的资料，用来编制材料损耗定额。材料消耗中的净用量比较容易确定，但材料消耗中的损耗量不能随意确定，需通过现场技术测定来区分哪些属于难以避免的损耗，哪些属于可以避免的损耗，从而确定比较准确的材料损耗量标准。其优点是通过现场进行观察、测定，为编制材料定额提供了充分的技术依据。

2）实验室试验法。该方法是在实验室内采用专门的仪器设备，通过实验的方法对材料强度与各种材料的消耗数量进行观察、测定和计算，来确定材料消耗定额的一种方法。这种方法主要用于编制材料净用量定额，虽然精确度较高，但容易脱离现场实际情况。所以，用这种方法制定材料消耗定额时，应考虑施工现场条件和各种附加的损耗数量。

3）现场统计法。现场统计法是通过对现场进料、用料的大量统计资料进行分析计算的一种方法。用该方法可获得材料消耗的各项数据，用以编制材料消耗定额。这种方法比较简便，但不能准确分清材料消耗的性质，因而不能分别确定材料净用量定额和损耗定额，只能笼统地确定材料总消耗，作为编制定额的辅助手段。

4）科学计算法。科学计算法是根据施工图和建筑构造要求，用科学计算公式计算材料净用量，从而确定定额消耗量的一种方法。这种方法较适合于对不易产生损耗，且容易确定废料的材料消耗量的计算。在实际运用中还要计算出各种材料的损耗量，与材料净用量相加才能得到材料的总耗用量。

2. 直接性材料用量计算

直接性材料，指在建筑施工中，一次性消耗掉并直接构成工程实体的材料。例如墙体砌筑用砖、墙体砌筑用砌块、墙地面块料面层、防水卷材等。

（1）砌筑标准砖墙体材料用量计算

1）$$\text{每 }1\text{m}^3\text{砖砌体中砖的净用量(块)}=\frac{2\times K}{\text{墙厚}\times(\text{砖长}+\text{灰缝})\times(\text{砖厚}+\text{灰缝})} \tag{2-10}$$

2）$$1\text{m}^3\text{砖砌体中砂浆的净用量(m}^3\text{)}=1-\text{砖的净用量}\times\text{砖长}\times\text{砖宽}\times\text{砖厚} \tag{2-11}$$

式中　K——墙厚的砖数，即一砖墙为1，一砖半墙为1.5，二砖墙为2。

砖长、砖宽、砖厚、灰缝的计量单位均为m，以下公式均如此。

（2）砌筑砌块材料用量计算

1）$$\text{每 }1\text{m}^3\text{砌块墙体中砌块净用量(块)}=\frac{1}{\text{砖宽}\times(\text{砖长}+\text{灰缝})\times(\text{砖厚}+\text{灰缝})} \tag{2-12}$$

2）$$1\text{m}^3\text{砌块砌体中砂浆的净用量(m}^3\text{)}=1-\text{砌块净用量}\times\text{每块砌块体积} \tag{2-13}$$

（3）墙地面块料用量计算 每$100m^2$墙地面面层块料数量、灰缝砂浆及结合层砂浆材料用量计算式如下：

1）每$100m^2$块料净用量（块）$=\dfrac{100}{(块料长+灰缝宽)\times(块料宽+灰缝宽)}$ (2-14)

2）每$100m^2$灰缝砂浆净用量（m^3）$=[100-(块料长\times块料宽\times每100m^2块料净用量)]\times$灰缝厚度 (2-15)

3）每$100m^2$结合层砂浆净用量（m^3）$=100m^2\times$结合层厚度 (2-16)

（4）防水卷材用量计算 根据相关施工质量验收规范，可归纳出如下计算式：

每$100m^2$防水卷材净用量（m^2）$=\dfrac{100}{(每卷卷材宽-长边搭接宽)\times(每卷卷材长-短边搭接宽)}\times每卷卷材面积\times层数$ (2-17)

【例2-3】 计算$1m^3$标准砖240mm厚砖墙中砖和砂浆的净用量（灰缝厚度10mm）。

解： 1）标准砖净用量$=\dfrac{2\times1}{0.24\times(0.24+0.01)\times(0.053+0.01)}$块$=529$块

2）砂浆净用量$=1-529\times(0.24\times0.115\times0.053)m^3=0.226m^3$

【例2-4】 某地面地砖规格为500mm×500mm×5mm，结合层20mm，灰缝宽1mm，试计算每$100m^2$地面地砖和砂浆的材料净用量。

解： 1）地砖净用量$=\dfrac{100}{(0.5+0.001)\times(0.5+0.001)}$块$=399$块

2）结合层砂浆净用量$=100\times0.02m^3=2m^3$

3）灰缝砂浆净用量$=(100-399\times0.5\times0.5)m^3\times0.005=1.25\times10^{-3}m^3$

【例2-5】 已知350号石油沥青油毡的规格为宽0.915m，长21.86m。按规定长边方向搭接宽80mm，短边方向搭接宽125mm，试求$100m^2$两毡三油卷材屋面油毡的净用量。

解： $100m^2$两毡三油卷材净用量$=\dfrac{100}{(0.915-0.08)\times(21.86-0.125)}\times21.86\times0.915\times2m^2$

$=220.42m^2$

---

3. 周转性材料用量计算

周转性材料指在施工过程中不是一次性消耗完，而是随着周转次数的增加逐渐消耗的材料。该类材料在使用过程中不断补充、不断重复使用。如钢筋混凝土用模板、脚手架的架料等。因此周转性材料应按多次使用、分次摊销的方法计算，并考虑回收因素。计算时相关的指标有一次使用量、周转使用量、回收量、摊销量、补损率。

如，一块模板价值1000元钱，用10次（按钢模板计算）以后废铁能卖200元，那合计摊销费用等于总值1000元减去残值200元等于800元，每次的摊销费用就是800元除以10次等于80元。

一次使用量是周转材料周转一次的基本量，即一次投入量；周转使用量是每周转一次的平均使用量；回收量指不能再使用后能够回收的总量除以周转次数的平均回收量；摊销量指周转材料周转使用一次摊销在每一分项工程上的消耗量；周转次数是周转材料能重复使用的次数；补损率一般采用平均损耗率来表示，主要用于周转材料在第二次及其以后为正常使用而对上次不可避免的损耗量进行补充。

下面以混凝土模板用量的计算举例：

（1）现浇混凝土模板用量计算

1）摊销量 = 周转使用量 − 回收量 × 回收折价率 (2-18)

2）$周转使用量 = \frac{一次使用量 \times [1 + (周转次数 - 1) \times 补损率]}{周转次数}$ (2-19)

3）$回收量 = \frac{一次使用量 \times (1 - 补损率)}{周转次数}$ (2-20)

（2）预制混凝土模板用量计算　预制混凝土模板用量计算不考虑损耗率，按照多次使用、平均分摊的原则计算，计算公式为

$$摊销量 = \frac{一次使用量}{周转次数} \quad (2\text{-}21)$$

2.3.5 工程定额其他测定方法

1. 比较类推法

比较类推法又称典型定额法，是以精确测定好的同类型工序或产品的定额，经过对比分析，类推出同类中相邻工序或产品定额的方法。例如，已知挖一类土地槽在不同槽宽和槽深的工时消耗量，类推出挖二、三、四类土地槽的工时消耗量。

比较类推法常用计算公式为

$$t = P_i \times t_0 \quad (2\text{-}22)$$

式中　t——比较类推同类相邻定额项目的工时消耗量；

P_i——各同类相邻项目耗用工时的比例（以典型项目为 1.00）；

t_0——典型项目的工时消耗量。

【例 2-6】 已知人工挖地槽 1.5m 以内（一类土）时间定额及一类土与二、三、四类土人工挖地槽耗用工时的比例关系见表 2-4，试计算二、三、四类土人工挖地槽的时间定额。

解： 挖二类土、上口宽度为 0.8m 以内的时间定额

$$t_2 = 1.43 \times 0.143 \text{ 工日/m}^3 = 0.205 \text{ 工日/m}^3$$

其余情况以此类推，结果见表 2-4。

表 2-4　挖沟槽时间定额推算

土 壤 类 别	比例关系 P_i	挖沟槽深度 1.5m 以内/(工日/m³) 上口宽在（ ）m 以内 0.8	1.5	3
一类土	1.00	0.143	0.123	0.116
二类土	1.43	0.205	0.176	0.166
三类土	2.50	0.358	0.308	0.290
四类土	3.76	0.538	0.463	0.436

2. 统计分析法

统计分析法是对同类工程或产品，根据过去施工中有关工时、材料、机械台班消耗等的记录和统计资料，考虑当前及今后施工生产条件的变化，利用统计学的原理，进行科学的分

析研究后制定定额的一种方法。

采用统计分析方法必须具备原始记录、统计台账和经过初步整理的完整而可靠的历史统计资料。但是，过去的统计资料中包括了不合理的因素，因而这个水平一般偏于保守。因此，为了使确定的定额水平保持平均先进性，可采用二次平均法对统计资料进行整理，具体计算步骤如下：

1）从统计资料中去除特别偏高、偏低的数据，分析明显不合理的数据。

2）计算算术平均值（简单算术平均值）。

$$\bar{t} = \frac{\sum_{i=1}^{n} t_i}{n} \tag{2-23}$$

式中 $\bar{t}$——简单算术平均值；

t_i——统计数值（$i=1, 2, 3, \cdots, n$）；

n——数据个数。

3）将统计数据中小于上述简单算术平均值的数值再进行平均，其再平均的结果与简单算术平均值相加求平均数，即第二次平均数。该平均数即为确定定额水平的数据。

$$\bar{t}_0 = \frac{\bar{t} + \bar{t}_n}{2} \tag{2-24}$$

【例 2-7】 有一组工时消耗统计数据为：35，60，60，60，60，65，65，70，80，85，120。试求平均先进值。

解：1）将统计数据中明显偏低和偏高的数值 35 和 120 去除后，求简单算术平均值：

$$\bar{t} = \frac{60+60+60+60+65+65+70+80+85}{9} = 67.22$$

2）求先进平均值，即将小于 67.22 的数值再进行平均：

$$\bar{t}_n = \frac{60+60+60+60+65+65}{6} = 61.67$$

3）求二次平均先进值：

$$\bar{t}_0 = \frac{67.2+61.67}{2} = 64.45$$

3. 经验估计法

经验估计法是根据定额人员、工程技术人员和工人的实践经验，经现场调查、观测，考虑材料、工具、设备、组织条件和操作方法后直接估算定额的方法。经验估计法的计算方法有算术平均值法和经验公式法。

（1）算术平均值法　当对一个施工工序或产品进行工时消耗量估计时，大家提出来了较多的估计值，这时就可以采用算术平均值的方法计算工时消耗量。当经验估计值很多时，还可以去除最大值和最小值后再采用算术平均值法。计算公式如下：

$$\overline{X} = \frac{\sum_{i=1}^{n} x_i}{n} \tag{2-25}$$

式中 $\overline{X}$——算术平均值；

x_i——第 i 个数值（$i=1, 2, 3, \cdots, n$）；

n——数据个数。

（2）经验公式法　该方法是有经验的人员，分别对某一个施工过程进行估算，从估算对象的消耗量数据中取三个数值，即先进的（乐观估计）数值 a，一般的（最大可能）数值 m，保守的（悲观估计）数值 b，然后应用以下经验公式计算其平均值 $\bar{t}$：

$$\bar{t}=\frac{a+4m+b}{6} \tag{2-26}$$

为了提高经验估计法制定定额的准确程度，有时可以在经验估计法公式的基础上采用概率的方法来估算定额的工时。

2.4 施工定额编制

2.4.1 施工定额概念

施工定额，是建筑安装企业为组织生产和加强管理在企业内部使用的一种定额，属于企业生产定额的性质。它是完成一定计量单位的某一施工过程，或基本工序所需消耗的人工、材料、施工机械台班数量标准。它以同一性质的施工过程或工序为测算对象，确定建筑安装工人在合理的劳动组织或工人小组在正常施工条件下，为完成某种产品所需工、料、机消耗的数量标准。它由人工消耗定额、材料消耗定额、机械台班消耗定额三个相对独立的部分组成。施工定额是施工企业内部经济核算的依据，也是编制预算定额的基础。

1. 施工定额的特征

1）施工定额是作业性定额，它的主要作用是作为施工企业竞争与管理的重要依据。例如作为编制施工作业计划、进行施工作业的控制以及生产班组经济核算等的依据。

2）施工定额是企业定额，它是施工企业自行编制的一种企业内部有关生产消耗的数量标准，其作用一般局限于企业内部。

3）施工定额的标定对象为某一工作过程，它按工程的施工工艺及操作程序对施工过程进行划分，定额项目的划分较细。

4）施工定额的水平一般取平均先进水平，即企业中大部分生产工人通过努力能够达到的水平。

5）施工定额所规定的消耗内容包括人工、材料及机械的消耗，或者说，施工定额从内容上看，包括人工消耗定额、材料消耗定额以及机械台班消耗定额，施工定额是一种计量性定额。

2. 施工定额的主要作用

1）施工定额是施工单位编制施工组织设计和施工工作计划的依据。各类施工组织设计一般包括三部分内容，即所建工程的资源需要量、使用这些资源的最佳时间安排和施工现场平面规划。确定所建工程的资源需要量，要依据施工定额；施工中实物工程量的计算，要以施工定额的分项和计量单位为依据；甚至排列施工进度计划也要根据施工定额对施工力量进行计算。

2）施工定额是组织和指挥施工生产的有效工具。施工单位组织和指挥施工，应该按照施工作业计划下达施工任务书和限额领料单。施工任务单列明应完成的施工任务，也记录班组实际完成任务的情况，并且进行班组工人的工资结算。

3）施工定额是计算工人劳动报酬的根据。施工定额是衡量工人劳动数量和质量的标准。工人的劳动报酬是根据工人劳动的数量和质量来计量的。而施工定额为此提供了一个衡量标准，它是计算工人计件工资的基础，也是计算奖励工资的基础，从而真正把工人劳动成果与个人生活资料分配的多寡直接联系起来。因而也是企业激励工人的条件，完成和超额完成定额，不仅能获得更多的工资报酬满足生理上的需要，而且也能满足自尊和获得他人（社会）认同的需要，并且进一步满足尽可能发挥个人潜力以实现自我价值的需要。

4）施工定额有利于推广先进技术。施工定额水平中包含着某些已成熟的先进的施工技术和经验，工人要达到和超过定额，就必须掌握和运用这些先进技术，注意改进工具和改进技术操作方法，注意原材料的节约，避免浪费。

第一，在自己的工作中注意改进工具和改进技术操作方法，注意原材料的节约，避免原材料和能源的浪费。第二，施工定额中往往明确要求采用某些较先进的施工工具和施工方法，所以贯彻施工定额也就意味着推广先进技术。第三，企业或主管部门为了推行施工定额，往往要组织技术培训，以帮助工人能达到和超过定额。技术培训和技术表演等方式也都可以大大普及先进技术和先进操作方法。

5）施工定额是编制施工预算，加强成本管理和经济核算的基础。施工预算是施工单位用以确定单位工程人工、材料、机械和资金需要量的计划文件，施工预算以施工定额为编制基础，既要反映设计图的要求，也要考虑在现有条件下可能采取的节约人工、材料和降低成本的各项具体措施。这就能够更合理地组织施工生产，有效地控制施工中人力、物力的消耗，节约成本开支。

施工中人工、机械和材料的费用，是构成工程成本中直接费用的主要内容，对工程费用的开支也有着很大的影响。严格执行施工定额不仅可以起到控制成本、降低费用开支的作用，同时为企业贯彻经济核算制、加强班组核算和增加盈利，创造了良好的条件。

6）施工定额是编制其他定额的基础。施工定额是基础定额，它是编制预算定额等其他定额的重要依据。

由此可见，施工定额在建筑安装企业管理的各个环节中都是不可缺少的，施工定额管理是企业的基础性工作，具有不容忽视的作用。施工定额在工程建设定额体系中的基础作用，是由施工定额作为生产定额的基本性质决定的。施工定额和生产结合最紧密，它直接反映生产技术水平和管理水平，而其他各类定额则是在较高的层次上、较大的跨度上反映社会生产力水平。尽管这些定额有更大的综合性和覆盖面，但它们都不能脱离施工定额所直接反映的生产技术水平和管理水平。

施工定额作为工程建设定额体系中的基础性定额，主要表现在施工定额的水平是确定概算、预算定额水平的基础。首先它是确定建筑安装工程预算定额水平的基础。以施工定额水平作为预算定额水平的基础，可以免除测定定额水平的大量繁杂工作，缩短工作周期，使预算定额与实际的生产和经营管理水平相适应，并能保证施工中的人力、物力消耗得到合理的补偿。即使确定预算定额水平不是直接以施工定额为计算依据，这种关系也不会发生根本变化。因为，如果预算定额不是直接以施工定额作为计算依据，以历史的、典型的工程预算、决算资料为计算依据，只能作为补充或者在原有预算定额的基础上进行修正和调整。在这种情况下，施工定额也仍然是决定预算定额水平的客观基础。对于其他各种定额来说，施工定额则是它们的间接基础。

3. 施工定额的种类

如前所述，施工定额是工程建设定额体系中的基础性定额，也是其中最重要的定额之一。施工定额本身也包括不同的种类和不同的层次，在整个工程建设体系中形成一个相对独立的子系统，如图 2-5 所示。

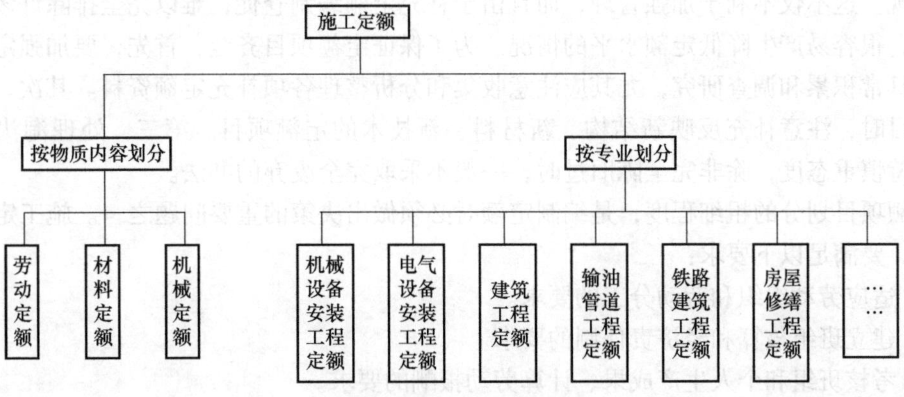

图 2-5 施工定额的种类

任何施工定额，从物质内容和生产要素看都由三部分组成，即劳动定额、机械定额和材料定额。按专业划分的施工定额种类，远远不只是图中所列举的几种。其中建筑工程定额指一般工业与民用建筑工程的施工定额，区别于专业性很强的港口、铁路、机场、公路、桥梁、地铁等建筑工程的施工定额。在设备安装工程的施工定额中，除图中列出的机械设备和电气设备安装工程的施工定额外，还有工业管道安装工程和采暖、通风等具有专业特点的各种设备安装工程施工定额。

4. 施工定额的编制原则

（1）平均先进原则　施工定额作为企业内部管理用定额的性质，决定了其定额水平必定为平均先进水平。所谓平均先进水平，就是在正常的施工条件下，大多数施工队组或大多数生产者经过努力能够达到和超过的水平。一般说它应低于先进水平，而略高于平均水平。在确定施工定额水平时必须考虑满足以下约束条件：

1）有利于提高劳动工效，降低人工、机械和材料的消耗。

2）有利于正确考核和评价工人的劳动成果。

3）有利于正确处理企业和个人之间的经济关系。

4）有利于提高企业管理水平。

（2）简明适用性原则　简明适用，是就施工定额的内容和形式而言的。定额的内容和形式要方便于定额的贯彻和执行。简明适用性原则，要求施工定额内容反映企业所能承担的工作范围，具有多方面的适用性，能满足组织施工生产和计算工人劳动报酬等多种需要，同时，又要简单明了，容易为人工掌握，便于查阅，便于计算。定额的简明性和适用性，是既有联系又有区别的两个方面。编制施工定额时应全面加以贯彻。当两者发生矛盾时，定额的简明性应服从适用性的要求。

贯彻定额的简明适用性原则，关键是要反映施工生产的实际，做到定额项目设置齐全，项目划分粗细适当。

定额项目的设置是否齐全完备，对定额的适用性影响很大。划分施工定额项目的基础，是工作过程或施工工序。不同性质不同类型的工作过程或工序，都应分别反映在各个施工定额的项目中。即使是次要的，也应在说明、备注和系数中反映出来，这样在需要时才能够利用。如果施工定额项目不全，定额的执行范围必然会受到限制，企业或现场的补充定额就会大量出现。这不仅不利于加强管理，而且由于补充定额编制仓促，难以完全排除许多人为因素影响，很容易产生降低定额水平的情况。为了保证定额项目齐全，首先，要加强定额基础资料的日常积累和调查研究，尤其应注意收集和分析整理各项补充定额资料。其次，在设置定额项目时，注意补充反映新结构、新材料、新技术的定额项目。第三，处理淘汰定额项目，要持慎重态度，除非完全陈旧过时，一般不采取完全废弃的办法。

定额项目划分的粗细程度，是编制定额时必须做出决策的重要问题之一。施工定额的粗细程度，要满足以下要求：

1）适应劳动组织和劳动分工的要求。

2）建立班组核算和经济责任制的要求。

3）考核班组和个人生产成果、计算劳动报酬的要求。

4）简化计算工作的要求。

定额项目划分的粗细同定额步距的大小关系甚大。所谓定额步距指同类一组定额相互之间的间隔，显然，步距小则定额细，步距大则定额粗。定额细，精确度较高；而定额粗，综合程度大，精确度就会降低。

为了使定额项目划分和步距合理，常用的、主要的、对工料消耗影响大的定额项目，要划分得细一些，步距要小一些；不常用的、次要的、对工料消耗影响小的定额项目，可以划分得粗一些，步距也可以大一些。在贯彻简明适用性原则时，正确选择产品和材料的计量单位，适当利用系数，辅以必要的说明和附注。

总之，贯彻简明适用性原则，要努力使施工定额达到项目齐全、粗细恰当、步距合理的效果。

（3）以专家为主编制定额的原则　编制施工定额，要以专家为主，这是实践经验的总结。

施工定额的编制工作量大，工作周期长。这项工作又具有很强的技术性和政策性。这就要求有一支经验丰富、技术与管理知识全面、有一定政策水平的稳定的专家队伍，负责组织协调、掌握政策、制定编制定额的工作方案、系统地积累和分析整理定额资料、调查现行定额的执行情况、技术测定、新编定额的试点和征求各方面意见等工作。

5. 编制前的准备工作

编制施工定额是一项非常复杂的工作，必须做好充分准备和全面规划。编制前的准备工作一般包括以下内容：

1）明确编制任务和指导思想。

2）系统整理和研究日常积累的定额基础资料。

3）拟定定额编制方案，确定定额水平、定额步距、表达方式等。

4）确定测定计划。

2.4.2 人工消耗定额编制

1. 人工消耗定额的概念

人工消耗定额即劳动消耗定额，简称劳动定额或人工定额，它是规定在一定生产技术组织条件下，完成单位合格产品所必需的劳动消耗量的标准，按其表示形式有时间定额和产量定额两种。

（1）时间定额　时间定额指在一定的生产技术和生产组织条件下，某工种、某种技术等级的工人小组或个人，完成单位合格产品所必需消耗的工作时间，包括工人的有效工作时间、必需的休息时间和不可避免的中断时间。时间定额以工日为单位，每个工日按 8h 计算，其计算公式为

$$单位产品时间定额(工日)=\frac{1}{每日产量} \tag{2-27}$$

或

$$单位产品时间定额(工日)=\frac{小组成员工日数的总和}{台班产量(班组完成产品数量)} \tag{2-28}$$

（2）产量定额　产量定额指在一定的生产技术和生产组织条件下，某工种、某技术等级的工人小组或个人，在单位时间（工日）内完成合格产品的数量。产量定额的计量单位，以单位时间的产品计量单位表示，如 m^3、m^2、t、根等，其计算公式为

$$产量定额=\frac{1}{单位产品时间定额(工日)} \tag{2-29}$$

$$台班定额=\frac{小组成员工日数的总和}{单位产品时间定额(工日)} \tag{2-30}$$

时间定额与产量定额互为倒数关系，即

$$时间定额=\frac{1}{产量定额} \tag{2-31}$$

$$产量定额=\frac{1}{时间定额} \tag{2-32}$$

2. 人工消耗定额的编制

人工消耗定额编制的基本方法有经验估算法、统计分析法、比较类推法和技术测定法等。

2.4.3 材料消耗定额编制

1. 材料消耗定额的概念

材料消耗定额指在节约与合理使用材料的条件下，生产单位合格产品所必需消耗的一定规格的建筑材料、半成品或配件的数量标准，包括材料的净用量和必要的工艺性损耗量。

在建筑工程中，材料消耗量的多少，节约还是浪费，对产品价格和工程成本有着直接的影响。材料消耗定额在很大程度上影响着材料的合理调配和使用。在产品数量和材料质量一定的情况下，材料供应量和需要量主要取决于材料定额。用科学的方法正确地确定材料定额，就有可能保证材料的合理供应和合理使用，减少材料的积压、浪费和供应不及时的现象发生。

材料消耗定额包括：

1）直接用于建筑安装工程上的材料。

2）不可避免产生的施工废料。

3）不可避免的施工操作损耗。

其中，直接构成建筑安装工程实体的材料称为材料净用量，不可避免的施工废料和操作损耗量称为材料损耗量。

材料的损耗量与材料的净用量之比的百分数为材料的损耗率，材料的损耗率是通过观测和统计得到的，通常由国家有关部门确定，用公式表示为

$$材料消耗量 = 材料净用量 + 材料损耗量 = 材料净用量 \times (1 + 材料损耗率) \tag{2-33}$$

2. 制定材料消耗定额的基本方法

材料消耗定额一般是通过理论计算、施工过程中材料消耗的观察测定、实验室条件下的试验以及技术资料的统计等方法制定的。确定材料消耗的基本方法有：①观测法；②试验法；③统计法；④科学计算法等。

建筑工程中的材料消耗类型，按其使用性质、用途和用量大小可划分为四类。

（1）直接性材料　指根据工程需要直接构成产品实体的消耗材料，为直接性消耗材料。在施工中直接性消耗材料可以分为两类：一类是在节约与合理使用材料的条件下，完成合格产品所必需消耗的材料数量；另一类则是可以避免的材料损失。材料消耗定额不应包括可以避免的材料损失。

（2）辅助材料　直接构成工程实体，但占比重较小的材料。

（3）周转性材料　又称工具性材料，指施工中多次使用但是不构成工程实体的材料。建筑安装工程施工中除了耗用直接构成工程实体的各种材料、成品、半成品外，还要消耗一些工具性材料，如挡土板、脚手架及模板等，这类材料在施工中不是一次消耗完，而是随着使用逐渐消耗的，故称为周转性材料。其他如钢拱架，轻型钢轨，焊管，跳板以及钢、木支撑等也属于周转性材料。

（4）零星材料　指用量小、不便于计算的材料。

3. 直接性材料用料计算

用科学计算法确定材料用量，方法比较简单，主要用于块、板类建筑材料（如砖、钢材、玻璃、油毡等）的消耗定额。

1）用标准砖（长 240 ㎜ × 宽 115 ㎜ × 厚 53 ㎜）砌筑 $1m^3$ 不同厚度的砌体的砖和砂浆的净耗量，可用以下公式计算：

① 计算每立方米$\frac{1}{2}$砖墙砖的净用量：

$$砖数 = \frac{1}{(砖长 + 灰缝) \times (砖厚 + 灰缝)} \times \frac{1}{砖宽} \tag{2-34}$$

② 计算每立方米 1 砖墙砖的净用量：

$$砖数 = \frac{1}{(砖宽 + 灰缝) \times (砖厚 + 灰缝)} \times \frac{1}{砖长} \tag{2-35}$$

③ 计算每立方米 $1\frac{1}{2}$砖墙砖的净用量：

$$砖数 = \left[\frac{1}{(砖长 + 灰缝) \times (砖厚 + 灰缝)} + \frac{1}{(砖宽 + 灰缝) \times (砖厚 + 灰缝)}\right] \times \frac{1}{砖长 + 砖宽 + 灰缝} \tag{2-36}$$

④ 计算砂浆用量：

$$砂浆(m^3) = (1m^3 砌体 - 砖的体积) \times 1.07 \tag{2-37}$$

其中，每块标准砖的体积 $=0.24\times0.115\times0.053m^3=0.0014628m^3$；1.07 为砂浆实体积折合为虚体积的系数。

2）普通抹灰砂浆配合比用料量计算。抹灰砂浆的配合比通常是按砂浆的体积比计算的，每 $1m^3$ 砂浆各种材料消耗量计算公式如下：

$$砂消耗量(m^3) = \frac{砂比例数}{配合比总比例数 - 砂比例数 \times 砂空隙率} \times (1 + 损耗率) \tag{2-38}$$

$$水泥消耗量(kg) = \frac{水泥比例数 \times 水泥密度}{砂比例数} \times 砂用量 \times (1 + 损耗率) \tag{2-39}$$

$$石灰膏消耗量(m^3) = \frac{石灰膏比例数}{砂比例数} \times 砂用量 \times (1 + 损耗率) \tag{2-40}$$

【例2-8】 水泥、石灰、砂配合比为 1∶1∶2，砂空隙率为 39%，水泥堆密度为 $1200kg/m^3$，砂损耗率为 2%，水泥、石灰损耗率各为 1%，求每 $1m^3$ 砂浆各种材料用量。

解：

$$砂消耗量 = \frac{2}{(1+1+2)-2\times0.39}m^3 \times (1+0.02) = 0.63m^3$$

$$水泥消耗量 = \frac{1\times1200}{2}kg/m^3 \times 0.63m^3 \times (1+0.01) = 381.78kg$$

$$石灰膏消耗量 = \frac{1}{2} \times 0.63m^3 \times (1+0.01) = 0.32m^3$$

当砂用量超过 $1m^3$ 时，因其空隙容积大于灰浆，用量均按 $1m^3$ 计算。

4. 周转性材料消耗量计算

周转性材料在定额中按多次使用、分次摊销的方法计算。纳入定额的周转性材料消耗指标应当有两个：一个是一次使用量，供申请备料和编制施工作业计划用，一般可根据施工图进行计算；另一个是摊销量，即周转性材料使用一次，在单位产品上的消耗量，供确定产品成本用。因此，周转性材料的消耗量，应按照多次使用、分次摊销的方法确定其摊销量。

周转性材料的摊销量与周转次数有直接关系。周转次数指新的周转材料从第一次使用（假定不补充新料）起，到材料不能再使用时的使用次数。

影响周转性材料使用次数（周转次数）的主要因素有：

1）材料的坚固程度、材料的形式和材料的使用寿命。如金属材料比木质材料的周转次数多；工具式的比非工具式的周转次数多；定型的比非定型的周转次数多，有的甚至大几倍、几十倍。如金属模板的周转次数一般均在 100 次以上，而木模板的周转次数都在 6 次或 6 次以下。

2）服务的工程结构、规格、形状等也影响周转材料的周转次数。

3）使用条件的好坏，特别是操作技术对周转材料的周转使用次数也有较大的影响。

4）工程施工速度的快慢。施工速度快，周转的可能性就会增大。

5）周转材料的管理、保持和维修也直接关系它的使用寿命。

周转次数的确定方法：

确定某一种周转性材料的周转次数，是制定周转性材料消耗定额的关键，但它不能用计算的方法确定，而采用长期的现场观察和大量的统计资料用统计分析法确定。周转性材料的损耗率也同样采用观察法测定。

下面以模板为例介绍周转性材料的摊销量计算方法。

（1）现浇结构模板摊销量计算

1）考虑模板周转使用补充和回收时，计算公式有：

$$\text{摊销量}=\text{周转使用量}-\text{周转回收量} \tag{2-41}$$

$$\text{周转使用量}=\frac{\text{一次使用量}+\text{一次使用量}\times(\text{周转次数}-1)\times\text{周转损耗率}}{\text{周转次数}} \tag{2-42}$$

$$\text{回收量}=\frac{\text{一次使用量}\times(1-\text{周转损耗率})}{\text{周转次数}} \tag{2-43}$$

$$\text{一次使用量}=\text{每计量单位构件模板接触面积}\times\text{每}1\text{m}^2\text{接触面积需模板量}\times(1+\text{施工损耗率}) \tag{2-44}$$

【例 2-9】 根据选定的某工程现浇钢筋混凝土独立基础的施工图计算，每 1m^3 基础模板接触面积为 1.8m^2。根据计算，每 1m^2 模板接触面积需用板枋材 0.092m^3，模板周转 6 次，每次周转损耗率为 15%。试计算钢筋混凝土独立基础的模板周转使用量、回收量和定额摊销量（不考虑施工损耗）。

解：

$$\text{周转使用量}=\frac{1.8\times0.092+1.8\times0.092\times(6-1)\times15\%}{6}\text{m}^3=0.048\text{m}^3$$

$$\text{回收量}=\frac{1.8\times0.092\times(1-15\%)}{6}\text{m}^3=0.023\text{m}^3$$

$$\text{摊销量}=0.048\text{m}^3-0.023\text{m}^3=0.025\text{m}^3$$

2）不考虑模板周转使用补充和回收量时，计算公式为

$$\text{摊销量}=\frac{\text{一次使用量}}{\text{周转次数}} \tag{2-45}$$

（2）预制混凝土构件模板摊销量计算　预制混凝土构件按多次使用、平均摊销的方法计算模板摊销量，不计算每次的周转损耗率（即补充损耗率）。所以计算预制混凝土构件模板摊销量时，只需按图计算出模板一次使用量，再根据确定的模板周转次数计算摊销量即可。

2.4.4　机械台班消耗定额编制

1. 机械台班消耗定额的概念

在建筑施工中，有些工程项目是由人工完成的，有些工程是由机械完成的，有些则是由人工和机械共同完成的。在人工完成的产品中所必需消耗的时间就是人工时间定额。由机械完成的或由人工机械共同完成的产品，就有一个完成单位合格产品机械所消耗的工作时间。

在合理使用机械和合理的施工组织条件下，完成单位合格产品所必须消耗的机械台班数量的标准，就称为机械台班消耗定额，也称为机械台班使用定额。

一台机械工作一个工作班（即 8h）称为一个台班。如两台机械共同工作一个工作班，或者一台机械工作两个工作班，则称为两个台班。

施工机械台班定额按其表现形式不同，可以分为机械台班时间定额和机械台班产量定额两种。

（1）机械台班时间定额　它指在合理的劳动组织与合理使用机械的条件下，生产某一单位合格产品所必需消耗的机械台班数量，计量单位用“台班”来表示。它既包括机械本身的工作，又包括使用该机械的工人的工作。

（2）机械台班产量定额　它指在合理的劳动组织与合理使用机械的条件下，规定某种机械设备在单位时间内必须完成合格产品的数量，其计量单位是以产品的计量单位来表示的。

机械台班时间定额与机械台班产量定额互为倒数关系，即

$$机械台班时间定额(台班)=\frac{1}{机械台班产量定额} \tag{2-46}$$

2. 机械台班消耗定额的编制

机械台班消耗定额的编制可按如下步骤进行。

（1）拟定正常的施工条件　主要是拟定工作地点的合理组织及合理的工人编制。

1）工作地点的合理组织。就是对施工地点机械和材料的放置位置、工人从事操作的场所，做出科学合理的平面布置和空间安排。它要求施工机械和操纵机械的工人在最小范围内移动，但又不阻碍机械运转和工人操作，应使机械的开关和操纵装置尽可能集中地装置在操纵工人的近旁，以节省工作时间和减轻劳动强度，应最大限度发挥机械的效能，减少工人的手工操作。

2）合理的工人编制。就是根据施工机械的性能和设计能力、工人的专业分工和劳动工效，合理确定操纵机械的工人和直接参加机械化施工过程的工人的编制人数。确定操纵和维护机械的工人编制人数及配合机械施工的工人编制。工人的编制往往要通过计时观察、理论计算和经验资料来合理确定。拟定合理的工人编制，应要求保持机械的正常生产率和工人正常的劳动工效。

（2）确定机械时间利用系数（K_b）　机械时间利用系数（K_b）为机械净工作时间（t）与工作班延续时间（T）的比值，即

$$K_b=\frac{t}{T} \tag{2-47}$$

机械在工作班内的时间，按其与生产产品的关系，可分为与生产产品有关的时间和与生产产品无关的时间两部分。

定额时间是机械为完成产品所必需消耗的时间，所以称为“有关时间”，为便于应用，现将机械施工过程的定额时间，分为净工作时间和其他工作时间两大类。

定额时间的构成如下：

净工作时间指工人利用机械对劳动对象进行加工，用于完成基本操作所消耗的时间，它与完成产品数量成正比。主要包括：

1）机械的有效工作时间。指机械直接为完成产品而工作的时间，不论机械是在正常负荷下的工作时间，还是在降低负荷下的工作时间。此外，还包括为完成产品而进行的准备工作时间和结束工作时间。如开机前的试运转、加油、检查等准备工作时间，以及停机后机械的就位，清洗工作等结束时间。

2）机械在工作循环中的不可避免的无负荷（空运转）时间。如运输汽车的空车返回时间。

3）操纵机械或配合机械工作的工人休息所造成的机械不可避免的间断时间。

确定工作内定额时间的构成，主要是确定净工作时间的具体数值或者与工作班延续时间的比值。这要依据对机械施工过程进行多次工作日写实的结果，并考虑机械说明书等有关资料，认真分析后取定。应尽可能提高机械净工作时间，减少其他工作时间，以保证机械在工作班内的最大生产率。

（3）确定机械净工作 1h 生产率　施工机械可分为循环和连续动作两种类型，在确定净工作 1h 生产率时则应分别对这两类不同机械进行研究。

1）循环动作机械。循环动作机械净工作 1h 生产率（N_h），取决于该机械净工作 1h 的正常循环次数（n）和每一次循环中所产生的产品数量（m），即

$$N_h = nm$$

确定循环次数（n），首先必须确定每一循环的正常延续时间，而每一循环的延续时间，等于该循环各组成部分正常延续时间之和（$t_1 + t_2 + t_3 + \cdots + t_n$）。一般应通过技术测定确定，在观察中要根据各种不同的因素，确定相应的正常延续时间。对于某些机械工作循环的组成部分，必须将有关的、循环的、不可避免的无负荷及中断时间包括进去；对于某些同时进行的动作，应扣除其重叠的时间，例如挖土机“提升挖斗”与“回转斗臂”的重叠时间。这样，净工作 1h 正常的循环次数，可由下列公式计算（时间单位：min）：

$$n = \frac{60}{t_1 + t_2 + t_3 + \cdots + t_n} \quad (2\text{-}48)$$

或

$$n = \frac{60}{t_1 + t_2 + t_3 + \cdots + t_c - t'_c + \cdots + t_n} \quad (2\text{-}49)$$

式中　$t_c - t'_c$——组成部分重叠工作时间。

机械每一次循环所产生的产品数量（m），同样可以通过计时观察求得。

2）连续动作机械。连续动作机械的净工作 1h 生产率（N_h），主要根据机械性能来确定。在一定条件下，净工作 1h 生产率通常是一个比较稳定的数值。确定方法是通过试验或实际观察，得出一定时间（t 小时）内完成的产品数量（m），然后，按下式计算：

$$N_h = \frac{m}{t} \quad (2\text{-}50)$$

在某些情况下，由于难以精确地确定机械的正常负荷、产品数量或工作对象的加工程度，就使得确定连续动作机械净工作 1h 的正常生产率成为一项比较复杂的工作。如确定单位时间内通过碎石机的石子的正常数量，以及确定保证压路机碾压土壤达到所要求的密实度的时间等，都是比较困难的。因此，为了保证确定的机械净工作 1h 生产率的可靠性，在运用计时观察法的同时，还应该以机械说明书等有关资料的数据为参考依据，最后分析确定。

（4）确定机械台班产量（$N_{台班}$）　台班产量等于该机械净工作时间 1h 的生产率（N_h）乘以工作班的延续时间 T（一般都是 8h），再乘以台班时间利用系数（K_b），即

$$N_{台班} = N_h T K_b \quad (2\text{-}51)$$

对于某些一次循环时间大于 1h 的机械施工过程，就不必先计算净工作 1h 生产率了，可以直接用一次循环时间 t，求出台班循环次数（T/t），再根据每次循环的产品数量（m），确

定其台班产量定额。其计算公式如下：

$$N_{台班} = \frac{T}{t} m K_b \tag{2-52}$$

3. 机械台班消耗定额编制示例

以正铲挖掘机配合 8t 自卸汽车运输土方的产量定额制定为例。

施工条件：三类土，挖土高度在 1.5m 以上的大型土石方，汽车外运 5km，工作面有推土机配合。机械配备情况：正铲挖掘机，斗容量 $1m^3$，自卸汽车载质量 8t。

根据分析整理的各种调查资料和所配备的机械台班技术参数的各项基础数据见表 2-5～表 2-10。

表 2-5 土壤的可松性系数

项 目	一、二类土	三 类 土	四 类 土
可松性系数	1.21	1.27	1.33

表 2-6 各种铲斗的充盈系数

项 目	机 型		
	正 铲	反 铲	拉 铲
最佳挖土状态	1.05	0.96	1.02
非最佳挖土状态	1.00	0.90	1.02

表 2-7 土壤天然状态下的密度 （单位：kg/m^3）

项 目	一、二类土	三 类 土	四 类 土
密度	1600	1800	1900

表 2-8 $1.0m^3$ 正铲挖掘机的原始数据

项 目		装 车			不 装 车		
		一、二类土	三 类 土	四 类 土	一、二类土	三 类 土	四 类 土
每次挖土时间/s		31	33.5	40	29	32	36
挖掘机定额容量/m^3	1	0.83	0.79	0.75	0.83	0.79	0.75
	2	0.87	0.83	0.79	0.87	0.83	0.79
台班挖土次数		743	688	576	794	720	640

注：1. 每次挖土时间包括挖土、卸土的作业时间加作业宽放时间。
2. 挖掘机定额容量 1 和 2 分别是非最佳挖土状态和最佳挖土状态下的斗容量。
3. 台班挖土次数按台班有效工作时间 384min 计算。

表 2-9 8t 自卸汽车固定作业时间及定额容量

挖掘机类别	作业时间合计/min	装车时间/min	卸车时间/min	调位时间/min	等装时间/min	每车定额容量/m^3
一类	8.8	5.5	1.0	1.3	1.0	4.4
二类	7.5	4.3				
三类	6.4	3.1				

注：一类挖掘机台班产量为 $300m^3$ 以内，二类挖掘机台班产量为 $450m^3$ 以内，三类挖掘机台班产量为 $450m^3$ 以上。

表 2-10 自卸汽车行驶速度及往返消耗时间

运距/km	时速/（km/h）	分速/（km/min）	往返耗时/min
0.5	12	0.2	5
1	15	0.25	8
2	18	0.3	13
3	22	0.37	16
4	24	0.4	20
5	24	0.4	25
6	26	0.43	28
7	26	0.43	32
8	26	0.43	37
9	27	0.45	40
10	29	0.48	41

注：10km 以上运输时速均取定为 29km/h，每增加 1km 运距增加往返耗时 4min。

（1）挖掘机台班产量的计算　查表 2-8，可知 $1m^3$ 正铲挖掘机在装车的条件下台班挖土次数 688 次，在最佳挖土状态下（挖土深度 2m 以内），挖掘机定额容量 $0.83m^3$，则台班产量为

$$0.83m^3 \times 688 = 571m^3$$

（2）计算 8t 自卸汽车的台班产量　查表 2-10，可知自卸汽车运输 5km 需往返时间 25min，自卸汽车固定作业时间 6.4min（挖掘机台班产量大于 $450m^3$），每运输一次共耗时 31.4min。根据调查测算，自卸汽车每台班有效工作时间为 380min，则每台班可运输 12 次。查表 2-9 可知三类土每车定额容量为 $4.4m^3$，则 8t 自卸汽车的台班产量为

$$4.4m^3 \times 12 = 52.80m^3$$

劳动组织为每台挖掘机配 2 人，每台自卸汽车配 1 人。经计算得出挖掘机挖土和自卸汽车运土的劳动定额，见表 2-11、表 2-12。

表 2-11 挖掘机挖土每台班的劳动定额

<table>
<tr><th colspan="4" rowspan="2">项　目</th><th colspan="3">装　车</th><th colspan="3">不　装　车</th></tr>
<tr><th>一、二类土</th><th>三类土</th><th>四类土</th><th>一、二类土</th><th>三类土</th><th>四类土</th></tr>
<tr><td rowspan="4">正铲挖掘机斗容量/m³</td><td>……</td><td rowspan="4">挖土深度/m</td><td>……</td><td></td><td></td><td></td><td></td><td></td><td></td></tr>
<tr><td rowspan="2">1.0</td><td>2.0 以内</td><td></td><td>0.37/5.44</td><td></td><td></td><td>0.35/5.68</td><td></td></tr>
<tr><td>2.0 以外</td><td></td><td>0.35/5.71</td><td></td><td></td><td>0.33/5.98</td><td></td></tr>
<tr><td>……</td><td>……</td><td></td><td></td><td></td><td></td><td></td><td></td></tr>
<tr><td colspan="4">编号</td><td></td><td></td><td></td><td></td><td></td><td></td></tr>
</table>

注：表中横线以上数量为时间定额，即小组成员工日数的总和，横线以下数量为机械的台班产量（单位为 $100m^3$）。

表 2-12 自卸汽车配合挖掘机运土每台班的劳动定额

自卸汽车载质量/t	运距/km	土类型			
		一类	二类	三类	四类
8	1.0 以内				
	……				
	5.0 以内	$\frac{2.08}{0.48}$	$\frac{1.96}{0.51}$	$\frac{1.89}{0.53}$	
编号					

注：表中横线以上为时间定额，横线以下为产量定额。

(3) 有关系数的制定 在不同施工条件、不同机械配备的情况下，采用系数调整的办法可扩大定额的使用范围，减少定额的项目，增加灵活性。如查表 2-8，可知挖掘机在非最佳状态下的斗定额容量为 $0.79m^3$，则台班产量为 $0.79m^3 \times 688 = 544m^3$，则挖掘机在非最佳状态下的挖土机台班产量系数为 $544/571 = 0.95$。

查表 2-9，可知在一类挖掘机配合下自卸汽车每次固定作业时间为 8.8min，则每台班可运输次数为 $380/(25+8.8)$ 次 $= 11$ 次，则台班产量为 $4.4m^3 \times 11 = 48.4m^3$，则自卸汽车配合一类挖掘机的台班产量系数为 $48.4/52.8 = 0.92$。

2.5 建筑安装工程人工、材料及机械台班定额消耗量

2.5.1 消耗量定额概念

消耗量定额是由建设行政主管部门根据合理的施工组织设计，按照正常施工条件制定的，为了完成一定计量单位质量合格的建筑产品，所必需消耗的人工、材料、施工机械台班的平均数量标准。它是国家或地区编制和颁发的一种基础性和指导性定额，为计算人工、材料和施工机械台班消耗量提供了统一可靠的参数，是建设单位和施工单位之间建立正常经济联系的工具，是确定单位分项工程单价的基础，也是预算定额编制的基础。

消耗量定额反映的是人工、材料和机械台班的消耗量标准，适用于市场经济条件下建筑安装工程计价，可以很好地体现工程计价中“计量统一，报价自主”的基本原则。原建设部组织制定的 GJD-101—1995《全国统一建筑工程基础定额 土建》和 GYD-901—2002《全国统一建筑装饰装修工程消耗量定额》就属于消耗量定额。

1. 消耗量定额的特点

1）消耗量定额是全国统一、通用的定额。消耗量定额是编制全国统一、专业统一、地区统一的概预算定额、投资估算指标的基础，适用于全国范围，是统一全国定额项目划分、计量单位、工程量计算规则的国家定额。

2）消耗量定额只反映完成规定计量单位的合格分项工程所需人工、材料、机械台班的消耗量，不直接反映货币数量。由于不同地区的经济条件差别很大，无法统一价格，因此在应用全国消耗量定额时，需要结合当地的人工、材料、机械的价格具体计算费用。

3）消耗量定额的换算范围更为扩大。与常用的预算定额相比，换算范围更大。在应用消耗量定额时要注意到这点变化，能换算的要进行换算，这样才能准确地套用定额项目。

2. 消耗量定额的内容

（1）建筑工程消耗量定额的组成　建筑工程消耗量定额一般按照工程种类不同，如土方工程、砖石工程等，以分部工程分章编制，GJD-101—1995《全国统一建筑工程基础定额　土建》共分15章，每一章又按产品技术规格不同、施工方案不同等分为很多定额项目。整个消耗量定额手册一般由目录、总说明、分章说明、分项工程定额表和有关附录等组成。而建筑面积计算规则及工程量计算规则单列成册。

1）总说明、总则、章节说明。总说明主要明确了消耗量定额的概念、适用范围、编制依据，人工、材料、机械台班消耗量的确定及消耗量定额的作用等；总则主要明确了GJD-101—1995《全国统一建筑工程基础定额　土建》的作用，计算工程量的依据、单位等；章节说明主要与消耗量定额的章说明和工程量计算规则中的册说明对应，构成章节工程项目计算工程量的规则。

2）定额项目表。一般由人工消耗定额、材料消耗定额、施工机械台班消耗定额组成。消耗量定额的项目表主要由项目内容、工作内容、计量单位、项目表等组成。

3）定额附录。包括各种混凝土、砂浆配合比表。各种配合比表是确定定额消耗量的基础，如实际与定额不同时，可据此进行换算。

（2）建筑装饰装修工程消耗量定额的组成　《全国统一建筑装饰装修工程消耗量定额》由总说明、六章内容及一个附录组成。

1）总说明。总说明主要说明本定额编制的目的，适用的范围、作用及用途，编制的背景和依据，人工、机械、材料确定的相关规定和解释，以及其他规定等。

2）六章定额。按照章节顺序，分别为楼地面工程，墙柱面工程，天棚工程，门窗工程，油漆、涂料、裱糊工程，其他工程。

3）附录。材料、半成品、成品损耗率表。

（3）消耗量定额的作用

1）消耗量定额是编制工程预算，确定和控制工程造价的主要依据。

2）消耗量定额是对设计方案和施工方案进行技术经济比较和技术经济分析的依据。

3）消耗量定额是编制招标控制价、投标报价的重要依据。

4）消耗量定额是建设单位和银行拨付建设资金、工程进度款和编制竣工结算的依据。

5）消耗量定额是施工企业进行经济活动分析的依据。

6）消耗量定额是编制概算定额和概算指标的基础。

3. 消耗量定额的价格表现形式

建筑工程消耗量定额在各地区的价格表现形式是单位估价表。

单位估价表又称为地区基价表或价目表，它是消耗量定额的价格表现形式。

单位估价表将全国统一定额或地区消耗量定额中的综合工日、材料耗用（或摊销）量、施工机械台班的消耗数量，结合本地区的人工单价、材料价格和施工机械台班价格，计算出完成单位分项工程或结构构件的合格产品的单位价格。

单位估价表最明显的特点是地区性强，所以也称为“地区单位估价表”。不同地区分别使用各自的单位估价表，不能互通互用。单位估价表是按照正常的施工条件，目前某一地区多数施工单位的施工机械装备水平，合理的施工工期、施工工艺、劳动组合为基础编制的。

4. 消耗量定额与施工定额的异同

(1) 消耗量定额与施工定额的相同点　消耗量定额一般以施工定额为基础进行编制，施工定额编制时往往以消耗量定额作为控制的参考依据。施工定额主要指施工现场中的人工、材料和机械的消耗量标准。它们之间有一定的关联性，都规定了完成单位合格产品所需的人工、材料和机械台班消耗的数量标准。

(2) 消耗量定额与施工定额的不同点

1) 编制目的和作用不同。消耗量定额是由政府部门颁布的，其目的是使全国或地区的工程建设有一个统一的计价核算尺度，用以比较、考核各地区各部门工程建设经济效果和施工管理水平，具有指导性，可以指导编制施工定额。施工定额是施工企业内部管理的依据，直接用于施工管理，是编制施工组织设计，施工作业计划及劳动力、材料、机械台班使用计划的依据，是编制单位工程施工预算、加强企业成本管理和经济核算的依据，是编制消耗量定额的基础。

2) 定额水平不同。施工定额的编制目的在于提高施工企业的管理水平，进而推动社会生产力向更高水平发展，因而编制企业定额应以企业内部的平均先进水平为标准。消耗量定额是确定和控制某一地区建筑安装工程造价的基本依据，因此消耗量定额的制定，体现了社会平均水平。

3) 项目划分的粗细程度不同。施工定额的编制，主要以工序或工作过程为研究对象，所以定额项目划分详细，定额工作内容具体；消耗量定额按照工程施工的实际组成编制，项目划分比施工定额综合。

4) 内容组成不同。施工定额的内容主要是施工工序和施工过程，项目内容详细；消耗量定额的材料项目按照工程施工的实际组成编制，材料、机械的项目齐全。

5. 消耗量定额的编制原则

(1) 社会平均水平的原则　在正常施工条件下，以平均的劳动强度、平均的技术熟练程度，在平均的技术装备条件下，完成单位合格产品所需的劳动消耗量就是消耗量定额的消耗量水平。这种以社会必要劳动时间来确定的定额水平，就是通常所说的社会平均水平。

(2) 简明适用的原则　所谓简明适用，指定额结构合理，定额步距大小适当，文字通俗易懂，计算方法简便，易为使用者掌握，具有多方面的适应性，能在较大范围内满足不同情况、不同用途的需要。

(3) 技术先进、经济合理的原则　技术先进指定额项目的确定、施工方法和材料的选择等，能够正确反映建筑技术水平，尽量采用已成熟并得到普遍推广的新技术、新材料、新工艺，以促进生产效率的提高和建筑技术的发展。

经济合理指纳入定额的材料规格、质量、数量，劳动效率和施工机械的配备等，既要遵循国家和地方主管部门的统一规定，又要考虑是在正常条件下大多数企业都能够达到和超过的平均水平。

6. 消耗量定额的编制依据

1) 现行的劳动定额、材料消耗定额、机械台班定额和施工定额。

2) 现行的设计规范、施工验收规范、质量评定标准和安全操作规程。

3) 常用的标准图和已选定的典型工程施工图纸。

4) 成熟推广的新技术、新结构、新材料、新工艺。

5）施工现场的测定资料、试验资料和统计资料。

6）过去颁布的消耗量定额及有关消耗量定额编制的基础资料。

7）现行消耗量定额及基础资料和地区工资标准、材料预算价格及机械台班预算价格。

7. 消耗量定额与定额消耗量

消耗量定额指由国家或地区建设行政主管部门组织制定的，代表全国或某地区建筑市场上人工、材料、机械台班的社会平均消耗量标准，它是国家投资项目工程造价确定的主要依据之一，是判断工程造价真实性、合理性的重要标准。消耗量定额是制定预算定额的重要工具。预算定额中的工程消耗量指标就来源于消耗量定额。

而定额消耗量指建设工程中人工、材料、机械台班数量的确定方法，即如何确定得到行业认可的工、料、机的一种标准消耗数量，这就是由工程造价管理部门主导，按照社会平均水平制定的标准数量，称为定额消耗量。定额消耗量一定反映的是社会平均水平，而施工企业制定的施工定额中的消耗量定额体现的是平均先进水平，它们之间是存在明显区别的。制定定额消耗量，对人工、材料、机械台班的损耗有一个共同标准，可以有效提高施工企业管理水平，极大减少工程造价管理过程中的争议。

2.5.2 确定人工定额消耗量的基本方法

1. 人工定额消耗量概念

人工定额消耗量指在正常的施工技术、合理的劳动组织和合理使用材料的条件下，完成单位合格产品所必需消耗的工日数的标准，包括完成该合格产品所必需的各种用工量。人工定额消耗量是反映产品生产中活劳动消耗的数量标准，是消耗量定额的重要组成部分。

2. 人工定额消耗量的表现形式

为了便于综合核算，人工定额消耗量一般用工作劳动消耗量表达，所以人工定额消耗量主要表现形式是时间定额，定额人工工日不分工种、技术等级，一律用综合工日表示。

时间定额以工日/m^3、工日/m^2、工日/t 等为单位，完成不同的工作内容都具有相同的时间单位，便于计算完成某一分部（项）工程所需的总工日数，便于核算工资、编制施工进度计划和计算分项工期。

3. 人工定额消耗量确定原则

（1）平均合理的原则　平均合理的原则指在定额制定区域现阶段范围内的社会正常的生产条件及社会的平均劳动熟练程度和劳动强度下，确定人工定额消耗量。

（2）劳动组织合理的原则　劳动组织合理的原则，指根据施工过程的技术复杂程度和工艺要求，合理地组织劳动力。

（3）保证质量的原则　保证质量的原则，指施工过程完成的产品要符合国家颁发的现行的有关工种工程的质量验收规范。

（4）简明适用的原则　人工定额消耗量的制定要便于使用，能在较大范围内满足不同情况、不同用途的需要，如计件工资计算、签发任务单、制订计划等。

4. 人工定额消耗量确定方法

消耗量定额中的人工定额消耗量包括基本用工、材料超运距用工、辅助用工以及人工幅度差。人工定额消耗量可按以下方法确定。

（1）基本用工　基本用工指完成一定计量单位的分项工程或结构构件的各项工作过程

的施工任务必须消耗的技术工种的用工。它是以综合取定的工程量和现行《全国建筑安装工程统一劳动定额》中的时间定额为基础进行计算的，包括：

1）完成定额计量单位的主要用工，由于该工时消耗所对应的工作均发生在分项工程的工序作业过程中，各工作过程的生产率受施工组织的影响大，其工时消耗的大小应根据具体的施工组织方案进行综合计算。

2）按施工定额规定应增（减）计算的人工消耗量。例如在砌筑工程中的砌砖、调制砂浆、运砖等的用工，还要增加附墙烟囱孔、垃圾道等零星组合部分的用工，其人工消耗量相应增加附加人工消耗。

（2）材料超运距用工　材料超运距用工指消耗量定额取定的材料、成品、半成品等运距超过劳动定额规定的运距应增加的用工量。计算时，先求每种材料的超运距，然后在此基础上根据劳动定额计算超运距用工。计算公式如下：

$$超运距 = 消耗量定额规定的运距 - 劳动定额规定的运距 \tag{2-53}$$

$$材料超运距用工 = \Sigma(超运距材料数量 \times 时间定额) \tag{2-54}$$

（3）辅助用工　辅助用工指劳动定额中未包括的各种辅助工序用工，如材料加工等的用工。可根据材料加工数量和时间定额进行计算。其计算公式如下：

$$辅助用工数量 = \Sigma(加工材料数量 \times 时间定额) \tag{2-55}$$

（4）人工幅度差　人工幅度差指在劳动定额中未包括，而在一般正常施工条件下不可避免但又无法计量的用工。人工幅度差一般包括以下几方面内容：

1）在正常施工条件下，土建各工种工程之间的工序搭接以及土建工程与水电安装工程之间的交叉配合所需停歇时间。

2）施工过程中，移动临时水电线路而造成的影响工人操作的时间。

3）同一现场内单位工程之间因操作地点转移而影响工人操作的时间。

4）工程质量检查及隐蔽工程验收而影响工人操作的时间。

5）施工中不可避免的少量零星用工等。

在确定消耗量定额用工量时，人工幅度差按基本用工、超运距用工、辅助用工之和的一定百分率计算。其计算公式为

$$人工幅度差 = (基本用工 + 材料超运距用工 + 辅助用工) \times 人工幅度差系数 \tag{2-56}$$

国家现行规定人工幅度差系数为10%～15%，见表2-13。

表 2-13　人工幅度差系数

序　号	项　　目	人工幅度差系数（%）	序　号	项　　目	人工幅度差系数（%）
1	土方	10	6	模板（预制）	10
2	砌筑	15	7	木门窗制作	8
3	脚手架	12		木门窗安装	10
4	混凝土（含现浇、预制）	10	8	楼地面	10
5	钢筋（含现浇、预制）	10	9	装饰	15
6	模板（现浇）	15		装饰（油漆）	10

当分别确定了完成一定计量单位的分项工程的施工任务所必需的基本用工、辅助用工、超运距用工以及人工幅度差后，将这四项用工量简单相加即为该分项工程总的人工消耗量。计算公式如下：

$$人工定额消耗量=基本用工+材料超运距用工+辅助用工+人工幅度差 \tag{2-57}$$

或

$$人工定额消耗量=综合工日=(基本用工+材料超运距用工+辅助用工)\times(1+人工幅度差系数) \tag{2-58}$$

【例 2-10】 以现行基础定额中有梁板混凝土定额（5-417）为例，计算人工定额消耗量。

解： 本定额综合取定板厚在 10cm 以内者为 60%，板厚在 15cm 以内者为 40%，每 $10m^3$ 混凝土按 $9m^3$ 石子计算。如果采用接水管冲洗，则加工系数乘以 0.52，混凝土养护按每 $10m^3$ 0.12 个工日计算，混凝土损耗率 1.5%。材料超运距：混凝土 100m，砂石 50m，草袋子 50m，按每 $100m^2$ 0.2 个工日计算。人工幅度差：现浇 15%，预制 10%。具体计算过程见表 2-14。

表 2-14　有梁板混凝土人工定额消耗量计算

项 目 名 称	计 算 量	单 位	劳动定额编号	时 间 定 额	工日/$10m^3$
捣制有梁板 10cm 内	6	m^3	10-7-73（一）	0.840	5.040
捣制有梁板 15cm 内	4	m^3	10-7074	0.787	3.148
冲洗石子	9×1.015	m^3	1-4-97×0.52	0.286×0.52	1.359
混凝土养护	1	$10m^3$	取定	0.12	0.120
混凝土超运 100m	10.15	m^3	10-24-407（四）	0.091	0.924
砂、石超运 50m	10.15	m^3	10-24-406（一）（二）	0.074	0.751
草袋子运输 50m	0.1099	$100m^2$	取定	0.200	0.022
小计					11.364
定额工日	（人工幅度差 15%）11.364×1.15				13.069

2.5.3 确定材料定额消耗量的基本方法

1. 材料定额消耗量概念

材料定额消耗量也称材料定额，它指在节约和合理使用材料的条件下，生产单位合格产品所需要消耗一定品种、规格的材料、半成品、配件和水、电、燃料等的数量标准，包括材料的使用量和必要的工艺性损耗及废料数量。制定材料定额消耗量，主要就是为了利用标准指标这个经济杠杆，对物资消耗进行控制和监督，达到降低物耗和工程成本的目的。

2. 材料定额消耗量的作用

在建筑安装工程成本中，材料费占 60% 左右。用科学的方法正确确定材料定额消耗量，对于合理使用材料、减少浪费、降低工程成本，以及保证正常施工等具有十分重要的意义。

材料定额消耗量是施工企业组织管理、加强经济核算的重要依据，其具体作用主要有：

1）材料定额消耗量是施工企业确定工程材料需要量和储备量的依据。

2）材料定额消耗量是施工企业组织材料供应和编制材料需要量计划的基础。

3）材料定额消耗量是施工项目经理部对工人班组签发限额领料单、考核和分析材料利用情况的依据。

4）材料定额消耗量是实行材料核算，推行经济责任制，促进材料合理使用的重要手段。

3. 施工定额与材料定额消耗量的差异

消耗量定额中的材料定额消耗量的确定方法与施工定额相应内容基本相同，但由于消耗量定额中分项子目内容已经在施工定额基础上进行了某些综合，有些工程量计算规则也进行了调整，因此，材料定额消耗量也有了变化。施工定额与材料定额消耗量在编制形式上的差异主要有以下几个方面：

1）施工定额中材料消耗量反映的是平均先进水平，消耗量定额中的材料定额消耗量反映的是社会平均水平，二者的水平差异对主要材料是通过不同的损耗率来体现，对周转材料可通过周转补损率和周转次数来体现。即编制消耗量定额时应采用比施工定额更大的损耗率，周转材料周转次数应按平均水平确定。

2）消耗量定额的某些分项内容与施工定额相比内容具有较大的综合性。例如某些地区消耗量定额一砖内墙砌体就综合了施工定额中的双面清水墙、单面清水墙和混水墙的用料，以及附属于内墙中的烟囱、孔洞等结构的加工材料。因此，编制消耗量定额中的材料定额消耗量时应根据定额分项子目内容进行相应综合。

4. 直接性材料定额消耗量的确定

（1）直接性材料定额消耗量的计算　直接性材料定额消耗量指在正常的施工条件和合理使用材料的条件下，生产单位合格产品所必需消耗的一定品种、规格的原材料、半成品、配件等的数量标准，包括材料的净用量和不可避免的损耗数量。

各地区、各部门都在合理测定和积累资料的基础上编制了材料的损耗率表。材料的消耗量、净用量、损耗率之间关系式如下：

$$材料消耗量 = 材料净用量 + 损耗量 = 材料净用量 \times (1 + 损耗率) \tag{2-59}$$

材料的损耗率通过观测和统计确定，见表2-15。

表2-15　部分建筑材料损耗率

材料名称	工程项目	损耗率（%）	材料名称	工程项目	损耗率（%）
普通黏土砖	地面、屋面、空花（斗）墙	1.5	面砖、缸砖		2.5
			水磨石板		1.5
普通黏土砖	基础	0.4	大理石板		1.5
普通黏土砖	实砖墙	1	混凝土板		1.5
普通黏土砖	方砖柱	2	水泥瓦、黏土瓦	（包括脊瓦）	3.5
普通黏土砖	圆砖柱	7	石棉垄瓦（板瓦）		4
普通黏土砖	烟囱	4	砂	混凝土、砂浆	3
普通黏土砖	水塔	3	白石子		4
白瓷砖		3.5	砾（碎）石		3
陶瓷锦砖		1.5	乱毛石	砌墙	2

（续）

材料名称	工程项目	损耗率（%）	材料名称	工程项目	损耗率（%）
乱毛石	其他	1	轻质混凝土		2
方整石	砌墙	3.2	钢筋（预应力）	后张吊车梁	13
方整石	其他	1	钢筋（预应力）	先张高强丝束	9
碎砖、炉（矿）渣		1.5	钢材	其他部分	6
珍珠岩粉		4	铁件	成品	1
生石膏		2	镀锌薄钢板	屋面	2
滑石粉	油漆工程用	5	镀锌薄钢板	排水管、沟	6
滑石粉	其他	1	铁钉	焊条	2
水泥		2	小五金成品		12
砌筑砂浆	砖、毛方石砌体	1	木材	窗扇、框（包括配料）	1
砌筑砂浆	空斗墙	5	木材	镶板门芯板制作	6
砌筑砂浆	泡沫混凝土块墙	2	木材	镶板门企口板制作	13.1
砌筑砂浆	多孔砖墙	10	木材	木屋架、檩、椽圆木	22
砌筑砂浆	加气混凝土块	2	木材	木屋架、檩、椽圆木	5
混合砂浆	抹天棚	3	木材	木屋架、檩、椽方木	6
混合砂浆	抹墙及墙裙	2	木材	屋面板平口制作	4.4
石灰砂浆	抹天棚	1.5	木材	木材屋面板平口安装	3.3
石灰砂浆	抹墙及墙裙	1	木材	木栏杆及扶手	4.7
水泥砂浆	抹天棚、梁柱腰线、挑檐	2.5	木材	封檐板	2.5
			模板制作	各种混凝土结构	5
水泥砂浆	抹墙及墙裙	2	模板安装	工具式钢模板	1
水泥砂浆	地面、屋面、构筑物	1	模板制作	支撑系统	1
素水泥浆		1	模板安装	圆形储仓	3
混凝土（预制）	柱、基础梁	1	胶合板、纤维板、吸声板	天棚、间壁	5
混凝土（预制）	其他	1.5			
混凝土（现浇）	二次灌浆	3	石油沥青		1
混凝土（现浇）	地面	1	玻璃	配制	15
混凝土（现浇）	其余部分	1.5	清漆		3
细石混凝土		1	环氧树脂		2.5

（2）直接性材料定额消耗量的确定方法

1）砌筑类材料。砌筑类材料主要指砌筑工程中的砌块、砂浆和水。

① 砌块消耗量计算公式：

$$1\text{m}^3\ \text{基础砌块净用量}=\frac{\text{按基础规格计算 1m 长的砖块数}}{\text{按基础规格计算 1m 长砌体体积}} \tag{2-60}$$

$$1\text{m}^3\ \text{墙体砌块净用量}=\frac{2k}{\text{墙厚}\times(\text{砖长}+\text{灰缝})\times(\text{砖厚}+\text{灰缝})} \tag{2-61}$$

$$1m^3砌体砌块消耗量=[\Sigma(各砌块净用量\times权数)\times(1\pm附件占有率)]\times(1+损耗率) \tag{2-62}$$

说明：式（2-61）中凡表示以砖长为模数的厚度，如一砖 k 为1，一砖半 k 为1.5。权数是指外墙和内墙所占比例，附件占有率指梁头、垫块和砖线条等所占百分比。

② 砂浆消耗计算公式：

$$1m^3砌体砌块砂浆净用量=1-砌块体积\times净用砌块量 \tag{2-63}$$

$$1m^3砌体砌块砂浆消耗量=[\Sigma(各砂浆净用量\times权数)\times(1\pm附件占有率)]\times(1+损耗率) \tag{2-64}$$

砌筑工程中的砖砌体，在制定定额时，综合考虑了外墙和内墙所占比例，扣减梁头垫块和增加突出墙面砖线条体积等因素，因此在确定消耗量定额材料消耗量时，对这些部分应加以综合。

2）抹灰类材料。抹灰类材料主要指抹灰工程中的砂浆。抹灰工程分为普通抹灰和装饰抹灰。

普通抹灰主要有石灰砂浆、水泥石灰砂浆（混合砂浆）、水泥砂浆、聚合物水泥砂浆、膨胀珍珠岩水泥砂浆、纸筋石灰砂浆等。装饰抹灰主要有水刷石、干黏石、斩假石和水磨石等。

计算公式：

$$砂浆量=计量单位\times抹灰厚度\times(1+洞口侧面积系数-护角砂浆面积系数)\times(1+压实偏差系数+砂浆损耗率) \tag{2-65}$$

$$护角砂浆量=计量单位\times抹灰厚度\times护角面积系数\times(1+压实偏差系数+砂浆损耗率) \tag{2-66}$$

【例2-11】 按现行基础定额中砖墙抹石灰砂浆两遍定额（11-1）确定材料消耗量。

解： 1）抹石灰砂浆定额综合了以下内容：

① 内墙面抹石灰砂浆，门窗洞口侧面积增加4%，对石灰砂浆门洞阳角用1:2水泥砂浆护角，其护角面积系数取1.56%，损耗率为2%。

② 砖墙面先洒水湿润，用水量每100m² 墙面按0.4m³取定。

③ 底层抹1:3石灰砂浆16mm厚，损耗率为1%，并考虑9%压实偏差系数。

④ 面层用纸筋石灰浆罩面2mm厚，其损耗率为1%，压实偏差系数为5%。

2）计算公式：

$$石灰砂浆量=计量单位\times抹灰厚度\times(1+洞口侧壁面积系数-护角砂浆面积系数)\times(1+压实偏差系数+砂浆损耗率)$$

$$护角砂浆量=计量单位\times抹灰厚度\times护角面积系数\times(1+压实偏差系数+砂浆损耗率)$$

具体计算过程见表2-16。

表2-16 砖墙抹灰材料消耗量

材料名称	单位	计算式	定额用量/100m²
1:3石灰砂浆	m³	$100m^2\times0.016m\times(1+4\%-1.56\%)\times(1+9\%+1\%)$	1.803
1:2混合砂浆	m³	$100m^2\times0.016m\times1.56\%\times(1+9\%+2\%)$	0.028

（续）

材料名称	单位	计 算 式	定额用量/$100m^2$
纸筋石灰浆	m^3	$100m^2 \times 0.002m \times (1+4\%) \times (1+5\%+1\%)$	0.220
水	m^3	水湿润砖墙面 $0.4m^3$ + 冲洗搅拌机 $0.3m^3$	0.700
松厚板	m^3	用于3.6m以下脚手架摊销量综合取定 $0.005m^3$	0.005

3）镶贴类材料。镶贴类材料主要包括预制水磨石、大理石、瓷板、陶瓷锦砖、面砖等。镶贴类材料主要应用于楼地面工程、墙面工程、天棚工程、隔热板工程等。

计算公式：

$$镶贴块料面层耗用量 = 定额扩大单位数量 \times (1+损耗率)$$

4）搭接类材料。搭接类材料主要包括瓦屋面工程中的瓦和防水工程中的卷材。

瓦屋面工程中的瓦主要包括水泥瓦、黏土瓦、小青瓦、小波石棉瓦和大波石棉瓦。

防水工程中的卷材按所用原材料的不同，分为普通卷材和特种卷材两类。普通卷材按照沥青原料不同，可分为石油沥青卷材和煤沥青卷材两种。特种卷材品种有沥青玻璃布油毡、再生卷材、三元乙丙丁基橡胶卷材等。

① 瓦材消耗量：

$$定额用瓦量 = \frac{100m^2}{瓦有效长 \times 瓦有效宽} \times (1+损耗率) \tag{2-67}$$

$$定额脊瓦用量 = \frac{脊长}{脊瓦有效长} \times (1+损耗率) \tag{2-68}$$

瓦材规格可以查表2-17。

表2-17 定额用瓦规格 （单位：mm）

瓦材名称	瓦材规格		搭接尺寸		脊瓦			
	长	宽	长向	宽向	长	宽	搭接	每$100m^2$计算脊长
水泥瓦	385	235	85	33	455	195	55	11000
黏土瓦	380	240	80	33	455	195	55	11000
小青瓦	200	145	133	—	—	—	—	11000，稍头9600
小波石棉瓦	1820	720	200	94.5	780	180	70	11000
大波石棉瓦	2800	994	200	249	850	460	70	11000

瓦材损耗率取值：水泥瓦、黏土瓦、小青瓦为2.5%，石棉瓦为4%，脊瓦为3.5%。

② 卷材消耗量：

$$卷材定额用量 = \left(\frac{100m^2 \times 层数}{卷材有效长 \times 卷材有效宽} \times 每卷卷材面积 + 附加层\right) \times (1+损耗率) \tag{2-69}$$

【例2-12】 改性沥青卷材规格为1m×10m，长边搭接按100mm，短边搭接按70mm。附加层取定为$4.3m^2$，损耗率为1%。求改性沥青卷材耗用量。

解：

$$改性沥青卷材耗用量 = \left[\frac{100 \times 1}{(10.0-0.10) \times (1.0-0.07)} \times 10 + 4.3\right] \times (1+1\%) m^2/100m^2$$

$$= 114.04m^2/100m^2$$

5. 周转性材料定额消耗量的确定

（1）周转性材料概念 周转性材料定额消耗量，一般均按多次使用、分次摊销的方法计算。周转性材料使用一次，应分摊在单位产品上的消耗数量，称为摊销量。摊销量与下列因素有关：

1）一次使用量，指周转性材料在不重复使用的条件下的一次用量指标。

2）损耗率，也称补损率，指周转性材料使用一次后为了修补难以避免的损耗所需要的材料量占一次使用量的百分数，计算摊销量时，一般采用平均损耗率。

3）周转次数，指周转性材料可以重复使用的次数，一般可用统计法或观测法拟定。

4）回收折价率等。

编制消耗量定额时，对于周转性材料的消耗指标，与施工定额一样，也按多次使用、分次摊销的方法计算。通常，在消耗量定额中对周转性材料定额消耗量的规定有两个：一个是一次使用量，一个是摊销量。

一次使用量和摊销量的计算方法与施工定额基本相同，只是在编制消耗量定额时，材料损耗率（补损率）和周转次数应按平均水平确定，即应该采用比施工定额更大的损耗率和更小的周转次数。

（2）举例说明周转性材料消耗指标的确定

1）模板工程材料消耗量确定方法如下：

① 计算公式：

组合式钢模板摊销量：

$$\text{组合式钢模板摊销量} = \frac{\text{一次使用量}}{\text{周转次数}} \tag{2-70}$$

$$\text{一次使用量} = \text{每计量单位构件模板接触面积} \times \text{每平方米接触面积需模板量} \times (1 + \text{施工损耗率}) \tag{2-71}$$

模板周转次数和施工损耗率见表2-18。

表2-18 模板周转次数和施工损耗率

现浇构件			预制构件		
名称	周转次数/次	施工损耗率（%）	名称	周转次数/次	施工损耗率（%）
钢模板	50	1	钢模板	150	1
复合木模	50	1	零星卡具	40	2
零星卡具	20	2	梁卡具	50	2
钢支撑	120	1	木支撑	10	5
木模板	5	5	木模板	5	5
木支撑	10	5	木楔	2	5
钢钉	10	5			
木楔	2	5			
尼龙帽	1	5			
草板纸	1	–			

木模板摊销量：

$$木模板摊销量=一次使用量\times摊销系数K \tag{2-72}$$

$$一次使用量=每计量单位构件模板接触面积\times每平方米接触面积需模板量\times(1+施工损耗率) \tag{2-73}$$

$$摊销系数K=周转使用量系数-\frac{(1-补损率)\times回收价值率}{周转次数}\times100\% \tag{2-74}$$

$$=\frac{1+(周转次数-1)\times补损率-(1-补损率)\times50\%}{周转次数}$$

其中

$$周转使用量系数=\frac{1+补损率\times(周转次数-1)}{周转次数}\times100\% \tag{2-75}$$

周转次数、补损率、施工损耗率见表2-19。

表2-19 木模板周转次数、补损率、施工损耗率

名 称	周转次数/次	补损率（%）	摊销系数K	施工损耗率（%）
圆柱	3	15	0.2917	5
异形梁	5	15	0.2350	5
整体楼梯、阳台	4	15	0.2563	5
小型构件	3	15	0.2917	5
支撑、垫板	15	10	0.1300	5
木楔	2	—	0.5000	5

② 模板摊销量计算示例：

【例2-13】 现以基础定额现浇有梁板组合钢模板定额（5－9）为例，其摊销量计算过程见表2-20。

解：

$$一次使用量=3567\times(1+1\%)\text{kg}/10\text{m}^3=3602.67\text{kg}/10\text{m}^3$$

$$摊销量=\frac{3602.67}{50}\text{kg}/10\text{m}^3=72.05\ \text{kg}/10\text{m}^3$$

依次计算填入表2-20。

表2-20 现浇有梁板组合钢模板材料摊销量（100m^2）

材料名称		100m^2接触面积 一次使用量	单位	周转次数/次	损耗率（%）	定额摊销量
工具式钢模板		3602.67	kg	50	1	72.05
木模板		0.289	m^3	5	5	0.058
留洞增加木模板		0.008	m^3	—	—	0.008
木支撑	使用钢支撑时	1.34	m^3	10	5	0.134
	使用木支撑时	8.285	m^3	10	5	0.828
木楔	使用钢支撑时	0.116	m^3	2	—	0.058
	使用木支撑时	0.166	m^3	2	—	0.083

（续）

材料名称		100m²接触面积		周转次数/次	损耗率（%）	定额摊销量
		一次使用量	单位			
零星卡具		705.02	kg	20	2	35.25
铁钉	使用钢支撑时	1.70	kg	—	2	1.70
	使用木支撑时	30.25	kg	—	2	30.25
8号钢丝	使用钢支撑时	22.14	kg	—	2	22.14
	使用木支撑时	32.48	kg	—	2	32.48
草板纸		取定	张	每1m² 0.3张×100		30.00
脱模隔离剂		取定	kg	每1m² 0.1kg×100		10.00
1:2水泥砂浆块		取定	m²	板用30×30×10×3块+梁40×40×25		0.007
22号钢丝		取定	kg			0.18
支撑钢管及扣件		6965.36	kg	120		58.04
梁卡具		272.85	kg	50		5.46

2）脚手架材料消耗指标：

$$定额摊销量=净摊销量\times(1+损耗率) \tag{2-76}$$

$$脚手架摊销量=\frac{单位一次使用量\times(1-残值率)\times一次使用期}{耐用期} \tag{2-77}$$

$$一次使用量=\frac{取定材料计算量}{取定墙面面积}\times100 \tag{2-78}$$

【例2-14】 已知某工程工期400天，其中80%的施工时间需使用自有脚手架，一次使用量为1000t，脚手架残值率为5%，耐用期为2000天，求脚手架摊销量。

解：

$$脚手架摊销量=\frac{单位一次使用量\times(1-残值率)\times一次使用期}{耐用期}$$

$$=\frac{1000\times(1-5\%)\times400\times80\%}{2000}\text{t}=152\text{t}$$

2.5.4 确定机械台班定额消耗量的基本方法

1. 机械台班定额消耗量的概念

机械台班定额消耗量，指施工机械在正常施工条件下完成单位合格产品所必需的工作时间，它反映了合理地、均衡地组织作业和使用机械时，该机械在单位时间内的生产效率。

机械台班定额消耗量与施工定额中机械台班消耗定额的最大不同，是确定消耗量的水平不同，机械台班定额消耗量采用的是社会平均水平，而施工定额中机械台班消耗定额采用的是平均先进水平，机械台班定额消耗量由政府颁布，社会普遍采用。而机械台班消耗定额都由施工企业自己制定，为本企业进行成本控制时采用。

2. 机械台班定额消耗量的确定

机械台班定额消耗量的计算具体分以下两种情况：

（1）配合劳动班组使用的机械台班消耗数量的确定　配合使用机械，指以人工操作为主，配备给施工班组使用的机械为辅的机械。中小型施工机械按小组配备，其台班产量受小组产量制约，故应以小组产量计算台班产量，不另增加机械幅度差。如垂直运输用塔式起重机、卷扬机，以及砂浆、混凝土搅拌机等。其计算公式为

$$分项定额机械台班使用量=\frac{分项定额计算单位值(或加工量)}{小组总产量} \tag{2-79}$$

式中

$$小组总产量=产量定额\times小组人数 \tag{2-80}$$

或

$$分项定额机械台班使用量=\frac{分项定额计量单位}{台班总产量} \tag{2-81}$$

（2）独立使用机械台班消耗数量的确定　独立使用机械，指在施工过程中，以机械作业为主、人工为辅的大型机械（如土石方工程施工中的推土机、挖掘机，桩基工程施工中的打桩机，安装工程施工中构件吊装的起重机等）或专用机械（如地基夯实施工过程中的蛙式打夯机、楼地面水磨石施工过程中的水磨石机械等）。独立使用机械在消耗量定额的台班定额消耗量应在劳动定额相应的机械台班定额基础上增加机械幅度差计算，其计算公式为

$$分项定额机械台班使用量=\frac{分项定额计算单位值}{机械台班产量定额}\times机械幅度差系数 \tag{2-82}$$

$$机械幅度差系数=1+机械幅度差 \tag{2-83}$$

3. 机械幅度差

机械幅度差指在劳动定额或施工定额中所规定的范围内没有包括，而在实际施工中又不可避免产生的影响机械效率或使机械停歇的时间。其内容包括：

1）施工中机械转移工作面及配套机械互相影响损失的时间。

2）在正常施工条件下，机械在施工中不可避免的工序间歇。

3）工程开工或结尾时工程量不饱满所损失的时间。

4）检查工程质量影响机械操作的时间。

5）临时停机、停电影响机械操作的时间。

6）机械维修引起的停歇时间等。

在计算消耗量定额机械台班消耗指标时，机械幅度差以系数表示。大机械幅度差系数：土方机械为1.25，打桩机械为1.33，吊装机械为1.3，其他分部工程专用机械，如蛙式打夯机、水磨石机等均为1.1。

【例2-15】　试编制液压正铲挖掘机（$1m^3$）挖三类土、自卸汽车（8t）运输5km的消耗量。

其中，每台挖掘机配备辅助用工2人，主要工作为工作面排水、现场行驶道路维护、清除铲斗内积土、配合洒水车等。

行驶道路配备洒水车（4000L），按挖掘机台班的25%配备，每台班上水4次。按挖掘机台班的60%配备推土机（75kW）台班，用于清理机下余土、卸土区平整及道路维修等。

挖掘机根据劳动定额，台班产量为$571m^3$，取定机械幅度差20%。根据劳动定额8t自卸汽车运输5km的台班产量$52.8m^3$，取定机械幅度差20%。

解： 每$1000m^3$三类土人工、材料、施工机械台班消耗量计算如下：

挖掘机（$1m^3$）：$\frac{1000}{571}\times(1+20\%)$台班 $=2.10$ 台班

自卸汽车（8t）：$\frac{1000}{52.8}\times(1+20\%)$台班 $=22.73$ 台班

推土机（75kW）：$2.10\times60\%$ 台班 $=1.26$ 台班

洒水车（4000L）：$2.1\times25\%$ 台班 $=0.53$ 台班

人工：根据挖掘机台班配备 2 人，即 2.1 工日 $\times2=4.2$ 工日

水：$0.53\times4.0m^3\times4=8.48m^3$

2.6 概算定额、概算指标和投资估算指标

2.6.1 概算定额

1. 概算定额的概念

概算定额又称扩大结构定额，规定了完成单位扩大分项工程或单位扩大结构构件所必需消耗的人工、材料和施工机械台班的数量及其费用标准。概算定额是以预算定额或消耗量定额（有些省份地区称为基础定额）和主要分项工程为基础，根据通用图和标准图等资料，经过适当综合扩大编制而成的定额。概算定额以长度（m）、面积（m^2）、体积（m^3）及每座小型独立构筑物等为计量单位进行计算。

概算定额的编制比消耗量定额的编制具有更大的综合性，按照《建设工程工程量清单计价规范》的要求，为适应工程招标投标的需求，有的地方消耗量定额中项目的综合已与概算定额项目一致，如挖土方只有一个项目，不再划分一、二、三、四类土。砖墙也只有一个项目，综合了外墙、半砖、一砖、一砖半、二砖、二砖半墙等。化粪池、水池等按“座”计算，综合了土方、砌筑或结构配件全部项目。

由于建设程序设计进度和时间的结束，造成了相同的工程内容，概算的精确程度低于消耗量定额，且概算额要高于消耗量定额。同时又由于概算定额中的项目综合了相同的工程内容的消耗量定额中的若干个分项，因而概算定额的编制很大程度上要比消耗量定额简化。

2. 概算定额的作用

概算定额的作用主要体现在以下几个方面：

1）概算定额是初步设计阶段编制设计概算和技术设计阶段编制修正概算的依据。

2）概算定额是对设计项目进行技术经济分析和比较的基础资料之一。

3）概算定额是编制建设项目主要材料计划的参考依据。

4）概算定额是编制概算指标的依据。

5）概算定额是编制招标控制价和投标报价的依据。

6）概算定额是工程结束后进行竣工决策的依据。

因此，概算定额对于合理使用建设资金和充分发挥投资效益具有极其重要的作用。

3. 概算定额编制依据

1）相关的国家和地区文件。

2）现行的建筑工程施工定额、消耗量定额（预算定额或者基础定额）。

3）有关的施工图预算及有代表性的工程决算资料。

4）近期具有典型性的标准设计图纸、标准图集、通用图集和相关的设计资料。

5）近期的设计标准、规范、施工标准和验收规范。

6）现行的人工工资标准、材料单价、机械台班使用单价。

4. 概算定额编制原则

1）概算定额应做到简明适用，便于计算。

2）概算定额应在消耗量定额（预算定额或者基础定额）的基础上进行适当综合扩大和简化计算。

3）必须把定额水平控制在一定的幅度之内，使消耗量定额与概算定额之间幅度差的极限值控制在5%以内，一般控制在3%左右，从而保证概算定额的质量。

4）为方便工程的管理工作，定额应尽可能适应设计、计划、统计和拨款的要求。

5）细算粗编。

2.6.2 概算定额的编制步骤、内容和方法

1. 概算定额编制步骤

（1）准备阶段 确定编制机构和人员组成，进行调查研究，明确编制范围和编制内容等，拟定编制方案。

（2）编制阶段 根据已制定的编制规划，调查研究，对收集到的设计图纸、资料进行细致的整理和分析，编制出概算定额初稿。

（3）测算阶段 测算新编概算定额与现行消耗量定额、原概算定额水平的差值，编制定额水平测算报告。根据需要对概算定额水平进行必要的调整。

（4）审批阶段 在征求有关部门、建设单位和施工企业的意见并修改之后形成审批稿，交国家主管部门审批并经批准之后立档成卷，并印刷发行。

2. 概算定额的内容

概算定额一般由文字说明（总说明、分部说明）、概算定额项目表和附录等组成。

（1）文字说明部分 文字说明部分有总说明和分部工程说明。总说明包含下列内容：

1）概算定额的性质和作用。

2）概算定额编纂形式和应注意的事项。

3）概算定额编制目的和适用范围。

4）有关定额的使用方法的统一规定。

（2）概算定额项目表

1）概算定额项目表定额项目的划分。定额项目一般按两种方法划分：一是按工程结构划分，二是按工程部位（分部）划分。

2）概算定额项目表。该表由若干分节定额组成。各节定额由工程内容、定额表和附注说明组成。

概算定额项目的排序，是按施工程序，以建筑结构的扩大结构构件和形象部位等划分章节的。定额前面列有说明和工程量计算规则。

3. 概算定额的编制方法

概算定额是在消耗量定额（预算定额或者基础定额）的基础上进行综合扩大而成的，

每一项概算定额项目都包括了数项消耗量定额的项目。

1）直接利用消耗量定额（预算定额或者基础定额）。如砖基础、钢筋混凝土基础、楼梯、阳台、雨篷等。

2）在消耗量定额（预算定额或者基础定额）的基础上再合并其他次要项目。如墙身包括伸缩缝；地面包括平整场地、垫层、找平层、面层等。

3）改变计量单位。如屋架、天窗架等不按立方米计算，而按屋面水平投影面积计算。

4）工程量计算规则进一步简化。如砖基础、条形基础以轴线（或中心线）长度乘截面面积计算；内外墙均以轴线（或中心线）长度乘高度扣门窗洞口面积计算；烟囱、水塔按座计算等。

5）采用标准设计图的项目，可以根据预先编好的标准预算计算。如构筑物中的烟囱、水塔、水池等，按每座标准计算。

2.6.3　概算指标

1. 概算指标的概念

概算指标在概算定额的基础上进一步综合扩大，以建筑物和构筑物为对象，以建筑面积、体积或成套设备装置的台或组为计量单位，规定所需人工、材料及施工机械台班消耗数量指标及其费用指标。

如一栋办公楼，当其结构选型和主要构造已知时，它的消耗指标是多少？如果是公寓，$1m^2$的造价是多少？如果是工业厂房，$1000m^3$的造价和消耗指标是多少？20m 宽的高速公路，1km 的造价和消耗指标是多少？

概算指标比概算定额进一步综合和扩大。所以，依据概算指标来编制设计概算，可以更为简单方便，但其精确度就更差了。

在内容的表达上，概算指标可分为综合形式和单项形式。综合形式的概算指标概括性比较大，一般以民用与工业的不同分类；或以建筑物的结构体系类型（如装配式或框架式等）分类。单项形式的概算指标以一幢建筑物或构筑物为对象，列出其各种内容和数据。

2. 概算指标的作用

概算指标的主要作用有以下几点：

1）概算指标是建设管理部门编制投资估算和编制建设计划、估算主要材料用量计划、确定投资额的依据。

2）概算指标是进行设计技术经济分析，衡量设计水平，考核工程建设成本的标准之一。

3）概算指标是设计单位编制初步设计概算、选择设计方案的依据。

4）概算指标是建筑企业编制劳动力、材料计划，实行经济核算的依据。

5）概算指标是考核建设投资效果的依据。

3. 概算指标的内容

概算指标比概算定额更加综合扩大，其主要内容包括以下部分。

（1）总说明　总说明用来说明概算指标的作用、编制依据和使用方法。

（2）示意图　示意图表明工程结构的形式，工业项目还可以表示出起重机及起重能力等。必要时，画出工程剖面图，或者加平面简图，借以表明结构形式和使用特点（有起重设备的，需要表明）。

（3）结构特征　结构特征说明结构类型，如单层、多层、高层；砖混结构、框架结构、钢结构和建筑面积等。

（4）主要构造　主要构造说明基础、内墙、外墙、梁、柱、板等构件情况。

（5）经济指标　经济指标说明该项目每 $100m^2$ 或每座构筑物的造价指标，以及其中土建、水暖、电器照明等单位工程的相应造价。

（6）分部分项工程构造内容及工程量指标　说明该工程项目各分部分项工程的构造内容，相应计量单位的工程量指标，以及人工、材料消耗指标。

4. 概算指标的编制依据

1）标准设计图集和各类典型工程的图纸。

2）现行的概算指标和消耗量定额、补充定额资料和补充单位估价表。

3）近期相应地区的人工工资标准、材料价格、机械台班使用单价等。

4）国家颁发的建筑标准，设计、施工规范及其他有关规范。

5）积累的工程造价资料。

6）国家、省、自治区、直辖市批准颁发的有关提高建筑经济效果和降低造价方面的文件。

5. 概算指标的编制原则

1）按社会平均水平确定概算指标的原则。

2）概算指标的内容和表现形式，要贯彻简明适用的原则。

3）概算指标的编制依据，必须具有代表性。

6. 概算指标的编制方法

（1）准备阶段　主要成立编制小组，拟定编制方案。包括收集图纸资料，确定编制内容和表现形式，制定概算指标的有关方针、政策和技术性问题。

（2）编制阶段　主要选定图纸，并根据图纸资料和已完成的工程造价资料计算工程量，编制单位工程预算书，以及按编制方案确定的指标内容中的人工及主要材料消耗指标，填写概算指标的表格。

每 $100m^2$ 建筑面积造价指标编制方法如下：

1）编写资料审查意见及填写设计资料名称、设计单位、设计日期、建筑面积及构造情况，提出审查和修改意见。

2）在计算工程量的基础上，编制单位工程预算书，以确定每 $100m^2$ 建筑面积及构造情况，以及人工、材料、机械消耗指标和单位造价的经济指标。

① 计算工程量。就是根据审定的图纸和消耗量定额计算出建筑面积及各分部分项工程量，然后按编制方案规定的项目进行归并，并以每 $100m^2$ 建筑面积为计算单位，换算出所对应的工程量指标。例如，计算某民用住宅的典型设计的工程量，知道其条形毛石基础的工程量为 $128.3m^3$，该建筑物为 $980m^2$，则 $100m^2$ 的该建筑物的条形毛石基础工程量指标为

$$128.3/980 \times 100m^3 = 13.09m^3$$

其他各结构工程量指标的计算依此类推。

② 根据计算出的工程量和消耗量定额等资料编制预算书，求出每 $100m^2$ 建筑面积的预算造价及工、料、机费用和材料消耗量指标。

构筑物以座为单位编制概算指标，因此在计算完工程量、编出预算书后不必进行换算，预算书确定的价值就是每座构筑物概算指标的经济指标。

(3) 审核定案及审批阶段　概算指标初步确定后要进行审查和平衡分析，进行必要的修整后审查定稿。

【例 2-16】 有一建筑物其建筑体积为 $1000m^3$，土建工程概算造价为 500000 元，给排水工程概算造价为 50000 元，汇总概算造价为 550000 元，根据以上资料计算单位工程造价和单项工程造价。

解： 每立方米建筑物体积的给排水工程造价 = 50000/1000 元 = 50 元

每立方米建筑物体积的土建工程造价 = 500000/1000 元 = 500 元

每立方米建筑物体积的单项工程造价 = 550000/1000 元 = 550 元

2.6.4 投资估算指标

1. 投资估算指标的概念

投资估算指标是以建设项目、单项工程、单位工程为对象，反映其建设总投资及其各项费用构成的经济指标。

投资估算指标是在项目建议书、可行性研究报告的编制等前期工作阶段进行投资估算的依据。它是对建设项目的建设规模、产品方案、工艺技术、工程方案及项目实施进度等进行研究，对建设项目进行综合经济评价后提出的，也可作为编制固定资产长远投资额的参考。

2. 投资估算指标的作用

1）投资估算指标是编制项目建议书、可行性研究报告，及项目决策的重要依据之一。

投资估算指标是确定和完成建设项目投资估算的依据和手段。

2）投资估算指标在固定资产的形成过程中起着投资预测、投资控制、投资效益分析的作用。

3）投资估算指标是项目投资的控制目标之一。投资估算不仅是编制初步设计概算的依据，同时还对初步设计概算起控制作用。

4）投资估算对项目进行筹资决策和投资决策提供重要依据。对于确定融资方式、进行经济评价和方案优选都起着重要作用。

投资估算指标的正确制订对于提高投资估算的准确度，建设项目的合理评估、正确决策具有重大意义。

3. 投资估算指标的内容

投资估算指标是对建设项目全过程各项投资支出进行确定和控制的技术经济指标，其范围涉及工程建设项目的各个阶段的费用支出，内容因行业不同一般可分为建设项目综合指标、单项工程指标和单位工程指标三个层次。

(1) 建设项目综合指标　建设项目综合指标指按规定应列入建设项目总投资的、从立项筹建至竣工验收交付使用的全部投资额，包括单项工程投资、工程建设其他费用和预备费等。建设项目综合指标一般以项目的综合生产能力单位投资表示，如元/t。

(2) 单项工程指标　指按照相关规定列入并能够独立发挥生产能力和使用效益的单项工程内的全部投资额。包括建筑安装工程费、设备购置费、生产工器具购置费和可能包含的其他费用。单项工程指标一般以单项工程生产能力单位投资如元/t 或其他单位表示。如：

变配电站，元/(kV·A)；办公室、宿舍、住宅等房屋则区别不同结构形式以元/m^2表示。

(3) 单位工程指标　指按规定应列入能独立设计和施工，但不能独立发挥生产能力和使用效益的工程项目的费用，即建筑安装工程费用。单位工程指标一般表示为元/m^2；构筑物一般以元/座表示，如水塔；管道一般以元/m 表示。

4. 投资估算指标的编制原则

由于投资估算指标属于项目建设前期进行估算投资的技术经济指标，它不但要反映实施阶段的静态投资，还必须反映项目建设前期和交付使用期内发生的动态投资，以投资估算指标为依据编制的投资估算，包含项目建设的全部投资额。这就要求投资估算指标比其他各种计价定额具有更大的综合性和概括性。因此，投资估算指标的编制工作，还应考虑以后几年编制建设项目建议书和可行性研究报告投资估算的需要，指标的分类、项目划分、项目内容、表现形式等，要与项目建议书、可行性研究报告的编制深度相适应；投资估算指标的编制要反映不同专业、不同项目和不同工程的特点，编制内容、典型工程的选择，必须遵循国家的有关建设方针政策，符合国家技术发展方向；投资估算指标的编制要贯彻静态和动态相结合的原则，充分考虑建设期的动态因素，即价格、建设期利息、涉外工程的汇率等因素的变动，导致指标的量差、价差、利息差、费用差等"动态"因素对投资估算的影响，尽可能减少这些动态因素对投资估算准确性的影响，使指标具有较强的实用性和可操作性。

5. 编制投资估算指标的主要依据

1) 影响建设工程投资的动态因素，如利率、汇率等。

2) 专门机构发布的建设工程造价及费用组成、计算方法及其他相关估算工程造价的文件。

3) 专门机构发布的工程建设其他费用的计算方法，以及政府部门发布的物价指数。

4) 主要工程项目、辅助工程项目及其他单项工程的建设内容及工程量。

5) 已建同类工程项目的投资档案资料。

6. 投资估算指标的编制方法和步骤

投资估算指标的编制工作，涉及建设项目的产品规模、产品方案、工艺流程、设备选型、工程设计和技术经济等各个方面，既要考虑到现阶段技术状况，又要展望近期技术发展趋势和设计动向，从而可以指导以后建设项目的实践。投资估算指标的编制应成立专业齐全的编制小组，编制人员应具备较高的专业素质。投资估算指标的编制应当制订一个从编制原则、编制内容、指标的层次相互衔接、项目划分、表现形式、计量单位、计算、复核、审查程序到相互应有的责任制等内容的编制方案或编制细则，以便编制工作有章可循。投资估算指标的编制一般分为三个阶段进行。

(1) 收集整理资料阶段　收集整理已经建成或正在建设的、符合现行技术政策和技术发展方向、有可能重复采用的、有代表性的工程设计施工图、标准设计以及相应的竣工决算或施工图预算资料等，对调查收集到的资料要选择占投资比重大、相互关联多的项目进行认真的分析整理。将整理后的数据资料按项目划分栏目加以归类，按照编制年度的现行定额、费用标准和价格，调整成编制年度的造价水平及相互比例。

(2) 平衡调整阶段　调查收集资料虽然经过一定的分析整理，但是由于资料来源不同，设计方案、建设条件和建设时间上的差异带来的某些影响会导致数据失准或漏项等，因此必须对收集的有关资料进行综合平衡调整。

（3）测算审查阶段 测算是将新编的指标和选定工程的概预算，在同一价格条件下进行比较，检验其“量差”的偏离程度是否在允许偏差的范围以内，如偏差过大，则要查找原因，进行修正，以保证指标的确切、实用。此项工作应由专人进行，以保持测算口径的统一，测算完毕后在此基础上组织有关专业人员予以全面审查定稿。

习 题

1. 什么是定额？什么是工程定额？
2. 工程定额是如何分类的？有哪些类型？
3. 工程定额编制的依据和步骤有哪些？
4. 什么是定额水平？为什么要分为社会平均水平与平均先进水平？
5. 什么是施工过程？它有哪些特点？
6. 施工过程的影响因素有哪些？
7. 为什么要进行工作时间研究？有哪些方法？
8. 请举出一工程实例，具体说明哪些工作时间应计入定额时间，哪些工作时间不计入定额时间，并说明原因。
9. 技术测定法是如何测定人工和机械工作时间消耗量的？
10. 施工定额的内容和作用有哪些？
11. 施工定额与消耗量定额有哪些区别？
12. 施工定额中的人工消耗定额与消耗量定额中的人工定额消耗量有何不同？请举例说明。
13. 施工定额中的材料消耗定额与消耗量定额中的材料定额消耗量有何不同？请举例说明。
14. 施工定额中的机械台班消耗定额与消耗量定额中的机械台班定额消耗量有何不同？请举例说明。
15. 编制概算定额的方法及原则有哪些？
16. 概算定额与概算指标有何差异？
17. 投资估算指标内容有哪些？
18. 概算指标的编制与投资估算指标编制有哪些异同点？

第 3 章

工程造价的构成

本章学习重点

通过对建设项目工程造价构成的学习，重点分清和理解两种工程造价构成的划分。其一，掌握按构成要素划分的人工费、材料及工程设备费、施工机具使用费、企业管理费、利润、规费和税金等费用的具体组成。其二，掌握按造价形成顺序划分的分部分项工程费、措施项目费、其他项目费用、规费和税金的具体构成。并掌握两种划分的关系。同时熟悉设备购置费的构成及计算、工程建设其他费用构成、预备费及建设期利息等内容。工程造价构成是工程造价专业人员必须掌握的最重要的也是最基础的知识。

根据工程造价的含义和内容，工程造价是工程项目建造预计或实际支出的建设费用的总和；研究和确定工程造价的构成，是建筑工程计量与计价的基础，是有效控制和管理工程造价的前提。

工程造价的构成按照工程项目建设过程中所有支出的费用性质和途径来确定，其基本构成中，包括用于购买建设项目所含各种设备的费用，用于建筑施工和安装施工所需支出的费用，用于委托工程勘察设计应支付的费用，用于购置土地所需的费用，也包括用于建设单位自身进行项目筹建和项目管理所需花费的费用等。总之，工程造价构成应考虑工程项目建造所需的所有费用，也是工程项目按照确定的建设内容、建设规模、建设标准、功能要求和使用要求等全部建成并验收合格交付使用所需的全部费用。

3.1 建设项目工程造价构成

按照我国现行规定，建设项目总投资是为完成工程项目建设并达到使用要求或生产条件，在建设期内预计或实际投入的全部费用的总和。生产性建设项目总投资由建设投资、建设期利息和流动资金三部分构成；非生产性建设项目总投资包括建设投资和建设期利息两部分，其中建设投资和建设期利息之和等于固定资产投资，固定资产投资与建设项目的工程造价在量上相等。所以，建设项目工程造价就是项目的固定资产投资。

工程造价中的主要构成部分是建设投资，建设投资是为了完成工程建设项目，在建设期内投入并且形成现金流出的全部费用，按照国家规定，建设投资包括工程费用、工程建设其他费用和预备费三部分。

工程费用指建设期内直接用于工程建设、设备购置及其安装的建设投资，可以分为建筑安装工程费用和设备及工器具购置费用。

工程建设其他费用指建设期发生的与土地使用权取得、整个工程项目建设以及未来生产经营有关的构成建设投资但不包括在工程费用中的费用。

预备费指在建设期内为各种不可预见因素的变化而预留的可能增加的费用，包括基本预备费和价差预备费。

固定资产投资还包括固定资产投资方向调节税，固定资产投资方向调节税是国家为贯彻产业政策、引导投资方向、调整投资结构而征收的投资方向调整税金。该税种目前仍然存在，但按照国家规定已暂停征收。

建设项目总投资及建设项目工程造价构成如图 3-1 所示。

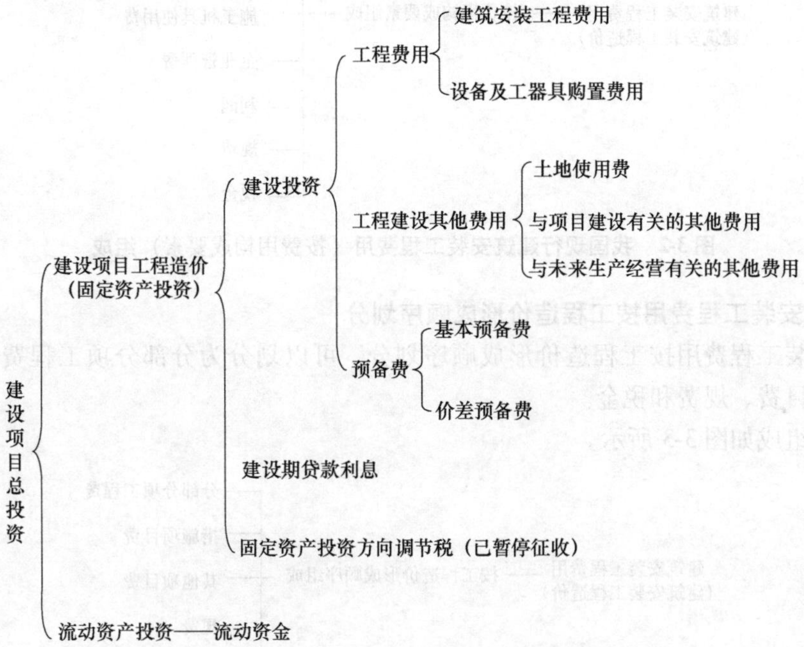

图 3-1　我国现行建设项目工程造价构成示意图

3.2　建筑安装工程费用项目组成

为了加强工程建设的管理，有利于合理确定工程造价，提高建设投资效益，国家统一规定了建筑安装工程费用项目的组成。这是我国工程造价管理体系的特点之一，即工程造价组成具有规范性和规定性。这样规定，有利于统一工程建设的标准，使建设项目特别是国家投资建设项目各方参与主体在编制设计概算、工程预算、工程结算、工程招标投标、工程造价指标等方面的工作有了共同的依据。

建设项目工程造价中，最主要也是最活跃的是建筑安装工程费用。建筑安装工程费用也称为建筑安装工程造价。按照工程造价的两种含义来讲，建设项目工程造价可以理解为第一种含义的工程造价，建筑安装工程造价则是第二种含义的工程造价。在建设项目管理活动中，主要接触和处理最多的是建筑安装工程造价，简称建安工程造价。在实际工作中，如果没有特别说明，分析讨论的工程造价大多指建安工程造价。

按照我国住房和城乡建设部、财政部发布的《建筑安装工程费用项目组成》（建标［2013］44 号）文件规定，将建筑安装工程费用项目组成划分为两种组成形式。

1. 建筑安装工程费用按费用构成要素划分

建筑安装工程费用按费用构成要素划分，可以划分为人工费、材料费（包括工程设备费）、施工机具使用费、企业管理费、利润、规费和税金。

其具体组成如图 3-2 所示。

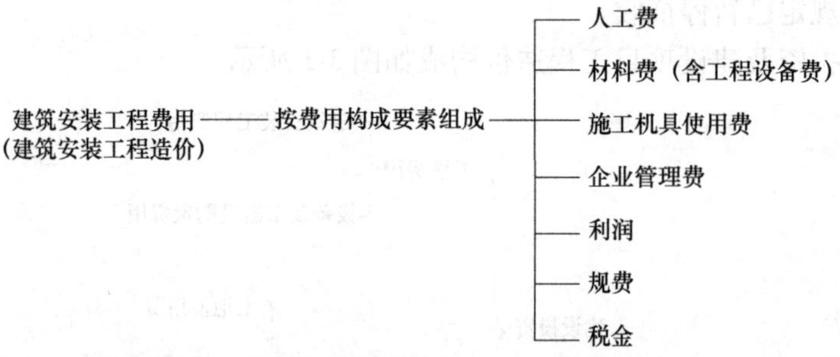

图 3-2　我国现行建筑安装工程费用（按费用构成要素）组成

2. 建筑安装工程费用按工程造价形成顺序划分

建筑安装工程费用按工程造价形成顺序划分，可以划分为分部分项工程费、措施项目费、其他项目费、规费和税金。

其具体组成如图 3-3 所示。

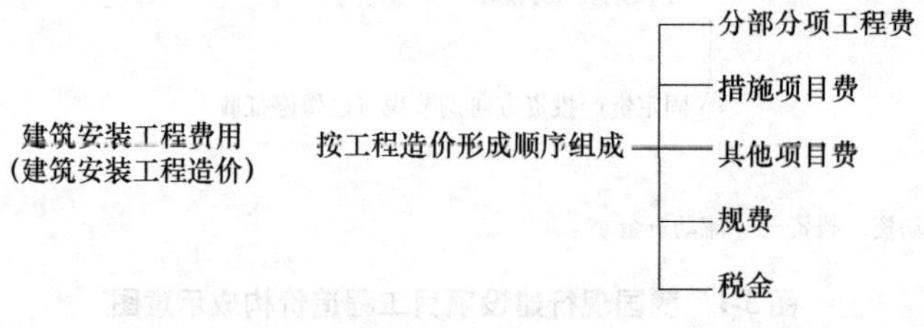

图 3-3　我国现行建筑安装工程费用（按工程造价形成顺序）组成

3.2.1　按费用构成要素划分的建筑安装工程费用项目组成

按费用构成要素划分的建筑安装工程费用项目组成如图 3-4 所示。

1. 人工费

人工费指按工资总额构成规定，支付给直接从事建筑安装工程施工作业的生产工人和附属生产单位工人的各项费用。其内容包括：

（1）计时工资或计件工资　指按计时工资标准和工作时间或对已做工作按计件单价支付给个人的劳动报酬。

（2）奖金　指对超额劳动和增收节支支付给个人的劳动报酬。如节约奖、劳动竞赛奖等。

（3）津贴、补贴　指为了补偿职工特殊或额外的劳动消耗和因其他特殊原因支付给个人的津贴，以及为了保证职工工资水平不受物价影响支付给个人的物价补贴。如流动施工津贴、特殊地区施工津贴、高温（寒）作业临时津贴、高空津贴等。

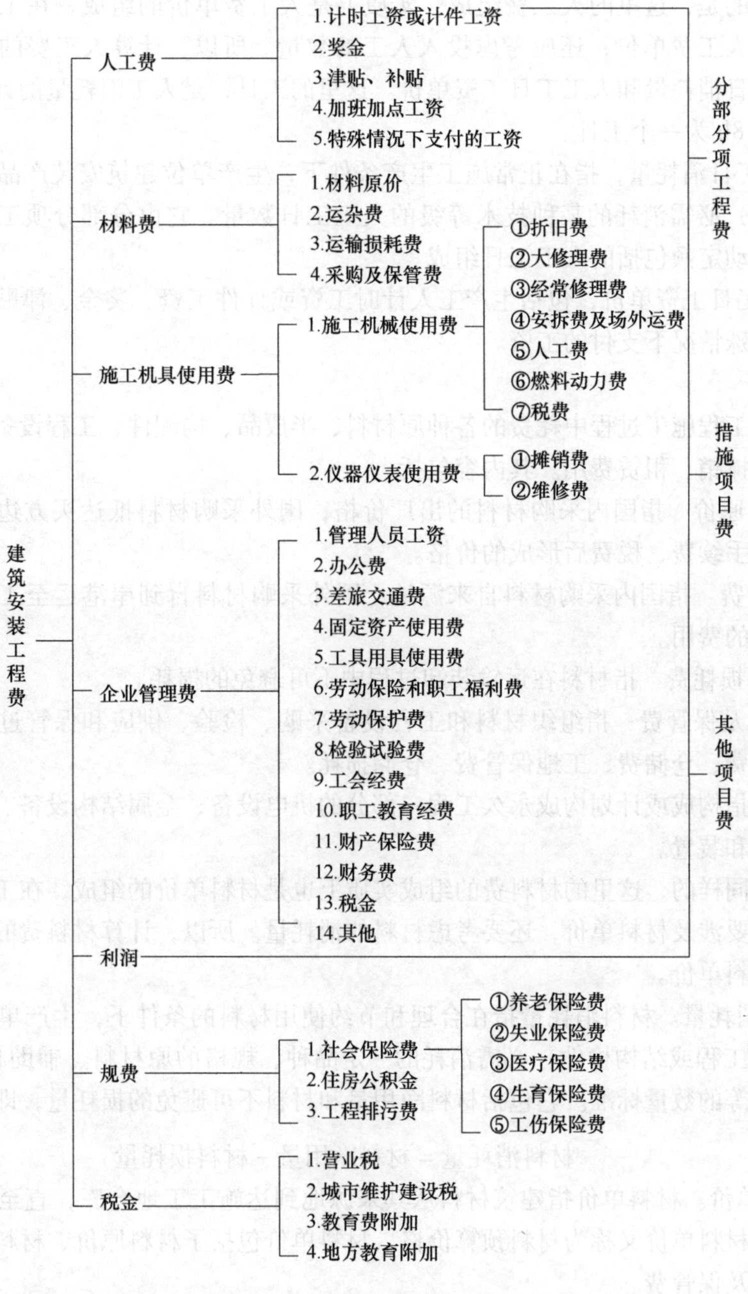

图 3-4　按费用构成要素划分的建筑安装工程费用项目组成

（4）加班加点工资　指按规定支付的在法定节假日工作的加班工资和在法定日工作时间外延时工作的加点工资。

（5）特殊情况下支付的工资　指根据国家法律、法规和政策规定，因病、工伤、产假、计划生育假、婚丧假、事假、探亲假、定期休假、停工学习、执行国家或社会义务等原因按计时工资标准或计时工资标准的一定比例支付的工资。

应该注意的是，这里的人工费组成，实质上是人工费单价的组成，在工程中计算人工费，除了考虑人工费单价，还应考虑投入人工的数量。所以，计算人工费的基本要素有两个，即人工工日消耗量和人工工日工资单价。这里的工日，是人工消耗量的计量单位，一个工人正常工作 8h 为一个工日。

1）人工工日消耗量，指在正常施工生产条件下，生产单位建筑安装产品（分部分项工程或结构构件）必需消耗的某种技术等级的人工工日数量。它由分部分项工程所综合的各个工序施工劳动定额包括的人工工日组成。

2）人工工日工资单价，包括生产工人计时工资或计件工资、奖金、津贴、补贴、加班加点工资及特殊情况下支付的工资。

2. 材料费

材料费指工程施工过程中耗费的各种原材料、半成品、构配件、工程设备的费用，以及周转材料等的摊销、租赁费用。其内容包括：

（1）材料原价　指国内采购材料的出厂价格，国外采购材料抵达买方边境、港口或车站并交纳各种手续费、税费后形成的价格。

（2）运杂费　指国内采购材料自来源地，国外采购材料自到岸港运至工地仓库或指定堆放地点发生的费用。

（3）运输损耗费　指材料在运输装卸过程中不可避免的损耗。

（4）采购及保管费　指组织材料和工程设备采购、检验、供应和保管过程中发生的费用。包括采购费、仓储费、工地保管费、仓储损耗。

工程设备指构成或计划构成永久工程一部分的机电设备、金属结构设备、仪器装置及其他类似的设备和装置。

与人工费同样的，这里的材料费的组成实质上也是材料单价的组成，在工程中具体计算材料费时，既要涉及材料单价，还要考虑材料的消耗量。所以，计算材料费的基本要素是材料消耗量与材料单价。

1）材料消耗量。材料消耗量指在合理和节约使用材料的条件下，生产单位建筑安装产品（分部分项工程或结构构件）必需消耗的一定品种、规格的原材料、辅助材料、构配件、零件、半成品等的数量标准。它包括材料净用量和材料不可避免的损耗量，即

$$\text{材料消耗量} = \text{材料净用量} + \text{材料损耗量} \tag{3-1}$$

2）材料单价。材料单价指建筑材料从其来源地到达施工工地仓库，直至出库形成的综合平均单价。材料单价又称为材料预算价格。材料单价包括了材料原价、材料运杂费、运输损耗费、采购及保管费。

材料费的基本计算公式为

$$\text{材料费} = \sum(\text{材料消耗量} \times \text{材料单价}) \tag{3-2}$$

在确定材料单价时，涉及材料原价和材料运杂费，对同一种材料，因来源地、供应厂家或运输距离不同，有几种价格时，要根据材料来源地、运输距离等，采用加权平均的方法计算材料原价和运杂费。运输损耗费一般通过损耗率来规定损耗标准，采购及保管费也通过规

定采购及保管费率来确定费用数量。

运输损耗费计算公式为

$$运输损耗费=(材料原价+运杂费)\times 运输损耗率 \tag{3-3}$$

采购及保管费计算公式为

$$采购及保管费=(材料原价+运杂费+运输损耗费)\times 采购及保管费率 \tag{3-4}$$

上述四项费用的计算，可以综合成一个计算公式：

$$材料费(材料预算价格)=[(材料原价+运杂费)\times(1+运输损耗率)]\times(1+采购及保管费率) \tag{3-5}$$

3. 施工机具使用费

施工机具使用费指施工作业所发生的施工机械、仪器仪表使用费或其租赁费。

(1) 施工机械使用费　指施工机械作业发生的使用费或租赁费。它以施工机械台班耗用量乘以施工机械台班单价表示。施工机械台班单价指折合到每台班的施工机械使用费，由下列七项费用组成：

1) 折旧费：指施工机械在规定的使用年限内，陆续收回其原值的费用。

2) 大修理费：指施工机械按规定的大修理间隔台班进行必要的大修理，以恢复其正常功能所需的费用。

3) 经常修理费：指施工机械除大修理以外的各级保养和临时故障排除所需的费用。包括为保障机械正常运转所需替换设备与随机配备工具附具的摊销和维护费用，机械运转中日常保养所需润滑与擦拭的材料费用及机械停滞期间的维护和保养费用等。

4) 安拆费及场外运费：安拆费指施工机械（大型机械除外）在现场进行安装与拆卸所需的人工、材料、机械和试运转费用以及机械辅助设施的折旧、搭设、拆除等费用；场外运费指施工机械整体或分体自停放地点运至施工现场或由一施工地点运至另一施工地点的运输、装卸、辅助材料及架线等费用。

5) 人工费：指机上驾驶员（司炉）和其他操作人员的人工费。

6) 燃料动力费：指施工机械在运转作业中所消耗的各种燃料及水、电等产生的费用。

7) 税费：指施工机械按照国家规定应缴纳的车船使用税、保险费及年检费等。

(2) 仪器仪表使用费　指工程施工所需使用的仪器仪表的摊销及维修费用。

施工机具使用费计算公式为

$$施工机具使用费=施工机械使用费+仪器仪表使用费 \tag{3-6}$$

同样，施工机械使用费的组成实际上是施工机械台班单价的组成，计算施工机械使用费的基本要素是施工机械台班消耗量和机械台班单价，一台机械正常工作 8h 为一个机械台班。计算施工机械使用费既要考虑机械台班单价，也要考虑机械台班消耗量。

1) 施工机械台班消耗量，指在正常施工条件下，生产单位建筑安装产品（分部分项工程或结构构件）必需消耗的某类某种型号施工机械的台班数量。

2) 机械台班单价，由七项费用组成，包括台班折旧费、台班大修费、台班经常修理费、台班安拆费及场外运费、台班人工费、台班燃料动力费及台班车船税费。

施工机械使用费计算公式为

$$施工机械使用费=\sum(施工机械台班消耗量\times 机械台班单价) \tag{3-7}$$

$$机械台班单价=台班折旧费+台班大修费+台班经常修理费+台班安拆费及场外运费+台班人工费+台班燃料动力费+台班车船税费 \tag{3-8}$$

目前在工程建设中，大量使用租赁的建筑机械，此时计算公式为

$$施工机械使用费=\sum(施工机械台班消耗量\times机械台班租赁单价) \tag{3-9}$$

仪器仪表使用费计算公式为

$$仪器仪表使用费=工程使用的仪器仪表摊销费+维修费 \tag{3-10}$$

4. 企业管理费

企业管理费指施工单位为组织施工生产和经营管理所发生的费用。内容包括：

（1）管理人员工资　指按规定支付给管理人员的计时工资、奖金、津贴、补贴、加班加点工资及特殊情况下支付的工资等。

（2）办公费　指企业管理办公用的文具、纸张、账表、印刷、邮电、书报、办公软件、现场监控、会议、水电、烧水和集体取暖降温（包括现场临时宿舍取暖降温）等费用。

（3）差旅交通费　指职工因公出差、调动工作的差旅费、住勤补助费，市内交通费和误餐补助费，职工探亲路费，劳动力招募费，职工退休、退职一次性路费，工伤人员就医路费，工地转移费以及管理部门使用的交通工具的油料、燃料等费用。

（4）固定资产使用费　指管理和试验部门及附属生产单位使用的属于固定资产的房屋、设备、仪器等的折旧、大修、维修或租赁费。

（5）工具用具使用费　指企业施工生产和管理使用的不属于固定资产的工具，器具，家具，交通工具和检验、试验、测绘、消防用具等的购置、维修和摊销费。

（6）劳动保险和职工福利费　指由企业支付的职工退职金、按规定支付给离休干部的经费、集体福利费、夏季防暑降温费、冬季取暖补贴、上下班交通补贴等。

（7）劳动保护费　是企业按规定发放的劳动保护用品的支出，如工作服、手套、防暑降温饮料以及在有碍身体健康的环境中施工的保健费用等。

（8）检验试验费　指施工企业按照有关标准规定，对建筑以及材料、构件和建筑安装物进行一般鉴定、检查所发生的费用，包括自设实验室进行实验所耗用的材料费等费用。不包括新结构、新材料的试验费，对构件做破坏性试验及其他特殊要求检验试验的费用和建设单位委托检测机构进行检测的费用，对此类检测发生的费用，由建设单位在工程建设其他费用中列支。但对施工企业提供的具有合格证明的材料进行检测不合格的，该检测费用由施工企业支付。

（9）工会经费　指企业按《中华人民共和国工会法》规定的全部职工工资总额比例计提的工会经费。

（10）职工教育经费　指按职工工资总额的规定比例计提，企业为职工进行专业技术和职业技能培训、专业技术人员继续教育、职工职业技能鉴定、职业资格认定以及根据需要对职工进行各类文化教育所发生的费用。

（11）财产保险费　指施工管理用财产、车辆等的保险费用。

（12）财务费　指企业为施工生产筹集资金或提供预付款担保、履约担保、职工工资支付担保等所发生的各种费用。

（13）税金 指企业按规定缴纳的房产税、车船使用税、土地使用税、印花税等。

（14）其他 包括技术转让费、技术开发费、投标费、业务招待费、绿化费、广告费、公证费、法律顾问费、审计费、咨询费、保险费等。

企业管理费一般按照计算基数与企业管理费费率的乘积计算，按照计算基数的不同，企业管理费可以按以下两种情况计算：

1）以定额人工费为计算基数。

$$企业管理费=定额人工费合计\times企业管理费费率 \tag{3-11}$$

2）以定额人工费与定额机械费之和为计算基数。

$$企业管理费=(定额人工费+定额机械费)\times企业管理费费率 \tag{3-12}$$

企业管理费费率根据计算基数的不同，分为以下三种：

1）以分部分项工程费为计算基础：

$$企业管理费费率(\%)=\frac{生产工人年平均管理费}{年有效施工天数\times人工单价}\times人工费占分部分项工程费比例(\%) \tag{3-13}$$

2）以人工费和机械费合计为计算基础：

$$企业管理费费率(\%)=\frac{生产工人年平均管理费}{年有效施工天数\times(人工单价+每一工日机械使用费)}\times100\% \tag{3-14}$$

3）以人工费为计算基础：

$$企业管理费费率(\%)=\frac{生产工人年平均管理费}{年有效施工天数\times人工单价}\times100\% \tag{3-15}$$

5. 利润

建筑安装工程造价中的利润，指施工单位从事建筑安装工程施工所获得的盈利。利润的计算因计算基数的不同而不同。

1）以定额人工费为计算基数。

$$利润=定额人工费合计\times相应利润率 \tag{3-16}$$

2）以定额人工费与定额机械费之和为计算基数。

$$利润=(定额人工费+定额机械费)\times相应利润率 \tag{3-17}$$

在建筑产品的市场定价过程中，施工企业应根据企业自身需求并结合建筑市场竞争状况自主确定利润水平。取定的利润水平过高，可能会导致丧失一定的市场机会，取定的利润水平过低，又会面临很大的市场风险，相对于相对固定的成本水平来说，利润率的选定体现了企业的投标报价政策，利润率的确定是否合理也反映企业的市场成熟度。

6. 规费

规费指按国家法律、法规规定，由省级政府和省级有关权力部门规定施工企业必须缴纳，应计入建筑安装工程造价的费用。

建设单位和施工企业均应按照省、自治区、直辖市或行业建设主管部门发布的标准计算规费，不得作为竞争性费用。规费包括：

（1）社会保险费 社会保险费指在社会保险基金的筹集过程当中，企业和企业职工按照规定的数额和期限向社会保险管理机构缴纳的费用。包括：

1）养老保险费：指企业按照规定标准为职工缴纳的基本养老保险费。

2）失业保险费：指企业按照规定标准为职工缴纳的失业保险费。

3）医疗保险费：指企业按照规定标准为职工缴纳的基本医疗保险费。

4）生育保险费：指企业按照规定标准为职工缴纳的生育保险费。

5）工伤保险费：指企业按照规定标准为职工缴纳的工伤保险费。

（2）住房公积金　指企业按规定标准为职工缴纳的住房公积金。

（3）工程排污费　指企业按规定缴纳的施工现场工程排污费。

其他应列而未列入的规费，按实际发生计取。

社会保险费应以定额人工费为计算基础，根据工程所在地省、自治区、直辖市或行业建设主管部门规定费率计算。

$$社会保险费 = \sum(定额人工费 \times 社会保险费率) \tag{3-18}$$

住房公积金也应以定额人工费为计算基础，根据工程所在地省、自治区、直辖市或行业建设主管部门规定费率计算。

$$住房公积金 = \sum(定额人工费 \times 住房公积金费率) \tag{3-19}$$

社会保险费率和住房公积金费率以每万元发承包价的生产工人人工费和管理人员工资含量与工程所在地规定的缴纳标准综合分析取定。

工程排污费等其他应列而未列入的规费应按工程所在地环境保护等部门规定的标准缴纳，按实计取列入。

7. 税金

建筑安装工程税金指按照国家税法规定，应计入建筑安装工程造价内的营业税、城市维护建设税、教育费附加以及地方教育附加。

建设单位和施工企业均应按照省、自治区、直辖市或行业建设主管部门发布的标准计算税金，不得作为竞争性费用。

1）营业税按计税营业额乘以营业税税率确定。其中，建筑安装企业营业税税率为3%。计算公式为

$$应纳营业税 = 计税营业额 \times 3\% \tag{3-20}$$

计税营业额指从事建筑、安装、修缮、装饰及其他工程作业收取的全部收入，还包括建筑、修缮、装饰工程所用原材料及其他物资和动力的价款。当安装的设备的价值作为安装工程产值时，也包括所安装设备的价款。但建筑安装工程总承包方将工程分包给他人的，其营业额中不包括付给分包方的价款。营业税的纳税地点为应税劳务的发生地。

2）城市维护建设税是为筹集城市维护和建设资金，稳定和扩大城市、乡镇维护建设的资金来源，而对有经营收入的单位和个人征收的一种税。

城乡维护建设税按应纳营业税额乘以适用税率确定，计算公式为

$$应纳税额 = 应纳营业税额 \times 适用税率(\%) \tag{3-21}$$

城乡维护建设税的纳税地点在市区的，其适用税率为营业税的7%；所在地为县镇的，其适用税率为营业税的5%，所在地为农村的，其适用税率为营业税的1%。城乡维护建设

税的纳税地点与营业税的纳税地点相同。

3）教育费附加按应纳营业税额乘以 3% 确定。计算公式为

$$应纳税额 = 应纳营业税额 \times 3\% \tag{3-22}$$

建筑安装企业的教育费附加要与其营业税同时缴纳。即使办有职工子弟学校的建筑安装企业，也应当先缴纳教育费附加，教育部门可根据企业的办学情况，酌情返还给办学单位，作为对办学经费的补助。

4）地方教育附加也按照应纳营业税额乘以税率确定，大部分地区规定的地方教育附加税率为 2%，计算公式为

$$应纳税额 = 应纳营业税额 \times 2\% \tag{3-23}$$

地方教育附加应专项用于发展教育事业，不得从地方教育附加中提取或列支征收或代收手续费。

5）综合税率。在工程造价的计算过程中，上述税金通常一并计算。由于营业税的计税依据是含税营业额，城市维护建设税和教育费附加的计税依据是应纳营业税额，而在计算税金时，往往已知条件是不含营业税的税前造价，即人工费、材料费、施工机具使用费、企业管理费、利润、规费之和，因此，税金的计算公式可以表示为

$$税金 = 税前造价 \times 综合税率(\%) \tag{3-24}$$

式中：

$$不含营业税税前造价 = 人工费 + 材料费 + 施工机具使用费 + 企业管理费 + 利润 + 规费 \tag{3-25}$$

综合税率的计算因纳税地点的不同而不同。

① 纳税地点在市区的企业综合税率：

$$综合税率 = \left[\frac{1}{1 - 3\% - (3\% \times 7\%) - (3\% \times 3\%) - (3\% \times 2\%)} - 1\right] \times 100\% = 3.48\% \tag{3-26}$$

② 纳税地点在县城、镇的企业综合税率：

$$综合税率 = \left[\frac{1}{1 - 3\% - (3\% \times 5\%) - (3\% \times 3\%) - (3\% \times 2\%)} - 1\right] \times 100\% = 3.41\% \tag{3-27}$$

③ 纳税地点不在市区、县城、镇的企业综合税率：

$$综合税率 = \left[\frac{1}{1 - 3\% - (3\% \times 1\%) - (3\% \times 3\%) - (3\% \times 2\%)} - 1\right] \times 100\% = 3.28\% \tag{3-28}$$

【例 3-1】 某市房屋建筑总承包公司中标后承建某县政府办公大楼，工程税前造价为 3145 万元，其中合同约定应支付给专业分包方的工程结算款为 315 万元，由该总承包单位采购的需安装的设备价款为 200 万元，问：

1）该工程的建筑安装工程造价是多少？

2）该总承包单位应缴纳的建筑安装工程税金是多少？

3）该总承包单位应缴纳的营业税、城市维护建设税、教育费附加和地方教育附加分别

是多少？

解： 1）计算该工程的建筑安装工程造价。

$$建筑安装工程造价 = 3145万元 \times (1 + 3.41\%) = 3252.25万元$$

2）计算总承包单位应缴纳的建筑安装工程税金。

$$总承包单位营业额 = (3252.25 - 315)万元 = 2937.25万元$$

$$应缴纳的建筑安装工程税金 = \frac{2937.25}{1 + 3.41\%}万元 \times 3.41\% = 96.86万元$$

3）计算应缴纳的营业税、城市维护建设税等。

$$应缴纳的营业税 = 2937.25万元 \times 3\% = 88.12万元$$

$$应缴纳的城市维护建设税 = 88.12万元 \times 5\% = 4.41万元$$

$$应缴纳的教育费附加 = 88.12万元 \times 3\% = 2.64万元$$

$$应缴纳的地方教育附加 = 88.12万元 \times 2\% = 1.76万元$$

其中应缴纳建筑安装工程税金与分别缴纳营业税、城市维护建设税等数值上的差值，为计算综合税率时的小数点取整误差。

6）需要指出的是，国家已经规定建筑业进行营业税改征增值税，实行营业税改增值税后，税金的计算将发生较大变化。

在增值税下，建筑安装工程税金指按照国家税法规定，应计入建筑安装工程造价内的增值税、城市维护建设税、教育费附加以及地方教育附加。

从上述税金定义可以看出，变化的是营业税改为增值税，附加税（城市维护建设税、教育费附加以及地方教育附加）不发生变化。

① 增值税含义。增值税是对在我国境内销售货物或提供加工、修理修配劳务，以及进口货物的单位和个人，就其取得的货物或应税劳务的销售额，以及进口货物的金额计算税款，并实行税款抵扣制的一种流转税。增值税的计税原理是基于商品或服务的增值而征收的一种税，所以称之为“增值税”。

② 我国增值税的计税方法。

a. 一般计税方法。一般计税方法在计算应纳增值税税额的时候，先分别计算其销项税额和进项税额，然后以销项税额抵扣进项税额后的余额为实际应纳税额。当期销项税额小于当期进项税额不足抵扣时，其不足部分可以结转下期继续抵扣。

应纳税额计算公式为

$$应纳税额 = 销项税额 - 进项税额 \tag{3-29}$$

$$销项税额 = 销售额 \times 适用税率 \tag{3-30}$$

进项税额，指纳税人购进货物或者接受应税劳务和应税服务，支付或者负担的增值税额。销项税额，指纳税人提供应税服务按照销售额和增值税税率计算的增值税额。

一般计税方法的销售额不包括销项税额，纳税人采用销售额和销项税额合并定价方法的，按照下列公式计算销售额：

$$销售额 = 含税销售额 \div (1 + 税率) \tag{3-31}$$

b. 小规模纳税人计税方法。小规模纳税人销售货物或者应税劳务取得的销售额，按照规定的适用征收率计算应纳增值税税额。

应纳税额计算公式为

$$应纳税额 = 销售额 \times 适用征收率 \tag{3-32}$$

$$销售额 = 含税销售额 \div (1 + 征收率) \tag{3-33}$$

③ 建筑安装工程造价中增值税计算。国家税务部门规定对建筑业营改增后的计税方式原则上适用增值税一般计税方法，建筑业适用的增值税税率为 11%。

计算建设工程项目的销项税时，适用增值税税率为 11%，但计税基数应为不含增值税（进项税）的人工费、材料费、施工机具使用费、企业管理费、利润、规费之和。所以，应按照相关税法规定计算扣除进项税的人工费、材料费、施工机具使用费、企业管理费、利润、规费。但我国对不同货物、产品、服务规定了不同的增值税率，如建筑材料，增值税率就有 17%、13%、6%、3% 等几种，需要按照不同的情况分别计算可以抵扣的进项税。除税后的人工费、材料费、施工机具使用费、企业管理费、利润和规费之和乘以 11%，就得到销项税额。可以抵扣的进项税加起来就得到进项税额，销项税额减去进项税额，就得到建设工程项目应纳增值税额。附加税的计算与营业税下情况相同，只是计税基数改为应纳增值税额。

增值税的具体计算方法和缴纳程序，需按照各地区相关规定执行。

3.2.2 按造价形成顺序划分的建筑安装工程费用项目组成

按造价形成顺序划分的建筑安装工程费用项目组成如图 3-5 所示。

1. 分部分项工程费

分部分项工程费指工程量清单计价中，各专业工程的分部分项工程所需的直接费、企业管理费、利润和风险费的总和。

分部分项工程是“分部工程”和“分项工程”的总称，分部分项工程费是构成工程造价的最基本也是最重要的单元。在现行国家计量规范或行业计量规范中，已经按照专业特点对分部分项工程进行了划分，在工程计量及计价中直接采用，如房屋建筑与装饰工程划分的土石方工程、地基处理与桩基工程、砌筑工程、钢筋及钢筋混凝土工程等。

专业工程指按现行国家计量规范划分的房屋建筑与装饰工程、仿古建筑工程、通用安装工程、市政工程、园林绿化工程、矿山工程、构筑物工程、城市轨道交通工程、爆破工程等各类工程。

计算分部分项工程费的两个基本要素是分部分项工程量及综合单价，它们也是构成工程造价的最重要的两个基本要素。

分部分项工程费计算公式为

$$分部分项工程费 = \sum(分部分项工程量 \times 综合单价) \tag{3-34}$$

式中 分部分项工程量——按照国家计量规范划分的分部分项工程项目及规定的计算规则计算的各分部分项工程的工程量，计算分部分项工程量是工程计量的主要工作；

综合单价——由人工费、材料费、施工机具使用费、企业管理费和利润以及一定范围的风险费用组成的单价，计算综合单价是工程计价的主要工作。

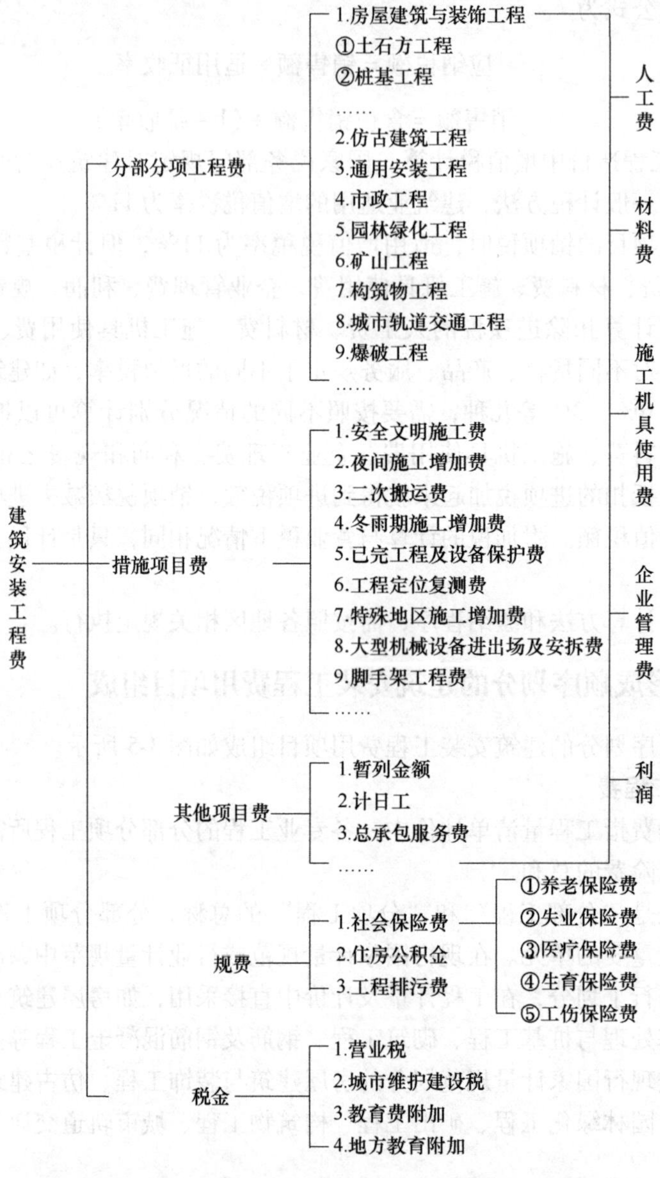

图 3-5 按造价形成顺序划分的建筑安装工程费用项目组成

2. 措施项目费

措施项目费指实施措施项目所发生的费用，包括为完成建设工程施工，发生于该工程施工前和施工过程中的技术、生活、安全、环境保护等方面的费用。措施项目费包括：

（1）安全文明施工费 指按照国家法律、法规等规定，在工程项目施工期间，施工单位为保证安全施工、文明施工和保护现场内外环境所发生的措施项目费用。包括搭拆临时设施所采用的措施，以及购置和更新施工安全防护用具、设施，改善安全生产条件和作用环境等所需要的费用。建筑工程安全文明施工费由环境保护费、文明施工费、安全施工费、临时设施费组成。

1）环境保护费：指施工现场为达到环保部门要求所需要的各项费用。

2）文明施工费：指施工现场文明施工所需要的各项费用。

3）安全施工费：指施工现场安全施工所需要的各项费用。

4）临时设施费：指施工企业为进行建设工程施工所必须搭设的生活和生产用的临时建筑物、构筑物和其他临时设施费用。包括临时设施的搭设、维修、拆除、清理费或摊销费等。

安全文明施工费必须按照国家或省级、行业建设主管部门的规定计算，在招标或投标中不得作为竞争性费用。

安全文明施工费的计算公式为

$$安全文明施工费 = 计算基数 \times 安全文明施工费费率(\%) \tag{3-35}$$

式中的计算基数，应按以下三种情况确定：

① 计算基数为定额基价（定额分部分项工程费 + 定额中可以计量的措施项目费）。

② 计算基数为定额人工费。

③ 计算基数为定额人工费 + 定额机械费。

安全文明施工费费率由工程造价管理机构根据各专业工程的特点综合确定。

表 3-1 所示为某省规定的建筑工程在市区时安全文明施工基本费费率表。

表 3-1 安全文明施工基本费费率表（工程在市区时）

序号	项目名称	工程类型	取费基础	清单计价定额费率（%）
一	环境保护费基本费费率		分部分项工程量清单项目定额人工费	0.5
二	文明施工基本费费率	建筑工程		6.5
		单独装饰工程、单独安装工程		2
		市政工程		3.5
		园林绿化工程、总平、运动场工程		2
		维修改造工程、拆除工程		2
		单独土石方、单独桩基工程		2
三	安全施工基本费费率	建筑工程		9.5
		单独装饰工程、单独安装工程		3.5
		市政工程		4.5
		园林绿化工程、总平、运动场工程		3.5
		维修改造工程、拆除工程		3.5
		单独土石方、单独桩基工程		3
四	临时设施基本费费率	建筑工程		9.5
		单独装饰工程、单独安装工程		6.5
		市政工程		9
		园林绿化工程、总平、运动场工程		6.5
		维修改造工程、拆除工程		5
		单独土石方、单独桩基工程		5

(2) 夜间施工增加费　指因夜间施工所发生的夜班补助、夜间施工降效、夜间施工照明设备摊销及照明用电等措施费用。

夜间施工增加费计算公式为

$$夜间施工增加费 = 计算基数 \times 夜间施工增加费费率(\%) \tag{3-36}$$

计算基数应按定额人工费（或定额人工费 + 定额机械费）确定。

夜间施工增加费费率可以由工程造价管理机构根据各专业工程特点和调查资料综合分析后确定。施工企业也可依据自身的技术水平和管理能力自主确定。

(3) 二次搬运费　指因施工管理需要或因场地狭小等原因，导致建筑材料、设备等不能一次搬运到位必须发生二次或以上搬运所需的费用。

二次搬运费的计算公式为

$$二次搬运费 = 计算基数 \times 二次搬运费费率(\%) \tag{3-37}$$

同样，计算基数应按照定额人工费（或定额人工费 + 定额机械费）确定。

二次搬运费费率可以由工程造价管理机构根据各专业工程特点和调查资料综合分析后确定。也可以由施工企业依据自身的技术水平和管理能力自主确定。

(4) 冬雨期施工增加费　指因冬雨季天气原因导致施工效率降低加大投入而增加的费用，以及为确保冬雨期施工质量和安全而采取的保温、防雨等措施所需的费用。

冬雨期施工增加费计算公式为

$$冬雨期施工增加费 = 计算基数 \times 冬雨期施工增加费费率(\%) \tag{3-38}$$

计算基数一般按定额人工费（或定额人工费 + 定额机械费）确定。

冬雨期施工增加费费率可以由工程造价管理机构根据各专业工程特点和调查资料综合分析后确定。施工企业也可依据自身的技术水平和管理能力自主确定。

(5) 已完工程及设备保护费　指竣工验收前，对已完工程及设备采取的必要保护措施所发生的费用。

已完工程及设备保护费计算公式为

$$已完工程及设备保护费 = 计算基数 \times 已完工程及设备保护费费率(\%) \tag{3-39}$$

计算基数一般应按照定额人工费（或定额人工费 + 定额机械费）确定。

已完工程及设备保护费费率可以由工程造价管理机构根据工程的特点综合确定。也可以由施工企业依据自身的技术水平和管理能力自主确定。

(6) 工程定位复测费　指工程施工过程中进行全部施工测量放线和复测工作的费用。

工程定位复测费根据工程的具体特点、要求和产生费用的实际情况确定。

(7) 特殊地区施工增加费　指工程在沙漠或其边缘地区、高海拔、高寒、原始森林等特殊地区施工增加的费用。

特殊地区施工增加费根据工程所处地区情况、环境要求和施工难度具体确定。

(8) 大型机械设备进出场及安拆费　指机械整体或分体自停放场地运至施工现场或由一个施工地点运至另一个施工地点，所发生的机械进出场运输及转移费用及机械在施工现场进行安装、拆卸所需的人工费、材料费、机械费、试运转费和安装所需的辅助设施的费用。

大型机械设备进出场及安拆费通常按照机械设备的使用数量以台次为单位计算。

(9) 脚手架工程费　指施工需要的各种脚手架搭、拆、运输费用以及脚手架购置费的摊销或租赁费用。

脚手架分为自有和租赁两种，采取不同的计算方法。

上述措施项目均为各专业工程均可列支的通用措施项目。除此之外，常见的混凝土、钢筋混凝土模板及支架被列为房屋建筑与装饰工程的专业工程措施项目。

(10) 混凝土、钢筋混凝土模板及支架费　指混凝土施工过程中需要的各种模板制作、安装、拆除、整理堆放及场内外运输、清理模板黏结物及模内杂物、刷隔离剂等费用。

模板及支架同样分自有和租赁两种，采取不同的计算方法。

(11) 垂直运输费　垂直运输费由以下各项组成：

1) 完成单位工程在合理工期内所需全部垂直运输机械费用。

2) 除大型垂直运输机械外，其他垂直运输机械的固定装置、基础制作、安装费。

垂直运输费的计算，通常按照建筑面积以"m^2"为单位进行，也可以按照施工工期日历天数以"天"为单位计算，后一种计算方式由于工期的变化较大，因而不常采用。

(12) 超高施工增加费　当单层建筑物檐口高度超过20m，多层建筑物超过6层时，通常需计算超高施工增加费，超高施工增加费由以下各项组成：

1) 建筑物超高引起的人工工效降低以及由于人工工效降低引起的机械降效费。

2) 高层施工用水加压水泵的安装、拆除及工作台班费。

3) 通信联络设备的使用及摊销费。

超高施工增加费一般按照建筑物超高部分的建筑面积以"m^2"为单位计算。

其他措施项目费如施工排水、降水费等费用的内容及计算规则可以参见各类专业工程的现行国家或行业计量规范。

3. 其他项目费

其他项目费指工程量清单计价中，除分部分项工程项目费和措施项目费之外的其他工程费用，包括暂列金额、暂估价、计日工费用和总承包服务费等。

(1) 暂列金额　指招标人在工程量清单中暂定并包括在工程合同价款中的一笔款项。用于施工合同签订时未确定或者不可预见的所需材料、工程设备、服务的采购，施工中可能发生的工程变更、合同约定调整因素出现时的工程价款调整以及发生的索赔、现场签证确认等的费用。

暂列金额是由建设单位暂定和掌握使用并包括在合同价之内的一笔款项，不直接属施工企业所有，只有按照合同约定事项实际发生且施工企业完成后，才能成为施工企业的应得金额。

暂列金额费用的设定，主要考虑建设项目成本的预先控制问题。工程项目的建造规律，决定了设计需要根据工程进展不断地进行优化和调整，建设单位的需求可能会随工程建设进展出现变化，工程建设过程还存在其他诸多不确定性因素，消化这些因素必然会影响合同价格的调整，暂列金额正是应这类不可避免的价格调整而设立，达到合理确定工程造价的目的。

(2) 暂估价　指招标人在工程量清单中提供的，用于支付在施工过程中必然发生，但在施工合同签订时暂不能确定价格的材料、工程设备的单价和专业工程的价格。

暂估价可分材料暂估单价、设备暂估单价与专业工程暂估价格三类。

在招标投标过程至施工合同签订时，招标工程中的一些材料或工程设备，由于价格信息、市场情况不清楚，无法明确其单价，但在施工中这些材料设备又必须使用，为了不影响招标工作进行，由招标人暂时对这些材料设备单价进行估算，工程结算时再按照规定程序进行调整，所以称材料设备暂估价。专业工程暂估价格指招标工程中，一些专业工程由于设计原因、资质条件等的限制，无法确定其价格，只能先由招标人按照市场情况或类似工程资料进行暂时估算，与招标工程一起招标，施工中再按照规定程序另行发包的专业工程的价格。

需要说明的是，暂估价是对暂时不能确定价格的材料、设备和专业工程的一种估价行为，属于最终确定材料、设备和专业工程价格的一种过渡过程，不属于新的费用，所以未包括在建筑安装工程费用的组成中。

（3）计日工　指在施工过程中，承包人完成发包人提出的工程合同范围以外的零星项目或工作，按照合同中约定的单价计价形成的费用。

计日工是为了解决施工现场发生的零星工作的费用计算方式而设立的。计日工以完成零星工作所消耗的人工工时、材料数量、施工机械台班进行计量，计日工单价的确定，应考虑由于计日工往往用于一些突发性的额外工作，事先又不能商定价格，施工企业组织实施也具有一定的繁琐性，所以计日工单价水平应该高于合同内正常工作的单价水平。

（4）总承包服务费　指总承包人为配合协调发包人进行专业工程发包，对发包人自行采购的材料、工程设备等进行保管以及施工现场管理、竣工资料汇总整理等服务所需的费用。

总承包服务费是为了解决发包人在法律、法规允许的条件下进行专业工程分包以及自行采购供应材料、设备时，要求总承包人对发包人分包的专业工程提供协调和配合服务（如分包人使用总包人的脚手架、水电接驳等）；对供应的材料、设备提供收、发和保管服务以及对施工现场进行统一管理；对竣工结算资料进行统一汇总整理等发生并向总承包人支付的费用。

只要在发包人自行分包专业工程或采购材料设备时，才会产生总承包服务费。

4. 规费、税金

按造价形成顺序划分的建筑安装工程费用项目组成中的规费和税金，其定义和包含的内容与按费用构成要素划分的建筑安装工程费用项目组成完全一样，这里不再重复叙述。

3.3 设备购置费构成

设备购置费由购置在建工程项目所要求的用于生产或服务于生产、办公和生活的各种设备、工具、器具、生产家具等的费用所组成，它是固定资产投资中的积极部分。在生产性工程建设中，设备购置费占工程造价比重的增大，意味着生产技术的进步和资本有机构成的提高。

设备购置费由设备购置费用和工具、器具及生产家具购置费用所组成。

3.3.1 设备购置费的构成及计算

1. 设备购置费

设备购置费指为建设项目购置或自制的达到固定资产标准的设备、工器具及生产家具等所需的费用。

设备购置费由设备原价和设备运杂费构成。

$$设备购置费 = 设备原价 + 设备运杂费 \tag{3-40}$$

式中　设备原价——国内采购设备的出厂（场）价格，或国外采购设备的抵岸价格；

设备运杂费——国内采购设备自来源地、国外采购设备自到岸港运至工地仓库或指定堆放地点发生的采购、运输、运输保险、保管、装卸等费用。

(1) 国产设备原价的构成及计算　国产设备原价一般指的是设备制造厂的交货价或订货合同价。它一般根据生产厂或供应商的询价、报价、合同价确定，或采用一定的方法计算确定。国产设备原价分为国产标准设备原价和国产非标准设备原价。

1）国产标准设备原价指按照主管部门颁布的标准图纸和技术要求，由我国设备生产厂批量生产的、符合国家质量检测标准的设备。国产标准设备原价有两种，即带有备件的原价和不带备件的原价，在计算时，一般采用带有备件的原价。国产标准设备一般有完善的设备交易市场，因此可以通过查询相关交易市场价格或向设备生产厂家询价得到国产标准设备原价。

2）国产非标准设备原价指国家尚无定型标准，各设备生产厂不可能在工艺过程中采用批量生产，只能按订货要求并根据具体的设计图制造的设备。非标准设备由于单件生产、无定型标准，所以无法获取市场交易价格，只能按其成本构成或相关技术参数估算其价格。非标准设备原价有多种不同的计算方法，如成本计算估价法、系列设备插入估价法、分布组合估价法、定额估价法等。但无论采用哪种方法都应该使非标准设备计价接近实际出厂价，并且计算方法要简便。成本计算估价法是一种比较常用的估算非标准设备原价的方法。按成本计算估价法，非标准设备的原价由以下各项组成：

① 材料费。其计算公式如下：

$$材料费 = 材料净重 \times (1 + 加工损耗系数) \times 每吨材料综合价 \tag{3-41}$$

② 加工费。包括生产工人工资和工资附加费、燃料动力费、设备折旧费、车间经费等。其计算公式如下：

$$加工费 = 设备总质量(吨) \times 设备每吨加工费 \tag{3-42}$$

③ 辅助材料费（简称辅材费）。包括焊条、焊丝、氧气、氩气、氮气、油漆、电石等费用。其计算公式如下：

$$辅助材料费 = 设备总质量 \times 辅助材料费指标 \tag{3-43}$$

④ 专用工具费。按①～③项之和乘以一定百分比计算。

⑤ 废品损失费。按①～④项之和乘以一定百分比计算。

⑥ 外购配套件费。按设备设计图所列的外购配套件的名称、型号、规格、数量、质量，根据相应的价格加运杂费计算。

⑦ 包装费。按①～⑥项之和乘以一定百分比计算。

⑧ 利润。可按①～⑤项加第⑦项之和乘以一定利润率计算。

⑨ 税金。主要是增值税。计算公式如下：

$$增值税 = 当期销项税额 - 进项税额 \tag{3-44}$$

$$当期销项税额 = 销售额 \times 适用增值税率 \tag{3-45}$$

销售额 = ①~⑧项之和

⑩ 非标准设备设计费。按国家规定的设计费收费标准计算。

综上所述，单台非标准设备原价可用下面的公式表达：

$$\text{单台非标准设备原价} = \{[(\text{材料费}+\text{加工费}+\text{辅助材料费})\times(1+\text{专用工具费率})\times(1+\text{废品损失费})+\text{外购配套件费}]\times(1+\text{包装费率})-\text{外购配套件费}\}\times(1+\text{利润率})+\text{销项税额}+\text{非标准设备设计费}+\text{外购配套件费} \tag{3-46}$$

在市场经济条件下，不管是国产标准设备原价还是国产非标准设备原价，更多的是采用招标投标即市场竞争的方式确定设备原价，但设备原价的构成原理是不变的。

（2）进口设备原价的构成及计算　进口设备的原价指进口设备的抵岸价。抵岸价指设备抵达买方边境、港口或车站，交纳完各种手续费、税费后形成的价格。抵岸价通常由进口设备到岸价（CIF）和进口从属费构成。进口设备的到岸价即抵达买方边境港口或边境车站的价格。进口从属费用包括银行财务费、外贸手续费、进口关税、消费税、进口环节增值税等，进口车辆还需缴纳车辆购置税。

1）进口设备的交货类别。进口设备的交货类别可分为内陆交货类、目的地交货类、装运港交货类。

① 内陆交货类。即卖方在出口国内陆的某个地点交货。在交货地点，卖方及时提交合同规定的货物和有关凭证，并负担交货前的一切费用和风险；买方按时接受货物，交付货款，负担接货后的一切费用和风险，并自行办理出口手续和装运出口。货物的所有权也在交货后由卖方转移给买方。

② 目的地交货类。即卖方在进口国的港口或内地交货，有目的港船上交货价、目的港船边交货价（FOS）、目的港码头交货价（关税已付）及完税后交货价（进口国的指定地点）等几种交货价。它们的特点是：买卖双方承担的责任、费用和风险以目的地约定交货点为分界线，只有当卖方在交货点将货物置于买方控制下才算交货，才能向买方收取货款。这种交货类别对卖方来说承担的风险较大，在国际贸易中卖方一般不愿采用。

③ 装运港交货类。即卖方在出口国装运港交货，主要有装运港船上交货价（FOB），FOB 习惯称离岸价格；运费在内价（CFR）以及运费；保险费在内价（CIF），CIF 习惯称到岸价格。它们的特点是：卖方按照约定的时间在装运港交货，只要卖方把合同规定的货物装船后提供货运单据便完成交货任务，可凭单据收回货款。

装运港船上交货价（FOB）是我国进口设备采用最多的一种货价。采用船上交货价时卖方的责任是：在规定的期限内，负责在合同规定的装运港口将货物装上买方指定的船只，并及时通知买方；负担货物装船前的一切费用和风险，负责办理出口手续；提供出口国政府或有关方面签发的证件；负责提供有关装运单据。买方的责任是：负责租船或订舱，支付运费，并将船期、船名通知卖方；负担货物装船后的一切费用和风险；负责办理保险及支付保险费，办理在目的港的进口和收货手续；接受卖方提供的有关装运单据，并按合同规定支付货款。

2）进口设备抵岸价的构成。进口设备采用最多的是装运港船上交货价（FOB），其抵岸价的构成可概括为

$$进口设备抵岸价 = 货价 + 国际运费 + 运输保险费 + 银行财务费 + 外贸手续费 + 关税 + 增值税 + 消费税 + 海关监管手续费 + 车辆购置税 \tag{3-47}$$

① 货价。一般指装运港船上交货价（FOB）。设备货价分为原币货价和人民币货价，原币货价一律折算为美元表示，人民币货价按原币货价乘以外汇市场美元兑换人民币中间价确定。进口设备货价按有关生产厂商询价、报价、订货合同价计算。

货价可采用下列公式计算：

$$货价 = 原币货价 \times 银行牌价(卖价) \tag{3-48}$$

② 国际运费。我国进口设备大部分采用海洋运输方式，小部分采用铁路运输方式，个别采用航空运输方式。海洋运输就是利用商船在国内外港口之间通过一定航区和航线进行货物运输的方式。它不受道路和轨道的限制，运输能力大，运费比较低廉。铁路运输一般不受气候条件的影响，可保证全年正常运输，速度较快，运量较大，风险较小。航空运输是一种现代的运输方式，特别是交货速度快，时间短，安全性高，货物破损率小，能节省保险费、包装费和储藏费，但运输费用较高。

进口设备国际运费计算公式为

$$国际运费(海、陆、空) = 原币货价(FOB) \times 运费率 \tag{3-49}$$

或

$$国际运费(海、陆、空) = 运量 \times 单位运价 \tag{3-50}$$

其中，运费率或单位运价参照有关部门或进出口公司的规定执行。

③ 运输保险费。对外贸易货物运输保险由保险人（保险公司）与被保险人（出口人或进口人）订立保险契约，在被保险人交付议定的保险费后，保险人根据保险契约的规定对货物在运输过程中发生的承保责任范围内的损失给予经济上的补偿。这是一种财产保险。计算公式为

$$运输保险费 = \frac{原币货价(FOB) + 国外运费}{1 - 保险费率} \times 保险费率 \tag{3-51}$$

其中，保险费率按保险公司规定的进口货物保险费率计算。

④ 银行财务费。一般指在国际贸易结算中，中国银行为进出口商提供金融结算服务所收取的手续费，可按下式简化计算：

$$银行财务费 = 人民币货价(FOB) \times 银行财务费率 \tag{3-52}$$

⑤ 外贸手续费。指按规定的外贸手续费率计取的费用，外贸手续费率一般取1.5%。计算公式为

$$外贸手续费 = (装运港船上交货价(FOB) + 国际运费 + 运输保险费) \times 外贸手续费率 \tag{3-53}$$

⑥ 关税。由海关对进出国境或关境的货物和物品征收的一种税。计算公式为

$$关税 = 到岸价格(CIF) \times 进口关税税率 \tag{3-54}$$

其中，到岸价格（CIF）包括离岸价格（FOB）、国际运费、运输保险费等费用，它作为关税完税价格。进口关税税率按我国海关总署发布的进口关税税率计算。

⑦ 增值税。增值税是对从事进口贸易的单位和个人，在进口商品报关进口后征收的税

种。我国增值税条款规定，进口应税产品均按组成计税价格和增值税税率直接计算应纳税额，不扣除任何项目的金额或已纳税额。即

$$进口产品增值税额 = 组成计税价格 \times 增值税税率 \tag{3-55}$$

$$组成计税价格 = 关税完税价格 + 关税 + 消费税 \tag{3-56}$$

增值税税率根据规定的税率计算。

⑧ 消费税。仅对部分进口设备（如轿车、摩托车等）征收，一般计算公式为

$$应纳消费税额 = \frac{到岸价 + 关税}{1 - 消费税税率} \times 消费税税率 \tag{3-57}$$

其中，消费税税率根据规定的税率计算。

⑨ 海关监管手续费。指海关对进口减税、免税、保税货物实施监督、管理，提供服务的手续费。对于全额征收进口关税的货物不计本项费用。其计算公式为

$$海关监管手续费 = 到岸价(CIF) \times 海关监管手续费率 \tag{3-58}$$

⑩ 车辆购置税。进口车辆需缴进口车辆购置税。其计算公式为

$$进口车辆购置税 = (到岸价 + 关税 + 消费税 + 增值税) \times 进口车辆购置税率 \tag{3-59}$$

2. 设备运杂费的构成及计算

（1）设备运杂费的构成

1）运费和装卸费，国产设备由设备制造厂交货地点起至工地仓库（或施工组织设计规定的需要安装设备的堆放地点）止所发生的运费和装卸费；进口设备则由我国到岸港口或边境车站起至工地仓库（或施工组织设计制定的需安装设备的堆放地点）止所发生的运费和装卸费。

2）包装费，指在设备原价中没有包含的，为运输而进行的包装支出的各种费用。

3）设备供销部门的手续费。按有关部门规定的统一费率计算。

4）采购与仓库保管费，指采购、验收、保管和收发设备所发生的各种费用，包括设备采购人员、保管人员的工资、工资附加费、办公费、差旅交通费，设备供应部门办公和仓库所占固定资产使用费、工具用具使用费、劳动保护费、检验试验费等。这些费用可按主管部门规定的采购与保管费费率计算。

（2）设备运杂费的计算　设备运杂费按设备原价乘以设备运杂费率计算，其公式为

$$设备运杂费 = 设备原价 \times 设备运杂费率 \tag{3-60}$$

其中，设备运杂费率按各部门及省、市有关规定计取。

3.3.2 工器具及生产家具购置费的构成及计算

工器具及生产家具购置费，指新建或扩建项目初步设计规定的，保证初期正常生产必须购置的没有达到固定资产标准的设备、仪器、工卡模具、器具、生产家具和备品备件等的购置费用。一般以设备购置费为计算基数，按照部门或行业规定的工具、器具及生产家具费率等计算。计算公式为

$$工器具及生产家具购置费 = 设备购置费 \times 规定费率 \tag{3-61}$$

3.4 工程建设其他费用构成

工程建设其他费用指从工程筹建起到工程竣工验收交付使用止的整个建设期间，除建筑安装工程费用和设备及工器具购置费外的，为保证工程建设顺利完成和交付使用后能够正常发挥效用而发生的各项费用总和。

工程建设其他费用，按内容大体可分为以下几类：第一类为建设用地费，由于工程项目固定于一定地点与地面相连接，必须占用一定量的土地，也就必然要发生为获得建设用地而支付的费用；第二类是与项目建设有关的费用；第三类是与项目投入使用或生产以后有关的费用。

3.4.1 建设用地费

建设用地费指为获得工程项目建设土地的使用权而在建设期内发生的各项费用。

按照我国有关法律的规定，我国土地所有权属于国家或集体所有，国有土地包括城市市区的土地，农村或城市郊区依法征用、征收、收归国有的土地。集体土地主要包括农村和城镇郊区除法律规定属于国有土地以外的土地。在现阶段，取得建设用地使用权的途径主要有行政划拨方式和国家出让方式。通过划拨方式取得土地使用权需支付土地征用及迁移补偿费，通过出让方式取得的土地使用权要支付土地使用权出让金。

1. 土地征用及迁移补偿费

土地征用及迁移补偿费，指建设项目通过划拨方式取得无限期的土地使用权，依照《中华人民共和国土地使用管理法》等规定所支付的费用。其总和一般不得超过被征土地年产值的20倍，土地年产值则按该地被征用前三年的平均产量和国家规定的价格计算。其内容包括：

(1) 土地补偿费　土地补偿费是对农村集体经济组织因土地被征用而造成的经济损失的一种补偿。征用耕地的补偿标准，为该耕地年产值的6~10倍，各类耕地的具体补偿标准，由省、自治区、直辖市人民政府在此范围内制定，征用园地、鱼塘、藕塘、苇塘、宅基地、林地、牧场、草原等补偿标准，由省、自治区、直辖市人民政府制定。征用无收益的土地，不予补偿。土地补偿费归农村集体经济组织所有。

(2) 青苗补偿费和地上附着物补偿费　青苗补偿费是因征地时对其正在生长的农作物受到损害而作出的一种赔偿。农民自行承包土地的青苗补偿费应付给本人，属于集体种植的青苗补偿费可纳入当年集体收益。被征用土地上的房屋、水井、树木等附着物补偿费标准，由省、自治区、直辖市人民政府制定。

(3) 安置补助费　安置补助费应支付给被征地单位和安置劳动力的单位，作为劳动力安置与培训的支出，以及作为不能就业人员的生活补助。征用耕地的，每个农业人口的安置补助费标准，为该地每亩年产值的4~6倍，需要安置的农业人口数按被征地单位征地前农业人口（按农业户口计算，不包括开始协商征地方案后迁入的户口）和耕地面积的比例及征地数量计算。年产值按被征用前三年的平均年产量和国家规定的价格计算。但是，每亩耕地的安置补助费，最高不得超过其年产值的15倍。

(4) 新菜地开发建设基金　新菜地开发建设基金指征用城市郊区商品菜地时支付的费

用。这项费用交给地方财政，作为开发建设新菜地的投资。

（5）耕地占用税　耕地占用税是对占用耕地建房者或者从事其他非农业建设的单位和个人征收的一种税收，目的是合理利用土地资源，节约用地，保护农用耕地。

（6）土地管理费　土地管理费主要作为征地工作中发生的办公、会议、培训、差旅等必要的费用。土地管理机关从征地费中提取土地管理费的比率，要按征地工作量大小，视不同情况，在2% ~4% 幅度内提取。

（7）征地动迁费　内容包括征用土地上房屋及附属构筑物、城市公共设施等拆除、迁建补偿费，搬迁运输费，企业单位因搬迁造成的减产、停工损失补贴费，拆迁管理费等。

2. 土地使用权出让金

土地使用权出让金指用地单位向国家支付的土地所有权收益，通过支付出让金，取得有限期的土地使用权。出让金标准一般参考城市基准地价并结合其他因素制定。

我国的城市土地市场，在保证城市土地国有制不变的前提下，使土地使用者不是通过行政划拨而是通过市场竞争从国家取得土地使用权；土地使用权不是无限期而是有限期，在限期内，土地使用者可灵活运用其土地使用权；地价不是靠国家单方面确定，而是在土地使用者的竞争中形成，以促使土地资源得到更加合理和更加充分的利用。具体模式如下：

1）明确国家是城市土地的唯一所有者，并分层次、有偿有期限地出让、转让城市土地。第一层次是城市政府将国有土地使用权出让给用地者，该层次由城市政府垄断经营。出让对象可以是有法人资格的企事业单位，也可以是外商。第二层次及以下层次的转让则发生在使用者之间。

2）城市土地的出让和转让可以分为两种方式，其一是通过招标、拍卖、挂牌等竞争方式获取国有土地使用权，其二是通过协议方式获取国有土地使用权。

① 通过竞争出让方式获取国有土地使用权。

a. 招标方式出让国有土地使用权指市、县人民政府土地行政主管部门发布招标公告，邀请特定或者不特定的公民、法人和其他组织参加国有土地使用权投标，根据投标结果确定土地使用者的行为。

b. 拍卖方式指出让人发布拍卖公告，由竞买人在指定时间、地点进行公开竞价，根据出价结果确定土地使用者的行为。

c. 挂牌方式出让国有土地使用权，指市、县人民政府土地行政主管部门发布挂牌公告，按公告规定的期限将拟出让宗地的交易条件在指定的土地交易场所挂牌公布，接受竞买人的报价申请并更新挂牌价格，根据挂牌期限截止时的出价结果确定土地使用者的行为。

② 通过协议方式获取国有土地使用权。协议方式由用地单位申请，经市政府批准同意后双方洽谈具体地块及地价。该方式适用于市政工程、公益事业用地以及需要减免地价的机关、部队用地和需要重点扶持、优先发展的产业用地。

③ 政府有偿出让土地使用权的年限。土地使用权出让最高年限可按下列用途确定：

a. 居住用地70年。

b. 工业用地50年。

c. 教育、科技、文化、卫生、体育用地50年。

d. 商业、旅游、娱乐用地40年。

e. 综合或者其他用地50年。

3.4.2　与项目建设有关的其他费用

1. 建设管理费

建设管理费指建设单位为组织完成工程项目建设，在建设期内发生的各类管理性费用，包括建设项目立项、筹建、建设、联合试运转、竣工验收、交付使用及后评估等全过程管理所需的费用。

（1）建设管理费的组成

1）建设单位开办费：指新建项目为保证筹建和建设工作正常进行所需办公设备、生活家具、用具、交通工具等购置费用。

2）建设单位经费：包括工作人员的基本工资、工资性补贴、职工福利费、劳动保护费、劳动保险费、办公费、差旅交通费、工会经费、职工教育经费、固定资产使用费、工具用具使用费、技术图书资料费、生产人员招募费、工程招标费、合同契约公证费、工程质量监督检测费、工程咨询费、法律顾问费、审计费、业务招待费、排污费、竣工交付使用清理及竣工验收费、后评估等费用。不包括应计入设备、材料预算价格的建设单位采购及保管设备材料所需的费用。

（2）建设管理费的计算　建设管理费按照工程费用之和（包括设备、工器具购置费和建筑安装工程费用）乘以建设管理费费率计算。

$$建设管理费 = 工程费用 \times 建设管理费费率 \tag{3-62}$$

建设管理费费率按照建设项目的不同性质、不同规模确定。有的建设项目按照建设工期和规定的金额计算建设管理费。

2. 可行性研究费

可行性研究费指在工程项目投资决策阶段，依据调研报告对有关建设方案、技术方案或生产经营方案进行的技术经济论证，以及编制、评审可行性研究报告所需的费用。此项费用应依据前期研究委托合同计列，或参照国家主管部门发布的相关规定计算。

3. 勘察设计费

勘察设计费指对工程项目进行工程水文地质勘察、工程设计所发生的费用。包括：工程勘察费、初步设计费（基础设计费）、施工图设计费（详细设计费）、设计模型制作费。此项费用应按《关于发布<工程勘察设计收费管理规定>的通知》（计价格［2002］10号）的规定计算。

4. 研究试验费

研究试验费指为建设项目提供或验证设计数据、资料等进行必要的研究试验以及按照相关规定在建设过程中必须进行试验、验证所需的费用。包括自行或委托其他部门研究试验所需人工费、材料费、试验设备及仪器使用费等。这项费用按照设计单位根据本工程项目的需要提出的研究试验内容和要求计算。

5. 建设单位临时设施费

建设单位临时设施费指建设单位为满足工程项目建设、生活、办公的需要，用于临时设施建设、维修、租赁、使用所发生或摊销的费用。

临时设施包括临时宿舍、文化福利及公用事业房屋与构筑物、仓库、办公室、加工厂以及规定范围内的道路、水、电、管线等临时设施和小型临时设施。

6. 环境影响评价费

环境影响评价费指在工程项目投资决策过程中，对其进行环境污染或影响评价所需的费用。

按照《中华人民共和国环境保护法》《中华人民共和国环境影响评价法》等规定，为全面、详细评价本建设项目对环境可能产生的污染或造成的重大影响，必须委托有关单位进行环境影响评价。包括编制环境影响报告书（含大纲）、环境影响报告表以及对环境影响报告书（含大纲）、环境影响报告表进行评估等所需的费用。此项费用可参照《关于规范环境影响咨询收费有关问题的通知》的规定计算。

7. 劳动安全卫生评价费

劳动安全卫生评价费指在工程项目投资决策过程中，为编制劳动安全卫生评价报告所需的费用。

按照国家《建设项目（工程）劳动安全卫生监察规定》和《建设项目（工程）劳动安全卫生预评价管理办法》的规定，为预测和分析建设项目存在的职业危险、危害因素的种类和危险危害程度，并提出先进、科学、合理可行的劳动安全卫生技术和管理对策，应该委托有关单位进行劳动安全卫生评价。包括编制建设项目劳动安全卫生预评价大纲和劳动安全卫生预评价报告书以及为编制上述文件所进行的工程分析和环境现状调查等所需费用。

8. 工程监理费

工程监理费指建设单位委托工程监理单位对工程实施监督管理工作所需费用。此项费用应按国家发改委与原建设部联合发布的《建设工程监理与相关服务收费管理规定》（发改价格［2007］670 号）计算。依法必须实行监理的建设工程施工阶段的监理收费实行政府指导价；其他建设工程施工阶段的监理收费和其他阶段的监理与相关服务收费实行市场指导价。

9. 招标代理费

工程招标代理，指建设单位委托招标代理机构对工程的勘察、设计、施工、监理以及与工程建设有关的重要设备、材料采购的招标进行代理，完成工程招标投标等一系列工作。

招标代理费指招标代理人接受招标人的委托，编制招标文件，审查投标人资格，组织投标人踏勘现场并答疑，组织开标、评标、定标，提供招标前期咨询以及协调合同签订等收取的费用。

根据国家主管部门的规定，招标代理费实行政府指导价，按照招标工程中标金额的大小，规定不同的收费费率，采用差额定率累进制计费方式计算。

10. 工程造价咨询费

工程造价咨询，指工程造价咨询单位面向社会接受委托，承担建设项目的可行性研究、投资估算、项目经济评价、工程概算、工程预算、工程结算、竣工决算、工程招标标底、投标报价的编制和审核，对工程造价进行监控以及提供有关工程造价信息资料等业务工作。

工程造价咨询费指工程造价咨询人接受委托，编制与审核工程概算、工程预算、工程量清单、工程结算、竣工决算等计价文件，以及从事建设各阶段工程造价管理的咨询服务、出具工程造价成果文件等收取的费用。

按照国家有关部门的规定，工程造价咨询费一般按照所委托编制或审核的工程概算、工程预算、招标控制价、竣工结算造价的不同百分比进行计算。

11. 工程保险费

工程保险费指为转移工程项目建设的意外风险，在建设期内对建筑工程、安装工程、机械设备和人身安全进行投保而发生的费用。

工程保险费包括以各种建筑工程及其在施工过程中的物料、机器设备为保险标的的建筑工程一切险，以安装工程中的各种机器、机械设备为保险标的的安装工程一切险，以及机器损坏保险等。根据不同的工程类别，分别以其建筑、安装工程费乘以建筑、安装工程保险费率计算。民用建筑（住宅楼、综合性大楼、商场、旅馆、医院、学校）占建筑工程费的0.2% ~0.4%；其他建筑（工业厂房、仓库、道路、码头、水坝、隧道、桥梁、管道等）占建筑工程费的0.3% ~0.6%；安装工程（农业、工业、机械、电子、电器、纺织、矿山、石油、化学及钢铁工业、钢结构桥梁）占建筑工程费的0.3% ~0.6%。

12. 引进技术与引进设备其他费

引进技术与引进设备其他费指引进技术和设备发生的但未计入设备购置费中的费用。

该费用包括出国人员费用、国外工程技术人员来华费用、技术引进费、分期或延期付款利息、担保费以及进口设备检验鉴定费。

（1）出国人员费用　指为引进技术和进口设备派出人员在国外培训和进行设计联络、设备检验等的差旅费、制装费、生活费等。这项费用根据设计规定的出国培训和工作的人数、时间及派往国家，按财政部、外交部规定的临时出国人员费用开支标准及中国民用航空公司现行国际航线票价等进行计算，其中使用外汇部分应计算银行财务费用。

（2）国外工程技术人员来华费用　指为安装进口设备，引进国外技术等聘用外国工程技术人员进行技术指导工作所发生的费用。包括技术服务费、外国技术人员的在华工资、生活补贴、差旅费、医药费、住宿费、交通费、宴请费、参观游览等招待费用。这项费用按每人每月费用指标计算。

（3）技术引进费　指为引进国外先进技术而支付的费用。包括专利费、专有技术费（技术保密费）、国外设计及技术资料费、计算机软件费等。这项费用根据合同或协议的价格计算。

（4）分期或延期付款利息　指利用出口信贷引进技术或进口设备采取分期或延期付款的办法所支付的利息。

（5）担保费　指国内金融机构为买方出具保函的担保费。这项费用按有关金融机构规定的担保费率计算（一般可按承保金额的0.5%计算）。

（6）进口设备检验鉴定费　指进口设备按规定付给商品检验部门的进口设备检验鉴定费。这项费用按进口设备货价的0.3% ~0.5%计算。

13. 市政公用设施费

市政公用设施费指使用市政公用设施的工程项目，按照项目所在地省级人民政府有关规定缴纳的市政公用设施建设配套费用，以及绿化工程补偿费用。此项费用按工程所在地人民政府规定标准计列。

3.4.3 与未来生产经营有关的其他费用

1. 联合试运转费

联合试运转费指新建或新增加生产能力的工程项目，在交付生产前按照设计文件规定的工程质量标准和技术要求，对整个生产线或装置进行负荷联合试运转发生的费用净支出。

联合试运转费内容包括：试运转所需的原料、燃料、油料和动力的费用，机械使用费用，低值易耗品及其他物品的购置费用和施工单位参加联合试运转人员的工资等。试运转收入包括试运转产品销售和其他收入。不包括应由设备安装工程费项下开支的单台设备调试费及试车费用。联合试运转费一般根据不同性质的项目按需要试运转车间的工艺设备购置费的百分比计算。

2. 生产准备费

生产准备费指在建设期内，建设单位为保证项目正常生产而发生的人员培训费、提前进厂费，以及投产使用必备的办公、生活家具及工器具等的购置费用。

生产准备费内容包括：

1）生产人员培训费包括自行培训、委托其他单位培训的人员的工资、工资性补贴、职工福利费、差旅交通费、学习资料费、学习费、劳动保护费等。

2）生产单位提前进厂参加施工、设备安装、调试等以及熟悉工艺流程及设备性能等人员的工资、工资性补贴、职工福利费、差旅交通费、劳动保护费等。

生产准备费一般根据需要培训和提前进厂人员的人数及培训时间，按生产准备费指标进行估算。

3. 办公和生活家具购置费

办公和生活家具购置费指为保证新建、改建、扩建项目初期正常生产、使用和管理所必须购置的办公和生活家具、用具的费用。改、扩建项目所需的办公和生活用具购置费，应低于新建项目。其范围包括办公室、会议室、资料档案室、阅览室、文娱室、食堂、浴室、理发室、单身宿舍和设计规定必须建设的托儿所、卫生所、招待所、中小学校等家具用具购置费。

4. 专利及专有技术使用费

专利及专有技术使用费指在建设期内为取得专利、专有技术、商标权、商誉、特许经营权等发生的费用。

专利及专有技术使用费内容主要有：

1）使用国外设计及技术资料费，引进国外有效专利、专有技术使用费和技术保密费用。

2）国内有效专利、专有技术使用费。

3）商标权、商誉和特许经营权费等。

3.5 预备费、建设期利息

3.5.1 预备费

预备费指在建设期内因各种不可预见因素的变化而预留的可能增加的费用，包括基本预备费和价差预备费。

1. 基本预备费

基本预备费指投资估算或工程概算阶段预留的，由于工程实施中不可预见的工程变更及洽商、一般自然灾害处理、地下障碍物处理、超规超限设备运输等而可能增加的费用。

(1) 基本预备费的内容　基本预备费指针对在项目实施过程中可能发生难以预料的支出，需要事先预留的费用，又称工程建设不可预见费。主要指设计变更及施工过程中可能增加工程量的费用。基本预备费一般由以下四部分构成：

1) 在批准的初步设计范围内，技术设计、施工图设计及施工过程中所增加的工程费用；设计变更、工程变更、材料代用、局部地基处理等增加的费用。

2) 一般自然灾害造成的损失和预防自然灾害所采取的措施费用。实行工程保险的工程项目，该费用应适当降低。

3) 竣工验收时为鉴定工程质量对隐蔽工程进行必要的挖掘和修复费用。

4) 超规超限设备运输增加的费用。

(2) 基本预备费的计算　基本预备费按工程费用和工程建设其他费用之和为计取基础，乘以基本预备费费率进行计算。

$$\text{基本预备费} = (\text{工程费用} + \text{工程建设其他费用}) \times \text{基本预备费费率} \tag{3-63}$$

基本预备费费率的取值应执行国家及部门的有关规定。

2. 价差预备费

价差预备费指为在建设期内利率、汇率或价格等因素的变化而预留的可能增加的费用。

(1) 价差预备费的内容　价差预备费指针对建设项目在建设期内由于材料、人工、设备等价格可能发生变化引起工程造价变化，而事先预留的费用，也称为价格变动不可预见费。价差预备费的内容包括：人工、设备、材料、施工机械的价差费，建筑安装工程费及工程建设其他费用调整，利率、汇率调整等增加的费用。

(2) 价差预备费的测算方法　价差预备费一般根据国家规定的投资综合价格指数，以估算年份价格水平的投资额为基数，采用复利方法计算。计算公式为

$$PF = \sum_{t=1}^{n} I_t[(1+f)^m(1+f)^{0.5}(1+f)^{t-1}-1] \tag{3-64}$$

式中　PF——价差预备费；

n——建设期年份数；

I_t——建设期中第 t 年的投资计划额，包括设备及工器具购置费、建筑安装工程费、工程建设其他费用及基本预备费，即第 t 年的工程静态投资；

f——年均投资价格上涨率；

m——建设前期年限（从编制投资估算到开工建设，年）。

【例3-2】　某建设项目建安工程费5000万元，设备购置费3000万元，工程建设其他费用2000万元，已知基本预备费率5%，项目建设前期年限为1年，建设期为3年，各年投资计划额为：第一年完成投资20%，第二年60%，第三年20%。年均投资价格上涨率为5%，求建设项目建设期间价差预备费。

解： 基本预备费 = (5000 + 3000 + 2000)万元 × 5% = 500万元

静态投资 = (5000 + 3000 + 2000 + 500)万元 = 10500万元

建设期第一年完成投资 = 10500万元 × 20% = 2100万元

第一年价差预备费为

$$PF_1 = I_1[(1+f)(1+f)^{0.5}-1] = 2100 \times [(1+5\%)(1+5\%)^{0.5}-1]\text{万元} = 159.45\text{万元}$$

第二年完成投资 = 10500 万元 × 60% = 6300 万元

第二年价差预备费为

$$PF_2 = I_2[(1+f)(1+f)(1+f)^{0.5}-1] = 6300\times[(1+5\%)(1+5\%)(1+5\%)^{0.5}-1]\text{万元} = 817.28\text{ 万元}$$

第三年完成投资 = 10500 万元 × 20% = 2100 万元

第三年价差预备费为

$$PF_3 = I_3[(1+f)(1+f)^2(1+f)^{0.5}-1] = 2100\times[(1+5\%)(1+5\%)^2(1+5\%)^{0.5}-1]\text{万元} = 391.05\text{ 万元}$$

所以，建设期的价差预备费为

$$PF = (159.45 + 817.28 + 391.05)\text{万元} = 1367.78\text{ 万元}$$

3.5.2 建设期利息

建设期利息指在建设期内发生的为工程项目筹措资金的融资费用及债务资金利息。

建设期利息包括向国内银行和其他非银行金融机构贷款、出口信贷、外国政府贷款、国际商业银行贷款以及在境内外发行的债券等在建设期间应计的借款利息。其中，最主要的是在工程项目建设期投资贷款而产生的利息。

当总贷款分年均衡发放时，建设期利息的计算可按当年借款在年中支用考虑，即当年贷款按半年计息，上年贷款按全年计息。计算公式为

$$q_j = \left(P_{j-1} + \frac{1}{2}A_j\right)i \tag{3-65}$$

式中 q_j——建设期第 j 年应计利息；

P_{j-1}——建设期第（$j-1$）年末贷款累计金额与利息累计金额之和；

A_j——建设期第 j 年贷款金额；

i——年利率。

在国外贷款利息的计算中，还应包括国外贷款银行根据贷款协议向贷款方以年利率的方式收取的手续费、管理费、承诺费；以及国内代理机构经国家主管部门批准的以年利率的方式向贷款单位收取的转贷费、担保费、管理费等。

【例 3-3】 某建设项目，建设期为 3 年，共向银行贷款 1200 万元，贷款时间为：第一年 200 万元，第二年 700 万元，第三年 300 万元，年利率为 12%，计算建设期利息。

解：在建设期，各年利息计算如下：

$$q_1 = \frac{1}{2}\times 200\text{ 万元}\times 12\% = 12\text{ 万元}$$

$$q_2 = \left(200 + 12 + \frac{1}{2}\times 700\right)\text{万元}\times 12\% = 67.44\text{ 万元}$$

$$q_3 = \left(200 + 12 + 700 + 67.44 + \frac{1}{2}\times 300\right)\text{万元}\times 12\% = 135.53\text{ 万元}$$

所以，建设期利息 = $q_1 + q_2 + q_3$ = (12 + 67.44 + 135.53) 万元 = 214.97 万元

3.6 影响工程造价构成的主要因素

工程造价的构成中，最主要的是建筑安装工程费用即单位工程造价的构成。建筑安装工

程费用是工程建设中最活跃的部分，是工程造价主要的构成要素，它是建筑市场交易行为的主要对象，也就是建设工程的承发包价格。这里，讨论的影响工程造价构成的因素主要就是对建筑安装工程费用构成的影响因素。

影响工程造价构成的主要因素指对工程造价数量大小、变化、功能及管理产生影响的因素。进行工程计量计价、价格调整、结算和工程造价管理，必须认真对待这些因素，以使工程造价正常发挥功能作用。

3.6.1 工程造价构成要素的影响

工程造价按费用的构成要素，包括了人工费、材料费、施工机具使用费、企业管理费、利润、规费和税金。除利润外，其他要素就构成了工程成本，工程成本是影响工程造价构成的最主要因素。

1. 工程成本的影响

工程成本包括人工费、材料费（包括工程设备费）、施工机具使用费、企业管理费、规费和税金。

(1) 材料费的影响　在这些因素中，对工程造价影响最大的是材料费。材料费约占工程造价的60%~70%。材料费所占比重之所以很大，主要是因为工程体形庞大，耗用材料多。影响材料费的主要因素是材料单价。在市场经济条件下，材料价格受市场供应状况左右，呈动态变化态势。因此，材料单价的波动影响了材料价格，又极大地影响工程成本，波及工程价格。控制工程造价，要把最大的注意力放在控制材料价格上；控制材料成本时，要在经营环节上下大功夫，加强市场预测，采购质高价廉适用的材料；在施工中，注意材料的现场管理，在储存、保管、领取、使用等各环节中把好关，环环围绕节约材料费。这样就可以在工程造价的管理中取得主动权。

(2) 人工费的影响　人工费在工程成本中的地位仅次于材料费，虽然其所占比例远低于材料费，但对工程造价的影响却很关键，并呈较为复杂的状态。人工费的多少取决于用工量和人工单价。由于工程施工手工劳动量大，用工多，故人工费支出相对较多。人工单价取决于劳动生产率和国家的分配政策。劳动生产率高，用工省，但人工单价高；国家的分配总趋势也是人工费逐渐提高以改善人民生活，故使人工单价呈逐渐提高趋势。通过控制人工费使工程成本和工程造价受控，首先要立足于企业现有的技术和工艺水平，对用工量进行实事求是地估量，一要估够，即该用工处不遗漏；二要估准，即施工企业可达到的水平。一个企业应当有自己的用工定额，不要照搬国家和地方的预算定额（只可供参考）。其次要对人工单价进行估计和控制。人工单价在目前有参考定额人工单价，有造价管理部门发布的人工费信息及调整系数，估准不难，企业对其控制也有充分的主动权，应注意努力提高劳动效率和做好分配奖惩工作，既节约开支，又能激励工人的劳动积极性。

(3) 施工机具使用费的影响　关于施工机具使用费问题，包括施工机械使用费和仪器仪表使用费，主要影响的是施工机械使用费，在技术进步的今天其重要性绝对不能忽视。它的比重根据工程施工难易而变化。需要机械作业越多，其比重越大。工程项目的建筑高度高或深度深都会使机械费增加。它在成本中的比重与人工费呈反比关系，机械化水平越高，所占比重越大。所以对机械使用费的管理越来越重要。施工机械使用费具体的反映就是机械台班费。机械台班单价的高低与采用的机械来源有关；如机械是租来的，单价便由机械租赁市场决定；如机械是企业自己的，则单价取决于折旧费与使用费。所以控制机械使用费首先要优选机械来源；其次要估准台班费；第三要提高机械使用效率；第四要加强保养与维修，提高完好率。为了竞争取胜，要努力提高技术装备水平，提高技术装备水平会加大机械费成本，但这也是值得的。在技术高度发展的今天，任何人都不会因为降低成本而加大手工操作的比重；相反，技术越发展，机械费投入应越高，于是越要加强对机械台班费的节约，以降低机械使用费用、工程成本和工程价格。

（4）企业管理费的影响 企业管理费反映了施工企业综合管理水平和管理能力，与企业的经营策略密切相关，是施工企业在投标报价中特别活跃的竞争性费用。施工企业必须加强对企业管理费的控制，做好经营管理，节约开支，有限控制工程成本。

规费和税金必须按照国家和有关部门规定的计算办法和费率或税率计取，在工程造价中属于不可竞争费用，所以它的影响是不变的。

2. 利润的影响

工程造价构成中的利润也属于典型的竞争性费用。在市场经济条件下，它反映的是经营利润，是合同价格减去工程成本的余额。在工程成本一定的情况下，要想多盈利，价格水平就要高，要想价格水平确定为某一目标，利润水平就要降低。对投资者来说，希望利润低些，对承包商来说，希望利润高些。如何使价格适宜，使投资者和承包商都能接受，这是经营决策和造价管理中的问题。承包商的要求很明确，既要竞争取胜，又要有利可图。利润计取的高低同样影响工程造价的构成。

3.6.2 市场条件的影响

市场条件的影响有两点：一是供求状况；二是竞争状况。

1. 供求状况的影响

对建筑安装工程造价，市场供求状况能产生影响的不是建筑产品，而是生产要素。在诸多生产要素中，对工程造价构成最有影响的是材料价格。这是因为，就某一种材料来讲，有时供大于求，则价格降低；有时供小于求，价格升高。当材料价格降低时，工程造价中的材料费减少；反之，当材料价格提高时，工程造价中的材料费增加，所以材料价格是有弹性的，既有供给弹性，又有需求弹性。

人工费的变化也极大地影响工程造价水平。随着市场经济的发展以及生活水平的提高，人工费基本处于不断上升的趋势，这也是工程造价管理的一个主要方面。

2. 竞争状况的影响

建筑市场属于买方市场，施工力量供应远远大于施工需求，故建筑市场的竞争主要表现为承包商之间的竞争。承包商之间的竞争主要表现在价格上，在招标投标条件下，一般采用低价中标，所以合理低价成为中标的先决条件。这也是使工程造价趋向于由市场定价的最主要因素。

作为买方的投资者，会利用买方市场这一特殊的优势（也是买方与卖方竞争中买方的既定优势）压价发包，并在施工过程中对工程变更和索赔导致的价格调整持保守态度。也因为这种在价格上的不平等地位，使承包商承担着比投资者更大的价格风险，投资者利用担保的手段（投标担保、履约担保、预付款担保、保修担保等）向承包商大量转移风险。

习　题

1. 建设工程造价由哪些费用构成？
2. 建筑安装工程费用项目组成是如何划分的？
3. 按费用构成要素划分的建筑安装工程费用项目由哪些费用组成？
4. 按造价形成顺序划分的建筑安装工程费用项目由哪些费用组成？
5. 什么是措施项目费？它由哪些费用组成？
6. 设备购置费由哪些费用组成？如何计算国产标准设备的购置费？
7. 建设用地费包括哪些内容？
8. 工程建设其他费用包括哪些内容？
9. 价差预备费如何计算？
10. 影响工程造价的主要因素有哪些？
11. 为什么说材料费对工程造价的影响最大？
12. 市场条件对工程造价有哪些影响？

第4章

工程计价依据

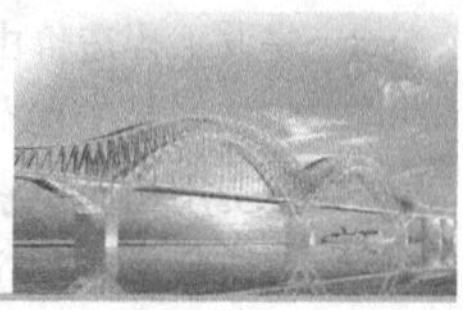

本章学习重点

本章通过对工程计价依据的分类、工程计量计价依据的学习，了解工程计价依据的类型和基本特点，熟悉工程定额计价依据和工程量清单计价依据的不同点，掌握计价定额、预算定额、建设工程工程量清单计价规范、建设工程工程量计算规范的特点、组成和主要内容，掌握工程量清单、招标控制价和投标报价的基本概念，熟悉工程造价信息及造价指数等内容，为学习工程计价方法奠定基础。

建筑工程造价的确定，就是按照规定的计算程序和方法，用货币的数量表示建设项目的价值。工程计价依据，即用以计算工程造价的基础资料总称，主要包括工程量清单计价规范、工程量计算系列规范、工程定额、相关定额指标和工程造价信息及指数、国家政府部门发布的有关工程造价的政策法规等。由于我国建筑产品在经济发展各个时期的价格形式和形成机制不一，工程造价计算依据也不相同。本章将系统介绍工程计价依据，包括人工、材料、机械等基础定额、计价定额、工程量清单、综合单价和工程造价信息及造价指数等。

4.1 概述

由于建筑产品有着与一般工业产品不同的技术经济特点，其产品的庞大性决定其价值数额较大，产品因受土地限制决定其个体的单件性，从而使每个建筑产品有自身独立的设计文件以及独立的施工过程，不能批量生产。这些特点使其在价格形成上除了具有普通商品的价格属性外还具有自身的特性，例如需要按建设程序各个阶段分别确定建筑产品的价格，确定价格时需要将庞大的建设工程进行分解并逐一确定分解项目的价格然后汇总等。因此，在产品价格——即工程造价的确定过程中就必须使用一系列独特的计算程序和计价方法。

工程计价就是按照规定的程序和方法，对工程造价及其构成内容进行估计、预测或确定的行为。通常工程计价是一种泛指，指建筑产品价格的计算和确定。对具体建筑产品价格的计算过程，可分为工程计量和工程计价两个环节。

工程计量包括工程项目的划分和工程量计算两部分。即首先将单位工程划分为可以确定数量且方便于计价的分部分项工程，然后按照分项工程的特点以及工程量计算规则计算出相应的工程数量。例如建筑工程，可以按照施工顺序细分为土石方工程、地基处理与边坡支护工程、桩基工程、砌筑工程、混凝土工程及钢筋混凝土工程、金属结构工程、木结构工程、门窗工程、屋面防水工程等分部工程，但此时各分部工程还不能作为计量的最基本单元，还需要进一步细分。如土石方工程还可划分为平整场地、基础土方开挖、土方回填、余方弃置等分项工程，依据相关的计算规则、设计文件以及施工组织设计便可计算出基本单元（分项工程）的工程数量了。

工程计价包括工程单价的确定和总价的计算。工程单价指完成单位工程基本构造单元的工程量所需要的基本费用，如上述通过项目划分形成的分项工程的单位价格。通过已经计算出的基本单元的价格与其工程量的乘积计算得出该单元的总价格，最后汇总计算出工程的总造价。由于工程单价可分为工料单价和综合单价，由此在工程总造价的计算程序和方法上略有不同。

工程计量与计价依据，即用以计算工程造价的基础资料总称，指在工程计价活动中所要依据的与计价内容、计价方法和价格标准相关的工程计量计价标准，工程计价定额、工程造价信息、国家政府部门发布的有关工程造价计价活动的规章、规程等。

在以国家定价为标志的传统经济体制下，建筑产品并不具有商品性质，工程项目的造价长期与价值背离。在这种工程管理体制下，国家或地区所颁布的各种定额是在建设过程进行投资费用的预估和计算建筑产品价格的主要依据。

改革开放以后，建筑产品价格的形成进入国家指导价阶段。工程定额仍然是工程造价确定的主要依据。建筑产品价格已经普遍采用工程招标投标竞争的方式确定。招标投标价格一方面要求标底按照规定的计价定额和取费标准计算，受国家批准的设计概算控制，另一方面又要求企业根据自身条件和经营状况确定投标价，并以价格作为竞争承包工程的手段，因此，招标投标价格体现了规范计量、市场定价的特点。

随着工程造价管理体制进一步深化改革，国家不再对工程价格的形成起主导作用，而是转化为对价格进行宏观调控。在该阶段，国家制定的《建设工程工程量清单计价规范》以及各专业工程的工程量计算规范成为工程量清单的编制以及招标控制价的确定的主要依据。招标人依据规范和相关的计价定额、价格信息以及有关工程造价的经济政策编制的招标控制价是施工企业投标报价的最高限价。而施工企业对投标报价的确定更加灵活，在满足相关规范和政策规定的前提下，企业定额和市场价格信息成为施工企业自主定价的主要依据。

4.1.1　工程计价依据分类

1. 工程计价依据体系

按照我国工程计价依据的编制和管理权限的规定，目前我国已经形成了由国家法律法规、各省和国务院建设主管部门的规章、相关政策文件以及标准、定额等相互支撑、互为补充的工程计价依据体系。这个依据体系由以下四大类组成：

（1）法律法规规章类依据　法律法规规章类指由国家法律、国务院法规等组成，包括《中华人民共和国建筑法》《中华人民共和国合同法》《中华人民共和国招标投标法》《中华人民共和国招标投标法实施条例》《最高人民法院关于审理建设工程施工合同纠纷案件适用法律问题的解释》《建设工程价款结算暂行办法》《建筑工程施工发包与承包计价管理办法》《建筑安装工程费用组成》等。

（2）规范类依据　规范类指由国家质量监督检验检疫总局、住建部等发布的中华人民共和国国家标准，包括 GB 50500《建设工程工程量清单计价规范》、GB 50854《房屋建筑与装饰工程工程量计算规范》、GB 50856《通用安装工程工程量计算规范》等九册系列计量规范，GB/T 50353《建筑工程建筑面积计算规范》、GB/T 50875《工程造价术语标准》、GB/T 50531《建设工程计价设备材料划分标准》等与工程造价有关的国家标准。

（3）行业管理部门规程依据　行业管理部门规程指由我国工程造价管理协会或组织发布的有关工程造价成果文件的编制、审核、咨询、质量等管理规程和标准。包括《建设项目投资估算编审规程》《建设项目设计概算编审规程》《建设项目工程结算编审规程》《建设项目全过程造价咨询规程》《建设工程造价咨询成果文件质量标准》《建设工程招标控制价编审规程》等。

（4）工程定额类依据　工程定额指由国家建设行政主管部门、各行业主管部门、各省建设行政主管部门颁发的各种定额。包括《全国统一建筑工程基础定额　土建》《全国统一市政工程预算定额》《全国统一安装工程预算定额》《全国统一施工机械台班费用编制规则》《四川省建设工程工程量清单计价定额》《四川省房屋建筑抗震加固工程计价定额》等基础、预算或计价定额。

2. 工程计价依据分类

工程计价依据由各类基础资料组成。由于影响工程造价的因素很多，每一项工程的造价都要根据工程的用途、类别、结构特征、建设标准、所在地区和坐落地点、市场价格信息以及政府的产业政策、税收政策和金融政策等具体计算。因此就需要把确定上述因素相关的各种量化定额或指标等作为计价的基础。计价依据除法律法规规定的以外，一般以合同形式加以确定。

工程计价依据必须满足以下要求：

① 准确可靠，符合实际。

② 可信度高，具有权威性。

③ 数据化表达，便于计算。

④ 定性描述清晰，便于正确利用。

工程计价依据有不同的分类方法，一般可按照用途与使用对象分类。

（1）按照用途分类　工程计价的依据按用途分类，可以分为 7 大类 18 小类。

第一类，规范工程计价的依据：

1）国家标准 GB 50500《建设工程工程量清单计价规范》、GB 50854《房屋建筑与装饰工程工程量计算规范》、GB 50856《通用安装工程工程量计算规范》等九册各专业工程工程量计算规范，GB/T 50353《建筑工程建筑面积计算规范》、GB/T 50875《工程造价术语标准》、GB/T 51095《建设工程造价咨询规范》等。

行业协会推荐性规程，如中国建设工程造价管理协会发布的 CECA/GC1《建设项目投资估算编审规程》、CECA/GC2《建设项目设计概算编审规程》、CECA/GC3《建设项目工程结算编审规程》、CECA/GC4《建设项目全过程造价咨询规程》等。

第二类，计算设备数量和工程量的依据：

2）可行性研究资料。

3）初步设计、扩大初步设计、施工图设计图纸和资料。

4）工程变更及施工现场签证。

第三类，计算分部分项工程人工、材料、机械台班消耗量及费用的依据：

5）概算指标、概算定额、预算定额。

6）人工单价。

7）材料预算单价。

8）机械台班单价。

9）工程造价信息。

第四类，计算建筑安装工程费用的依据：

10）费用定额。

11）价格指数。

第五类，计算设备费用的依据：

12）设备价格、运杂费率等。

第六类，计算工程建设其他费用的依据：

13）用地指标。

14）各项工程建设其他费用定额等。

第七类，相关的法规和政策：

15）包含在工程造价内的税种、税率。

16）与产业政策、能源政策、环境政策、技术政策和土地等资源利用政策有关的取费标准。

17）利率和汇率。

18）其他计价依据。

（2）按使用对象分类

第一类，规范建设单位（业主）计价行为的依据：可行性研究资料、用地指标、工程建设其他费用定额等。

第二类，规范建设单位（业主）和承包商双方计价行为的依据：包括国家标准 GB 50500《建设工程工程量清单计价规范》、系列计量规范和 GB/T 50353《建筑工程建筑面积计算规范》、GB/T 51095《建设工程造价咨询规范》，中国建设工程造价管理协会发布的建设项目投资估算、设计概算、工程结算、全过程造价咨询等规程；初步设计、扩大初步设计、施工图设计；工程变更及施工现场签证；概算指标、概算定额、预算定额；人工单价；材料预算单价；机械台班单价；工程造价信息；费用定额；设备价格、运杂费率等；包括在工程造价内的税种、税率；利率和汇率；其他计价依据。

4.1.2 工程计量计价基本依据

工程计量计价的基本依据及标准主要包括工程计价活动过程中的相关规章规程、工程量清单计价规范、工程量计算系列规范、工程清单计价定额、相关定额指标和工程造价信息及指数等。建设活动过程中，不同阶段计价所需要的依据和标准是不同的。计价活动的相关规章规程根据其具体内容可以适用于不同阶段的计价活动，工程定额及指标一般可用于工程投资估算、概算和预算，在工程建设的主要实施阶段，工程量清单计价规范及计量规范和清单定额就是计价的主要依据，而造价信息及基期指数则是计价活动中最为必需的依据之一。

1. 工程计量依据

（1）规范各专业工程工程量计算的依据　工程数量的准确性会直接影响工程造价确定结果的准确程度，因此在工程建设的各个阶段，应分别依据可行性研究资料，初步设计、扩大初步设计、施工图设计图纸和资料，工程变更及施工现场签证等获得工程量计算的基础数据。

在工程招标投标及工程合同实施阶段，为实现公平竞争原则，采用了统一的工程量清单，以规范的形式规定了各专业工程统一的工程量计算规则。与工程计量相关的规范有GB/T 50353《建筑工程建筑面积计算规范》、GB 50854《房屋建筑与装饰工程工程量计算规范》、GB 50855《仿古建筑工程工程量计算规范》、GB 50856《通用安装工程工程量计算规范》、GB 50857《市政工程工程量计算规范》、GB 50858《园林绿化工程工程量计算规范》、GB 50859《矿山工程工程量计算规范》、GB 50860《构筑物工程工程量计算规范》、GB 50861《城市轨道交通工程工程量计算规范》、GB 50862《爆破工程工程量计算规范》等。

（2）计算生产要素消耗量的依据　生产要素的消耗是工程分部分项综合单价确定的基础性数据，可通过现行的概算指标、概算定额、消耗量定额、预算定额，工程造价信息等获得所需要的分部分项工程人工、材料、机械台班消耗量标准。

2. 工程计价依据

（1）工程量清单计价规范　工程计价依据主要包括计价活动的相关规章规程、工程量清单计价规范、预算定额以及相关信息。为了更加广泛深入地推行工程量清单计价，规范建设工程发承包双方的计量、计价行为，我国自2003年发布GB 50500《建设工程工程量清单计价规范》以来，相继发布了GB/T 50353《建设工程建筑面积计算规范》、GB 50501《水利工程工程量清单计价规范》、GB/T 50531《建设工程计价设备材料划分标准》。经过数次修订后，2013年发布了GB 50500《建设工程工程量清单计价规范》，计价规范统一规定了工程建设招标投标阶段招标控制价与投标报价的编制内容及格式，同时对合同价款的约定、工程价款支付、合同价款的调整、合同价款期中支付、竣工结算与支付、合同价款争议的解决、工程造价鉴定等问题做了详尽的解释与规定。计价规范以及9个专业工程的计量规范的实施，在工程造价计价领域逐渐建立了全国统一的建设工程计价计量规范标准体系。

（2）工程定额　工程定额主要指国家、省、有关专业部门制定发布的各专业工种的基础定额、计价定额、概算定额、概算指标、投资估算指标、预算定额等，主要有工程消耗量定额和工程计价定额两大类。

（3）工程造价信息　建设工程造价全过程管理及信息化管理是必然的发展趋势，工程造价信息的收集、建立和运用在现代工程造价管理中十分必要。工程造价信息主要包括价格信息、工程造价指数和已完工程信息等。

4.2 工程定额

4.2.1 工程计价定额

工程定额是在合理的劳动组织和合理地使用材料与机械的条件下，完成规定计量单位的合格建筑安装产品所消耗的资源的数量标准。工程定额是一个综合概念，是建设工程计价和管理中各类定额的总称，是建设工程计量与计价的重要依据。

工程计价定额指直接用于工程计价的定额或指标，包括预算定额、概算定额、概算指标和投资估算指标等。

在前面章节工程定额分类中，可以了解定额有很多类型。但主要的类型可以划分为基础性定额、计价定额和工期定额。基础性定额涉及施工过程和施工工序，是对施工过程和施工时间的具体分解，是对基本生产要素即人工、材料、施工机械台班资源消耗的基本定义及合理确定，它是工程定额体系的基本组成部分，决定了定额分项工程内容及定额水平。在工程计价实际中，并不直接采用，但它却是计价定额编制必须采用的基础，是解决和解释工程造价纠纷的重要依据。计价定额可直接用于计算建筑产品的价格，是建设项目特别是国家投资项目工程造价定价的主要依据，其编制质量、组成内容、定额水平决定了整个建筑行业的价格水平，既直接影响建设单位或项目业主的投资力度和效益高低，也影响施工企业的成本控制和利润水平。工期定额是规定或衡量正常施工期限长短的数量标准，表面上与工程造价无直接关系，但工期的确定同样影响造价的确定，实际要求的工期比定额工期短，短到一定程度时会产生赶工费用，增加造价；实际工期比定额工期延长，延长到一定程度会增加摊销费用和管理费用，同样增加工程造价。

施工定额是建筑安装企业为组织生产和加强管理在企业内部使用的一种定额，是确定建筑安装工人在合理的劳动组织或工人小组在正常施工条件下，为完成某种单位合格产品所需人工、材料、机械台班消耗的数量标准。而消耗量定额是由建设行政主管部门根据合理的施工组织和正常施工条件制定的生产一定计量单位合格工程产品所需人工、材料、机械台班的社会平均消耗量标准。两者都反映的是资源消耗量标准，但两者编制的水平不同，都不能直接用于计价，属于基础性定额。

在建筑安装的施工生产过程中，要根据不同的需要去选择和使用不同的定额。如企业的内部管理中有人工消耗定额、材料消耗定额、机械台班定额和企业定额等。又如计算和确定建筑工程造价、编制招标控制价、建设资金拨付等要使用计价定额、预算定额、费用定额等。不同的计价定额用于建设项目的不同阶段作为确定和计算工程造价的依据。

4.2.2 预算定额

1. 预算定额的概念

预算定额是建筑工程预算定额和安装工程预算定额的总称，指在正常的施工条件下，完成一定计量单位合格分项工程和结构构件所需消耗的人工、材料、施工机械台班数量及其费用标准，是计算建筑安装产品价格的基础。

预算定额一般由建设行政主管部门编制，是工程建设中一项重要的技术经济文件，它的各项指标反映了完成单位分项工程消耗的活劳动和物化劳动的数量限额及单价，并最终决定单位工程的成本和造价。

2. 预算定额的作用

1）预算定额是编制工程预算，确定和控制工程造价的主要依据。施工图设计一经确定，工程预算造价就取决于预算定额水平和人工、材料与机械台班的价格。预算定额起到控制人工消耗、材料消耗、机械台班消耗的作用，进而起到控制建筑产品价格的作用。因此预算定额是编制工程预算、确定工程造价的主要依据。

2）预算定额是对设计方案和施工方案进行技术经济比较和技术经济分析的依据。设计方案和施工方案在整个工程造价的控制过程中有着非常重要的作用。设计和施工方案不仅要满足使用功能，符合设计施工验收规范，而且要真正体现技术先进基础上的经济合理。不同的设计和施工方案影响着同一个建设项目的工程造价，这种影响力是通过预算定额来实现的。

3）预算定额是合理编制招标控制价、投标报价的基础。按照相关规定，编制招标控制价必须使用政府主管部门制定的预算定额。编制投标报价时，预算定额不强制作为施工单位必须使用的指令性文件，但定额中的各要素消耗量的科学性仍然使其作为投标报价编制的基础性依据，同时也为施工企业报价提供有效的参考数据。

4）预算定额是工程结算的依据。工程结算是建设单位和施工单位按照工程进度对已完工程实现价款支付的行为。按照进度支付工程款，需要根据预算定额计算已完工程造价。施工单位在单位工程验收后，再按竣工工程量、预算定额和施工合同规定编制竣工结算，建设单位依据施工合同及预算定额审核后将其作为拨付建设资金、办理竣工结算的依据。

5）预算定额是施工企业进行经济活动分析的依据。预算定额是确定建设工程造价和施工企业收入的依据，施工企业可以根据预算定额和施工中的具体消耗情况进行分析，查找出施工中的薄弱环节和高消耗环节，从而改善经营管理方法，提高施工企业在市场上的竞争力。

6）预算定额是编制概算定额和概算指标的基础。把预算定额作为概算定额和概算指标的编制基础，原因在于概算定额和概算指标是在预算定额的基础上综合扩大编制的，这样编制出的概算定额和概算指标在水平上与预算定额一致，同时可以节省时间和人力。

3. 预算定额的编制原则

为了保证预算定额的编制质量，充分发挥预算定额在使用过程中的作用，在编制过程中必须贯彻以下原则：

（1）社会平均水平的原则　预算定额是确定建筑安装产品价格的依据之一，理应遵循价值规律的客观要求，即按生产该产品的社会必要劳动时间来确定预算定额水平。这就是说，在正常施工条件下，以平均的劳动强度、平均的技术熟练程度，在平均的技术装备条件下，完成单位合格产品所需的劳动消耗量就是预算定额的消耗量水平。这种以社会必要劳动时间来确定的定额水平，就是通常所说的社会平均水平。

（2）简明适用的原则　定额的简明与适用是统一体中的两个矛盾。如果只强调简明，适用性就差；如果只强调适用，简明性就差。因此，预算定额的简明适用原则要体现在适用的基础上力求简明。

简明适用的原则主要体现在以下几个方面：

1）为了满足各方面使用的需要（编制预算、办理结算、成本核算、编制各种计划等），不但要注意项目齐全，而且要注意补充新结构、新工艺、新技术、新材料使用的项目。

2）明确预算定额的计量单位时，要考虑简化工程量的计算；如砌墙定额的计量单位用“m^3”要比用“块”更简便。

3）预算定额中的各种说明，要简明扼要，浅显易懂。

4）预算定额要尽量少留缺口，减少使用过程中的换算量。

(3) 坚持统一性和差别性相结合的原则 坚持统一性和差别性相结合，指在国务院建设行政管理部门统一定额制定或修订定额的基础上，结合各部门和省、自治区、直辖市以及各地区的具体情况，制定部门和地区性定额、补充性制度和管理办法，以适应各地区及部门发展不平衡和差异大的实际情况。

4. 预算定额的编制依据

1) 现行施工定额。预算定额是在现行施工定额的基础上编制的。预算定额中的人工消耗指标、材料消耗指标、机械台班消耗指标，需要根据施工定额取定。预算定额的计量单位的选择也要以施工定额为参考，从而保证两者的协调性和可比性，减轻预算定额的编制工作量，提高预算定额的编制效率和质量。

2) 现行的设计规范、施工验收规范、质量评定标准和安全操作规程。

3) 具有代表性的标准图和已选定的典型工程施工图。对这些图纸进行仔细分析研究，并计算出工程量，作为编制预算定额时选择施工方法确定定额的依据。

4) 成熟推广的新技术、新结构、新材料、新工艺。这类资料是调整定额水平和增加新的定额项目所必需的依据。

5) 施工现场的测定资料、实验资料和统计资料。这类资料是确定定额水平的重要依据。

6) 现行预算定额及基础资料和地区材料预算价格、工资标准及机械台班预算价格。

5. 预算定额的编制程序

(1) 准备工作阶段 根据国家或授权机关关于编制预算定额的指示，由主管工程建设工作的部委主持，组织编制预算定额的领导机构和各专业小组；拟定编制预算定额的工作方案，提出编制预算定额的基本要求，确定预算定额编制原则、适用范围，调查研究、收集各种编制依据和资料。

(2) 编制定额阶段 首先，对收集的资料进行深入细致的分析研究，确定编制方案细则，即统一项目的划分标准、工程量计算规则、计量单位及编制表格的规范格式。由于预算定额在施工定额基础上编制而成，以分部分项工程或结构构件为研究对象，因此在计量单位和工作内容上都较施工定额综合。

其次，要根据编制方案中项目划分的规定和所选定的典型施工图计算各定额项目的工程量。计算典型工程的施工过程的工程量，便于以施工定额中的各工序中人工、材料、机械消耗量为基础计算预算定额的各要素的消耗量。

最后，在已有施工定额的各项消耗指标基础上，计算预算定额中的分项工程的人工、材料和机械台班消耗量，编制预算定额项目表。

定额编制基本完成后，需要复核计算结果以及测算定额水平，即将新编定额与原定额进行比较，测算新定额水平是提高还是降低，并分析定额水平提高或降低的原因。

(3) 修改和审查定稿阶段 定额编制初稿完成以后，需要组织征求各有关方面的意见，通过反馈意见分析研究，在统一意见的基础上整理分类并制定修改方案。根据修改方案将预算定额初稿按照定额的顺序进行修改无误后形成报批稿，同时写出预算定额编制说明和送审报告，连同预算定额报批稿报送主管机关审批。定额批准后交付印刷。

6. 预算定额的编制方法

(1) 预算定额计量单位的确定 预算定额计量单位的选择与预算定额的准确性、简明适用性及预算工作的复杂性密切相关。因此，在确定预算定额的各种消耗量指标之前，应首先确定其计量单位。预算定额计量单位与施工定额往往不同。施工定额的计量单位一般按工序或工作过程确定；而预算定额的计量单位，主要根据分部分项工程的形体和结构构件特征及其变化确定。预算定额的计量单位具有综合的性质，所选择的计量单位要根据工程量计算规则规定并确切反映定额所包含的工作内容。

一般说来，当物体的长、宽、高三个度量都经常发生变化时，应选用立方米作为计量单位，如砖石、土石方工程和混凝土工程分部中的大部分地区工程项目；当物体的三个度量中有两个度量经常发生变化，即当物体有一固定的厚度，而长、宽两个度量所决定的面积不固定时，应选用平方米为计量单位，如地面、屋面、装饰抹灰等分项工程；当物体截面形状基本固定或无规律性变化，但长度不固定时，应以延长米作为计量单位，如管道、线路安装工程等；如果工程量主要取决于设备或材料的质量时，还可以按吨、千克作为计量单位；有的分项工程还可以按个、组、座、套等自然计量单位。预算定额中各项人工、机械和材料的计量单位选择，相对比较固定，人工和机械按“工日”“台班”计量。

（2）选择有代表性、典型的各类设计图和资料计算工程数量　计算工程量的目的，是通过分别计算典型设计图所包括的施工过程的工程量，以便在编制预算定额时，有可能利用施工定额或劳动定额的人工、机械和材料消耗指标确定预算定额所含工序的消耗量。

7. 预算定额中人工、材料、机械台班消耗量的确定

预算定额中生产要素消耗量的确定，指预算定额中人工消耗量、材料消耗量和机械台班消耗量的确定。也即前述消耗量定额中的人工定额消耗量、材料定额消耗量和机械台班定额消耗量的确定。消耗量定额是由政府建设行政主管部门制定的，预算定额也是由政府建设行政主管部门制定的，都代表工程造价的社会平均水平，只是内容和使用范围不同。消耗量定额只反映要素资源在正常情况下消耗的数量标准，不反映货币价格，它是建设项目实施阶段控制和管理人工、材料、机械台班消耗的标准，是进行施工作业的控制以及生产班组经济核算的依据。而预算定额中既有人工、材料、机械台班这些资源要素的标准消耗量，又有与这些要素消耗量对应的单价，可以直接用于建筑产品的计价，是建设项目进行全过程造价管理，对工程合同价款进行调整、变更、索赔的重要依据。

（1）人工工日消耗量的确定　工日消耗量指在正常施工条件下，完成定额规定计量单位的建筑安装产品所消耗的生产工人的工日数量。预算定额中的人工工日消耗量指完成该分项工程必须消耗的各种用工。包括基本用工、超运距用工、辅助用工和人工幅度差。预算定额中各消耗量可直接以人工消耗定额为基础来确定，当遇人工定额缺项时，也可通过现场观测获得基本数据来计算。

（2）材料消耗量的确定　材料消耗量指在正常施工条件下，完成定额规定计量单位的建筑安装产品所消耗的各类材料的净用量和不可避免的损耗量。材料消耗量可根据工程中材料的不同特点分别采用不同方法计算。

1）对于有标准规格的材料，按规范要求计算预算定额单位耗用量，如砌体中的砖、砂浆；防水工程中的防水卷材；楼地面工程中的块料面层等。

2）设计图纸标注有尺寸及注有相关要求的按设计图纸尺寸计算材料净用量，如门窗制作用材料等。

3）各种胶结、涂料等材料的配合比用料，可以根据要求进行换算得出材料用量。如砂浆、混凝土等。

4）实验室试验法和现场观察法。对于各种强度等级的混凝土及各种配合比的砌筑砂浆耗用的原材料数量的计算，需按规范要求试配经过试压合格并经必要调整后得出的水泥、砂子、石子、水的用量，这些均需要在实验室完成；对新材料、新结构又不能用其他方法计算定额耗用量时，需用现场测定方法来确定，得出定额的消耗量。

材料损耗量指在正常施工条件下不可避免、合理的材料损耗，如现场内材料运输损耗及施工操作过程中的损耗等。各地区、各部门都在合理测定和积累资料的基础上编制了材料的损耗率表，实际中可遵照执行。

（3）施工机械台班消耗量的确定　施工机械台班消耗量指在正常施工条件下，完成定额规定计量单位的建筑安装产品所消耗的施工机械台班的数量。预算定额的施工机械台班消耗量的计量单位是台班。每个工作台班按机械工作八小时计算。预算定额中的机械台班消耗指标应按照全国统一的劳动定额中各种机械施工项目所规定的台班产量进行计算。预算定额中使用机械为主的项目（如机械挖土），其工人组织和台班产量应按照人工定额中的机械施工项目综合，同时还在此基础上考虑机械幅度差；预算定额项目中以施工机械配合工人班组工作的，施工机械要按工人小组配置使用，如墙体的砌筑、混凝土的浇筑、砂浆的使用等都是塔式起重机等垂直运输机械配合工人进行相关工作的，此种情况施工机械就不应增加机械幅度差。

8. 预算定额中人工、材料、机械台班单价的确定

预算定额中的人工消耗量、材料消耗量和机械台班消耗量确定以后，就需要确定人工、材料、机械台班单价。这个单价，体现的是社会平均水平，是控制和管理工程造价的基础。

（1）人工单价的确定

1）人工单价的概念及组成。人工单价指一个建筑安装生产工人一个工作日在计价时应计入的全部人工费用。而构成定额单价中的人工费指根据统一定额中规定的完成该分部分项工程或结构构件的合格产品所消耗的各种人工数量与相应的人工单价的乘积之和。因此，合理确定人工工日单价是正确计算定额人工费和工程造价的前提和基础。即

$$某分项工程定额人工费 = \sum 完成该分项工程各工种定额人工消耗量 \times 相应人工单价$$

人工单价包括工人的计时工资或计件工资、奖金、津贴、补贴、加班加点工资以及特殊情况下支付的工资。人工单价组成如图 4-1 所示。

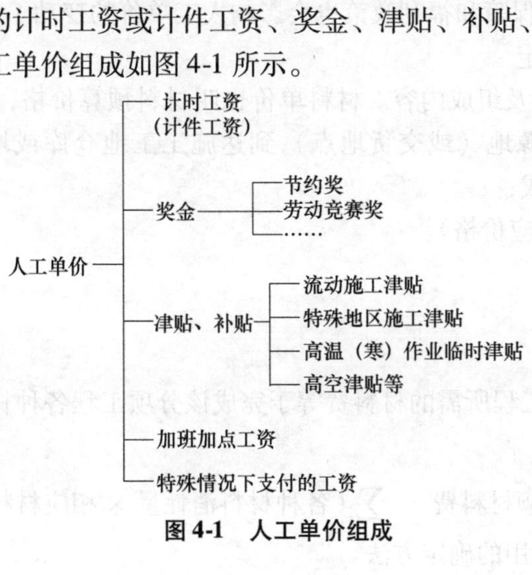

图 4-1　人工单价组成

2）人工日工资单价的确定。

① 年平均每月法定工作日。由于人工日工资单价是每一个法定工作日的工资总额，因此需要对年平均每月法定工作日进行计算。计算公式如下：

$$年平均每月法定工作日=\frac{全年日历日-法定假日}{12} \tag{4-1}$$

式（4-1）中，法定假日指双休日和法定节日。

② 日工资单价的计算。确定了年平均每月法定工作日后，将上述工资总额进行分摊，即形成了人工日工资单价。计算公式如下：

$$日工资单价=\frac{\dfrac{生产工人平均月工资}{（计时、计件）}+平均月\left(奖金+\dfrac{津贴}{补贴}+\dfrac{加班加}{点工资}+\dfrac{特殊情况下}{支付的工资}\right)}{年平均每月法定工作日} \tag{4-2}$$

③ 日工资单价的管理。虽然施工企业投标报价时可以自主确定人工费，但由于人工日工资单价在我国具有一定的政策性，因此工程造价管理确定日工资单价应通过市场调查，根据工程项目的技术要求，参考实物工程量人工单价综合分析确定，发布的最低日工资单价不得低于工程所在地人力资源和社会保障部门发布的最低工资标准：普工 1.3 倍、一般技工 2 倍、高级技工 3 倍。

3）影响人工单价的因素。

① 社会平均工资水平取决于经济发展水平，经济增长越迅速，社会平均工资涨幅也越大。

② 生产消费指数的提高会影响人工单价的提高，以减少生活水平的下降，或维持原来的生活水平。生活消费指数的变动决定于物价的变动，尤其决定于生活消费品物价的变动。

③ 人工单价组成内容中的医疗保险、事业保险、住房消费等都列入人工单价就会提高人工单价。

④ 劳动力市场供需变化。在劳动力市场，如果供大于给，人工单价就会提高，反之就会下降。

⑤ 政府推行的社会保障和福利政策也会影响人工单价的变动。

（2）材料单价的确定

1）材料单价的概念及组成内容。材料单价也叫材料预算价格，指材料（包括构件、成品及半成品等）从其来源地（或交货地点）到达施工工地仓库或堆放场地后的出库价格。材料单价由下列费用组成：

① 材料原价（或供应价格）。

② 材料运杂费。

③ 运输损耗费。

④ 采购及保管费。

定额中完成某分项工程所需的材料费等于完成该分项工程各种材料消耗量与相应材料单价的乘积之和。即

$$定额材料费=\sum（各种材料消耗量\times相应材料单价） \tag{4-3}$$

2）材料单价中各费用的确定方法。

① 材料原价（或供应价格）的确定。材料原价（或供应价格）指材料、工程设备的出厂价格或商家供应价格。原价的确定，对同一种材料，因来源地、供应渠道或制造商不同出现几种原价时，其综合原价可按其不同来源地供应量的比例，采取加权平均的方法计算其材料原价。其计算公式为

$$\overline{P} = \frac{\sum P_i Q_i}{\sum Q_i} \tag{4-4}$$

式中 $\overline{P}$——材料原价；

$\sum P_i Q_i$——该式中的 P_i 表示各材料来源地的材料原价；Q_i 表示各材料来源地的材料的数量；$\sum P_i Q_i$ 为付出的总金额；

$\sum Q_i$——各来源地的材料总数量。

② 材料运杂费的确定。材料运杂费指材料、工程设备自来源地运至工地仓库或指定堆放地点所发生的全部费用。包括调车费和驳船费、装卸费、运输费、过境过桥费及附加工作费等。同一品种的材料如有若干个来源地，其运杂费用应根据材料来源地、运输里程、运输方法和运价标准，采用加权平均的方法计算。

$$\overline{T} = \frac{\sum Q_i T_i}{\sum Q_i} \tag{4-5}$$

式中 $\overline{T}$——材料运杂费；

$\sum Q_i T_i$——该式中的 T_i 表示各材料来源地的材料运杂费；Q_i 表示各材料来源地的材料的数量；$\sum P_i Q_i$ 为各地材料运杂费的总金额；

$\sum Q_i$——各来源地的材料总数量。

③ 运输损耗费的确定。运输损耗费指材料在运输装卸过程中不可避免的损耗。该运输损耗费计算公式：

$$材料运输损耗 = (材料原价 + 材料运杂费) \times 相应运输损耗率 \tag{4-6}$$

④ 采购及保管费的确定。采购及保管费指组织采购、供应和保管材料、工程设备的过程中所需要的各项费用。包括采购费、仓储费、工地保管费、仓储损耗。采购及保管费一般按材料到库价格以规定费率计算。计算方法如下：

$$材料采购及保管费 = (材料原价 + 材料运杂费 + 运输损耗费) \times 采购及保管费率 \tag{4-7}$$

以上四项费用之和即是材料单价，可以综合为一个计算式：

$$\begin{aligned} 材料单价 &= (材料原价 + 材料运杂费 + 运输损耗费 + 采购及保管费) \\ &= [(材料原价 + 材料运杂费) \times (1 + 运输损耗费率)] \times (1 + 采购及保管费率) \end{aligned} \tag{4-8}$$

【例 4-1】 某建筑工地水泥需要从甲乙两地进行运输。已知从甲地运输水泥 80t，水泥原价为 320 元/t，运输距离为 10km，运杂费 9 元/t；从乙地运输水泥 100t，水泥原价为 325 元/t，运输距离为 12km，运输费 10 元/t。运输损耗率均为 1%，采购保管费率为 3%，试求每吨水泥的预算单价。

解:

每吨水泥的加权平均原价 =(80 × 320 + 100 × 325) ÷ (80 + 100)元/t = 322.78 元/t

每吨水泥的加权平均运杂费 =(80 × 9 + 100 × 10) ÷ (80 + 100)元/t = 9.56 元/t

每吨水泥的运输损耗 =(322.78 + 9.56)元/t × 1% = 3.32 元/t

每吨水泥的采购保管费 =(322.78 + 9.56 + 3.32)元/t × 3% = 10.07 元/t

每吨水泥的预算单价 =(322.78 + 9.56 + 3.32 + 10.07)元/t = 345.73 元/t

3）影响材料单价的因素。

① 市场材料供需的变化会影响材料单价的涨落。

② 材料生产成本的变动会直接影响材料单价。

③ 流通环节的多少和材料供应体制也会影响材料单价。

④ 运输距离和运输方法的改变会影响材料运输费用，从而也影响到材料单价。

⑤ 国际市场行情会对进口材料的单价产生影响。

（3）施工机械台班单价的确定

1）机械台班单价的概念及其组成。施工机械台班单价指一台施工机械，在正常运转条件下，一个工作班中所发生的分摊和支出费用。施工机械台班单价是确定施工机械使用费的基础。某分项工程定额单价中的机械费指完成该分部分项工程所消耗的各种机械台班数量与相应的机械台班单价的乘积之和。该单价由七部分组成。

① 折旧费。

② 大修理费。

③ 经常修理费。

④ 安拆费及场外运输费

⑤ 人工费。

⑥ 燃料动力费。

⑦ 税费。

以上①~④项费用称为第一类费用，它属于分摊性质的费用，也称为不变费用。

以上⑤~⑦项费用称为第二类费用，它属于支出性质的费用，也称为可变费用。

2）机械台班单价的计算方法。

① 折旧费计算：

$$\text{台班折旧费} = \frac{\text{机械预算价格} \times (1 + \text{残值率}) \times \text{时间价值系数}}{\text{耐用总台班}} \tag{4-9}$$

机械预算价格指由机械出厂价格和由生产厂（销售单位交货地点或口岸）运输到使用单位机械主管部门验收合格入库的全部费用。国产机械预算价格由机械原值、供销部门手续费、一次运杂费和车辆购置税组成。进口机械预算价格计算可参考进口设备价格计算方法。

残值率指机械报废时其收回残值占原有价值的比率。残值率按目前有关规定：运输机械 2%，掘进机械 5%，特大机械 3%，中小型机械 4%。

耐用总台班指施工机械设备从开始投入使用直到报废前所使用的总台班数。

$$\text{耐用总台班} = \text{折旧年限} \times \text{年工作台班} = \text{大修理间隔台班} \times \text{大修理周期} \tag{4-10}$$

时间价值系数指购置施工机械的资金在施工生产过程中随着时间的推移而产生的单位增值。

$$时间价值系数 = 1 + \frac{(折旧年限 + 1)}{2} \times 年折现率 \tag{4-11}$$

② 大修理费计算：

$$台班大修理费 = \frac{一次大修理费 \times 寿命期内大修理次数}{耐用总台班} \tag{4-12}$$

一次大修理费指机械设备按照相关规定的大修理范围内的修理工作内容，所需更换的配件、材料、机械和工时及送修运费。

寿命期内修理次数指机械设备在正常的施工作业条件下，按照其使用周期数减一。即

$$寿命期内大修理次数 = 使用周期数 - 1 \tag{4-13}$$

③ 经常修理费计算。经常修理费计算公式较为复杂，为简化计算，在编制施工机械台班费用定额时可采用下列公式：

$$台班经常修理费 = 台班大修费 \times K \tag{4-14}$$

式中 K——台班经常修理费系数。

$$K = \frac{典型机械台班经常维修费}{典型机械台班大修理费} \tag{4-15}$$

④ 安拆费和场外运输费计算。安拆费及场外运输费根据施工机械不同分为计入台班单价、单独计算和不计算三种类型。工地间移动较为频繁的小型机械及部分中型机械，其安拆费及场外运输费计入台班单价；移动有一定难度的特、大型（包括少数中型）机械的安拆费及场外运输费应单独计算；不需安装、拆卸且自身又能开行的机械和固定在车间不需安装、拆卸及运输的机械，不计算安拆费和场外运输费。

台班安拆费及场外运输费计算公式为

$$台班安拆费及场外运输费 = \frac{一次安拆费及场外运输费 \times 年平均安拆次数}{年工作台班} \tag{4-16}$$

一次安拆费包括施工现场机械安装和拆卸一次所需要的人工费、材料费、机械费及试运转费。

一次场外运输费包括运输、装卸、辅助材料和架线等费用。

年平均安拆次数应以《全国统一施工机械保养修理技术经济定额》为基础，由各地区（部门）结合具体情况确定。

自升式塔式起重机安拆费的超高起点及增加费，各地（部门）可根据具体情况确定。

⑤ 人工费计算：

$$台班人工费 = 人工消耗量 \times \left(1 + \frac{年制度工作日 - 年工作台班}{年工作台班}\right) \times 人工日工资单价 \tag{4-17}$$

人工消耗量指机上驾驶员及其他操作人员的工日消耗。

年度工作日执行编制期国家有关规定。

人工日工资单价应执行编制期工程造价管理部门有关规定。

⑥ 燃料动力费计算：

$$台班燃料动力费 = 台班燃料动力消耗量 \times 相应单价 \tag{4-18}$$

台班燃料动力消耗量应根据施工机械技术指标以及实测资料综合确定。燃料动力单价应执行编制期工程造价管理部门的有关规定。

⑦ 税费。税费应按照国家规定标准计算。通常按以下公式计算：

$$税费=\frac{年养路费+年车船使用税+年保险费+年检费用}{年工作台班} \tag{4-19}$$

3）影响机械台班单价变动的因素。

① 施工机械的价格是影响机械台班单价的重要因素。

② 机械使用年限会影响折旧费的提取以及经常修理费、大修理费的开支。

③ 机械的供求关系、使用效率和管理水平直接影响机械台班单价。

④ 政府征收税费的规定等。

9. 预算定额基价

定额基价指反映完成定额项目规定的单位建筑安装产品，在定额编制期所需的人工费、材料费、施工机具使用费的总和。定额基价相对比较稳定，有利于简化工程概算（预算）的编制工作。定额基价属于不完全单价，只包含了人工、材料、机械台班的费用。

（1）定额基价的构成 预算定额的基价是由某分项工程的人工费、材料费、施工机具使用费之和构成。即

$$分项工程预算定额基价=人工费+材料费+施工机具使用费 \tag{4-20}$$

式中

$$人工费=\sum 分项工程定额工日数\times 人工单价 \tag{4-21}$$

$$材料费=\sum(分项工程材料消耗量\times 相应的材料单价) \tag{4-22}$$

施工机具使用费包括施工机械使用费、仪器仪表使用费或其租赁费两部分。

$$施工机械使用费=\sum(分项工程机械台班消耗量\times 相应的机械台班单价) \tag{4-23}$$

仪器仪表使用费指工程施工所需使用的仪器仪表的摊销及维修费用。

$$仪器仪表使用费=工程使用的仪器仪表摊销费+维修费 \tag{4-24}$$

预算定额基价是根据现行定额和当地的价格水平编制的，具有相对的稳定性。但是为了适应市场价格的变动，在编制预算时，必须根据当地工程造价管理部门发布的调价文件对固定的工程预算基价进行修正，修正后的工程单价乘以工程量，就可以获得符合实际市场情况的工程费用。

某地区预算定额的形式见表4-1。

表4-1 一般砖墙

工程内容：1. 调、运、铺砂浆 2. 安放木砖、铁件、砌砖 （单位：$10m^3$）

定额编号				1C0011	1C0012	1C0013
项目		单位	单价	砖墙		
				混合砂浆（细砂）		
				M2.5	M5	M7.5
基价		元		1261.85	1301.49	1347.19
其中	人工费	元		191.84	191.84	191.84
	材料费	元		969.30	1008.94	1054.64
	机械费	元		100.71	100.71	100.71

（续）

定额编号		单位	单价	1C0011	1C0012	1C0013
项　目				砖　墙		
				混合砂浆（细砂）		
				M2.5	M5	M7.5
材料	混合砂浆（细砂）M2.5	m^3	102.30	2.24	—	—
	混合砂浆（细砂）M5	m^3	120.00	—	2.24	—
	混合砂浆（细砂）M7.5	m^3	140.40	—	—	2.24
	水泥砂浆（细砂）M2.5	m^3	124.32	—	—	—
	水泥砂浆（细砂）M5	m^3	144.10	—	—	—
	水泥砂浆（细砂）M7.5	m^3	160.14	—	—	—
	红（青）砖	m^3	140.00	5.26	5.26	5.26
	石灰膏	m^3		(0.40)	(0.36)	(0.27)
	水泥	kg		(378.56)	(537.6)	(716.80)
	细砂	m^3		(2.64)	(2.51)	(2.51)
	中砂	m^3		—	—	—
	水	m^3	0.40	2.16	2.16	2.16
	其他材料费	元		2.88	2.88	2.88

（2）定额基价的套用　当施工图的设计要求与预算定额的项目内容一致时，可直接套用预算定额。

在编制单位工程施工图预算的过程中，大多数项目可以直接套用预算定额。套用时应注意以下几点：

1）根据施工图、设计说明和做法说明选择定额项目。

2）要对工程内容、技术特征和施工方法仔细核对，才能准确地确定相对应的定额项目。

3）分项工程项目名称和计量单位要与预算定额一致。

（3）定额基价的换算　当施工图中的分项工程项目不能直接套用预算定额时，就产生了定额的换算。

1）换算类型。预算定额的换算类型有以下三种：

① 当设计要求与定额项目配合比、材料不同时的换算。

② 乘系数的换算。按定额说明规定对定额中的人工费、材料费、机械费乘以各种系数的换算。

③ 其他换算。

2）换算的基本思路。根据某一相关定额，按定额规定换入增加的费用，扣除减少的费用。这一思路用下列表达式表述：

$$换算后的定额基价=原定额基价+换入的费用-换出的费用 \tag{4-25}$$

3）适用范围。适用于砂浆强度等级、混凝土强度等级、抹灰砂浆及其材料与定额不同时的换算。

概算定额、概算指标、投资估算指标，都属于工程计价依据。概算定额是初步设计阶段编制设计概算和技术设计阶段编制修正概算的依据，是对建设项目进行技术经济分析和比较的重要基础性资料；概算指标是建设管理部门编制投资估算和编制基本建设计划，估算主要材料用量、工程设备数量的重要依据；投资估算指标是建设项目编制项目建议书、可行性研究报告等前期工作的主要依据。这三个依据的概念和内容前述章节已经介绍，这里不再赘述。

4.3 建设工程工程量清单计价规范

4.3.1 计价规范的特点和主要内容

1. 计价规范的特点

为了适应我国建设工程管理体制改革以及建设市场发展的需要，规范建设工程各方的计价行为，进一步深化工程造价管理模式的改革，我国在 2003 年颁布了 GB 50500—2013《建设工程工程量清单计价规范》，经过几年的实践，2008 年在此基础上修订并发布了 GB 50500—2008《建设工程工程量清单计价规范》。为了进一步适应建设市场的发展，充分借鉴国外经验，总结我国工程建设实践，进一步健全、完善计价规范，于 2012 年 12 月发布了 GB 50500—2013《建设工程工程量清单计价规范》，并于 2013 年 7 月 1 日正式实施。

作为工程计价的主要依据，GB 50500—2013《建设工程工程量清单计价规范》按照依法、权责对等、公平交易、可操作性以及从约原则进行编制与修订，GB 50500—2013《建设工程工程量清单计价规范》具有如下特点：

（1）计价规范的适用范围进一步扩大　规范明确规定了建设工程发承包及实施阶段的计价活动均适用于该规范，而不仅仅适用于工程量清单计价活动。表明了不论何种计价活动，必须执行计价规范，对规范发承包双方计价行为有了统一标准。

（2）突出了工程计价的强制性规定　规范中增加了部分强制性条文，进一步强化对发承包双方计价行为合理性的约束。

（3）明确了工程计价风险分担的范围　根据法律法规的规定，规范进一步细化、细分了发承包阶段工程计价的风险，并提出了风险分摊承担的规定，为发承包双方共同应对计价风险提供了依据。

（4）规范不同合同形式的计量与价款支付　规范明确了单价合同与总价合同应采用的不同计量计价方法，并提出了单价合同中的总价项目和总价合同的价款支付分解及支付解决办法。

（5）统一了合同价款调整的分类内容及合同价款争议解决的方法　规范中将造成合同价款调整的因素归纳为 5 类 15 个方面，并明确将索赔纳入合同价款调整内容。当发承包双方的工程价款纠纷不能协商和解与调解而进入司法程序时，工程造价鉴定意见便成为案件裁决或判决的依据，因此规范在合同争议解决方法中增加了工程造价鉴定的相关规定。

（6）确立了施工全过程造价控制与工程结算的原则　规范从合同约定到竣工结算的全过程均设置了可操作性条文，为发承包双方在施工全过程中管理工程造价与竣工结算提供了规范性依据。

此外，规范在名词、术语和条文的设置上尽量与施工合同相衔接，既重视规范指导作用又尊重发承包双方意愿，为造价管理与合同管理搭建统一平台。

2. 计价规范的主要内容

GB 50500—2013《建设工程工程量清单计价规范》包括：总则、术语、一般规定、工程量清单编制、招标控制价、投标报价、合同价款约定、工程计量、合同价款调整、合同价款中期支付、竣工结算与支付、合同解除的价款结算与支付、合同价款争议的解决、工程造价鉴定、工程计价资料与档案、工程计价表格16部分。

（1）总则　总则部分对《建设工程工程量清单计价规范》制定的目的及法律依据进行说明，并明确本规范适应于建设工程发承包及实施阶段的计价活动，规定了建设工程发承包及实施阶段的工程造价应该由分部分项工程费、措施项目费、其他项目费、规费和税金五部分组成；同时规范总则明确了招标工程量清单、招标控制价、投标报价、工程计量、合同价款调整、工程价款结算与支付以及工程造价鉴定等工程造价文件的编制与核对，应由具有专业资格的工程造价人员承担，承担工程造价文件的编制与核对的工程造价人员及其所在单位，应对工程造价文件的质量负责。

（2）术语　计价规范对工程量清单计价中涉及的名词术语进行了解释。2013计价规范的术语共52条，术语范围更广，界定更全面，基本解决了发承包双方容易产生歧义的内容。

计价规范中术语包括工程量清单、招标工程量清单、已标价工程量清单、综合单价、工程量偏差、暂列金额、暂估价、计日工、总承包服务费、规费、税金、招标控制价、投标价、签约合同价（合同价款）、竣工结算价等。另外，在计量规范中，还对措施项目、项目编码、项目特征等名词术语进行了解释。

1）工程量清单：载明建设工程分部分项工程、措施项目、其他项目的名称和相应数量以及规费、税金项目等内容的明细清单。

2）招标工程量清单：招标人依据国家标准、招标文件、设计文件以及施工现场实际情况编制的，随招标文件发布供投标报价的工程量清单，包括其说明和表格。

3）已标价工程量清单：构成合同文件组成部分的投标文件中已标明价格，经算术性错误修正（如有）且承包人已确认的工程量清单，包括其说明和表格。

4）综合单价：完成一个规定清单项目所需要的人工费、材料和工程设备费、施工机具使用费和企业管理费、利润以及一定范围内的风险费用。

5）工程量偏差：承包人按照合同签订时的图纸（含经发包人批准由承包人提供的图纸）实施，按照现行国家计量规范规定的工程量计算规则计算得到的完成合同工程项目应予计量的工程量与相应的招标工程量清单项目列出的工程量之间的偏差。

6）暂列金额：招标人在工程量清单中暂定并包括在合同价款中的一笔款项。用于工程合同签订时尚未确定或者不可预见的所需材料、工程设备、服务的采购，施工中可能发生的工程变更、合同约定调整因素出现时的合同价款调整以及发生的索赔、现场签证确认等的费用。

7）暂估价：招标人在工程量清单中提供的用于支付必然发生但暂时不能确定价格的材料、工程设备的单价以及专业工程的金额。

8）计日工：在施工过程中，承包人完成发包人提出的工程合同范围以外的零星项目或工作，按合同中约定的单价计价的一种方式。

9）总承包服务费：总承包人为配合协调发包人进行的专业工程分包，对发包人自行采购的材料、工程设备等进行保管以及施工现场管理、竣工资料汇总整理等服务所需的费用。

10）规费：根据国家法律、法规规定，由省级政府或省级有关权力部门规定施工企业必须缴纳的，应计入建筑安装工程造价的费用。

11）税金：国家税法规定的应计入建筑安装工程造价内的营业税、城市维护建设税、教育费附加和地方教育附加。

12）招标控制价：招标人根据国家或省级、行业建设主管部门颁发的有关计价依据和办法，以及拟定的招标文件和招标工程量清单，结合工程具体情况编制的招标工程的最高限价。

13）投标价：投标人投标时响应招标文件要求所报出的已标价工程量清单汇总后标明的总价。

14）签约合同价（合同价款）：发承包双方在工程合同中约定的工程造价，即包括了分部分项工程费、措施项目费、其他项目费、规费和税金的合同总金额。

15）竣工结算价：发承包双方依据国家有关法律、法规和标准规定，按照合同约定确定的，包括在履行合同过程中按合同约定进行的合同价款调整，是承包人按合同约定完成了全部承包工作后，发包人应付给承包人的合同总金额。

16）措施项目：为完成工程项目施工，发生于该工程施工准备和施工过程中的技术、生活、安全、环境保护等方面的项目。

17）项目编码：分部分项工程和措施项目清单名称的阿拉伯数字标识。

18）项目特征：构成分部分项工程项目、措施项目自身价值的本质特征。

（3）一般规定　包括计价方式、发包人提供的材料和工程设备、承包人提供的材料和工程设备、计价风险四部分内容。

在计价方式中以强制性条文的形式规定了“使用国有资金投资或国有资金投资为主的建设工程施工发承包，必须采用工程量清单计价”“分部分项工程和措施项目工程量清单应采用综合单价计价”“招标工程量清单标明的工程量是投标人投标报价的基础，竣工结算的工程量以承包人按照现行国家计量规范规定的工程量计算规则得到的完成合同工程应予计量的工程量确定”“措施项目中的安全文明施工费应按照国家或省级、行业建设主管部门的规定计算，不得作为竞争性费用”“规费和税金应按国家或省级、行业建设主管部门的规定计算，不得作为竞争性费用”；在计价风险中以强制性条文的形式规定了“建设工程施工发承包，应在招标文件、合同中明确计价中的风险内容及其范围（幅度），不得采用无限风险、所有风险或类似语句规定计价中的风险内容及其范围（幅度）”。

（4）招标工程量清单　包括一般规定、分部分项工程项目、措施项目、其他项目、规费、税金六部分内容。

在一般规定中明确了编制招标工程量清单应遵循的编制原则、编制依据以及编制主体。规定招标工程量清单必须由具有编制能力的招标人或受其委托、具有相应资质的工程造价咨询人或招标代理人编制。规定招标工程量清单必须作为招标文件的组成部分，其准确性和完整性由招标人负责。

（5）招标控制价　包括一般规定、编制与复核、投诉与处理三部分内容。

在一般规定中明确了国有资金投资的建设工程项目必须编制招标控制价。由于我国对国有资金投资项目的投资控制实行的是投资概算审批制度，因此国有资金投资的工程在招标过程中，招标人编制的招标控制价超过批准的概算时，招标人应将其报原概算审批部门审核。

投标人的投标报价高于招标控制价的，其投标应予以拒绝。同时，明确了招标控制价应由具有编制能力的招标人，或受其委托、具有相应资质的工程造价咨询人编制和复核。

(6) 投标报价　包括一般规定和编制与复核两部分内容。

根据《中华人民共和国反不正当竞争法》第十一条规定："经营者不得以排挤竞争对手为目的，以低于成本的价格销售商品。"《中华人民共和国招标投标法》第四十一条规定："中标人的投标应当符合下列条件……（二）能够满足招标文件的实质性要求，并且经评审的投标价格最低；但是投标价格低于成本的除外。"《评标委员会和评标方法暂行规定》（国家计委等七部委第 12 号令）第二十一条规定："在评标过程中，评标委员会发现投标人的报价明显低于其他投标报价或者在设有标底时明显低于标底的，使得其投标报价可能低于其个别成本的，应当要求该投标人作出书面说明并提供相关证明材料。投标人不能合理说明或者不能提供相关证明材料的，由评标委员会认定该投标人以低于成本价竞标，其投标应作为废标处理。"根据以上法律、法规的规定，《建设工程工程量清单计价规范》规定，投标人应依据招标文件及其招标工程量清单自主确定投标报价，投标报价不得低于工程成本，同时要满足投标价中措施项目费与规费及税金作为不可竞争费的相关规定。投标报价编制时，投标人应按招标工程量清单填报价格；项目编码、项目名称、项目特征、计量单位、工程量必须与招标工程量清单一致。

(7) 合同价款约定　包括一般规定和约定两部分内容。

工程合同价款的约定是建设工程合同的主要内容，根据《中华人民共和国合同法》及《中华人民共和国招标投标法》相关条款规定，实行招标的工程合同价款应在中标通知书发出之日起 30 天内，由发承包双方根据招标文件和中标人的投标文件在书面合同中约定，合同约定不得违背招、投标文件中关于工期、造价、质量等方面的实质性内容，招标文件与中标人投标文件不一致的地方，以投标文件为准。实行工程量清单计价的工程，应采用单价合同。即合同约定的工程价款中所包含的工程量清单项目综合单价在约定条件内是固定的，不予调整，工程量允许调整。工程量清单项目综合单价在约定的条件外，允许调整。调整方式、方法应在合同中约定。对建设规模较小、技术难度较低、施工工期较短，并且施工图设计审查已经完备的工程，可以采用总价合同。采用总价合同，除工程变更外，其工程量不予调整。对紧急抢险、救灾以及施工技术特别复杂的建设工程可以采用成本加酬金合同。

(8) 工程计量　包括一般规定、单价合同的计量、总价合同的计量三部分内容。

工程计量是发承包双方根据合同约定，对承包人完成合同工程的数量进行的计算和确认。正确的计量是发包人向承包人支付合同价款的前提和依据，因此，工程量必须按照相关工程现行国家计量规范规定的工程量计算规则计算。对于采用单价合同的承发包工程，工程量必须以承包人完成合同工程应予计量的工程量确定，即发承包双方竣工结算的工程量，应以承包人按照现行国家计量规范规定的工程量计算规则计算的实际完成应予计量的工程量确定，而非招标工程量清单所列的工程量。对于采用总价合同方式的工程，总价合同约定的项目计量应以合同工程经审定批准的施工图为依据，除按照工程变更规定的工程量增减外，总价合同各项目的工程量应为承包人用于结算的最终工程量。

(9) 合同价款的调整　包括一般规定、法律法规变化、工程变更、项目特征不符、工程量清单缺项、工程量偏差、物价变化、暂估价、计日工、现场签证、不可抗力、提前竣工（赶工补偿）、误期赔偿、施工索赔、暂列金额十五部分内容。

合同价款调整是在合同价款调整因素出现后，发承包双方根据合同约定，对合同价款进行变动的提出、计算和确认。合同价款调整是建设项目实施阶段工程造价管理最重要的工作，是实现建设工程项目投资控制或成本管理的关键步骤。当工程中出现了规范中所规定的合同价款调整（包括调增、调减）事项时，承包人与发包人均应在规定的时间内对调整事项进行处理。当发包人与承包人对合同价款调整的不同意见不能达成一致时，只要对发承包双方履约不产生实质影响，双方应继续履行合同义务，直到其按合同约定的争议解决方式得到处理。

（10）合同价款中期支付 包括预付款、安全文明施工费、总承包服务费、进度款四部分内容。

合同实施过程中，价款支付包括预付款、安全文明施工费以及进度款，计价规范中对这几部分费用的支付比例及办法作了明确说明。规范规定，对于包工包料工程的预付款的支付比例不得低于签约合同价（扣除暂列金额）的10%，不宜高于签约合同价（扣除暂列金额）的30%。安全文明施工费的支付应在工程开工后28天内进行并不能低于当年施工进度计划的安全文明施工费总额的60%，其余安全文明施工费按照提前安排的原则分解后与进度款同期支付。进度款支付周期应与合同约定的工程计量周期一致。此外，规范明确了合同价款支付中承发包双方的违约责任。

（11）竣工结算与支付 包括一般规定、编制与复核、竣工结算、结算款支付、质量保证金、最终结清六部分内容。

工程完工后，发承包双方必须在合同约定时间内办理工程竣工结算。工程竣工结算应由承包人或受其委托具有相应资质的工程造价咨询人根据相关依据编制，并由发包人或受其委托具有相应资质的工程造价咨询人核对。当一方或双方对结算文件有异议时可向工程造价管理机构投诉，申请对其进行执业质量的鉴定。承包人根据办理的竣工结算文件向发包人提交结算款支付申请，发包人在规定时间内核实申请内容后签发竣工结算证书以及支付结算款，并按照合同约定的质保金比例从结算款中预留质量保证金，作为支付承包人未按照合同约定履行属于自身责任的工程缺陷修复义务时，工程缺陷修复费用的支出。当合同约定的缺陷责任期终止后，发包人应将剩余保证金退还给承包人。

（12）合同解除的价款结算与支付 该部分明确规定了不同情况下解除合同后价款结算与支付。对于发承包双方协商一致解除合同的，按照达成的协议办理结算和支付工程款。由于不可抗力解除合同的，发包人应向承包人支付合同解除之日前已完成工程但尚未支付的工程款，并退回质量保证金。此外，发包人还应支付下列金额：已实施或部分实施的措施项目应付价款；承包人为合同工程合理订购且已交付的材料和工程设备货款，发包人一经支付此项货款，该材料和工程设备即成为发包人的财产；承包人为完成合同工程而预期开支的任何合理费用，且该项费用未包括在本款其他各项支付之内；因不可抗力事件导致的，按相关规定应由发包人承担的费用；承包人撤离现场所需的合理费用，包括雇员遣送费和临时工程拆除、施工设备运离现场的费用；因承包人违约解除合同的，发包人应暂停向承包人支付任何价款；因发包人违约解除合同的，发包人除应按照《建设工程工程量清单计价规范》相关规定向承包人支付各项价款外，还应按合同约定核算发包人应支付的违约金以及给承包人造成损失或损害的索赔金额费用。

（13）合同价款争议的解决 包括监理或造价工程师暂定，管理机构的解释或认定，协商和解，调解，仲裁、诉讼，工程造价鉴定六部分内容。

由于建设工程具有施工周期长、不确定因素多等特点，在施工合同履行过程中难免出现争议。当发承包双方发生争议后可以通过协商和解、第三方调解或通过司法途径来解决。合同价款争议发生后发承包双方任何时候均可以进行协商，达成一致意见后签订书面和解协议。在具体处理方式上，发承包双方就工程质量、进度、价款支付与扣除、工期延误、索赔、价款调整等发生任何法律、经济或技术上的争议，首先应根据合同约定提交职责范围内的总监理工程师或造价工程师解决；就工程计价依据的争议可以书面形式提请工程造价管理机构对争议以书面文件进行解释或认定。当双方就合同价款争议不能通过协商达成一致时可通过合同约定的争议调解人负责争议的调解达到解决纷争的目的。当双方的协商和解与调解均未达成一致意见，可遵循双方自愿原则达成仲裁协议或依法向人民法院提起诉讼。

工程造价管理机构是工程造价计价依据、办法以及相关政策的管理机构，对发包人、承包人或工程造价咨询人在工程计价中，对计价依据、办法以及相关政策规定发生的争议进行解释是工程造价管理机构的职责。发、承包双方发生工程造价合同纠纷时，应通过双方协商和解或提请工程造价管理机构调解解决。

（14）工程造价鉴定包括一般规定、取证、鉴定三部分内容。

在建设活动中，当发承包双方就合同价款争议问题无法通过协商、调解达成一致意见，而进入司法解决程序时，工程造价鉴定就成了裁决、判决的主要依据。计价规范中分别对工程造价鉴定的委托机构、鉴定人员、鉴定及回避原则、取证、出庭质询、鉴定等主要事项作了相应的规定。

（15）工程计价资料与档案 包括计价资料和计价档案两部分内容。

该部分规定发承包双方应当在合同中约定各自在合同工程中现场管理人员的职责范围，双方现场管理人员在职责范围内的签字确认的书面文件，是工程计价的有效凭证，但如有其他有效证据，或经实证证明其是虚假的除外。规定发承包双方不论在何种场合对与工程计价有关的事项所给予的批准、证明、同意、指令、商定、确定、确认、通知和请求，或表示同意、否定、提出要求和意见等，均应采用书面形式，口头指令不得作为计价凭证。同时规定书面文件和通知不得扣压，一方能够提供证据证明另一方拒绝签收或已送达的，视为对方已签收并承担相应责任。

（16）工程计价表格 该部分分别规定了工程量清单使用的表格及规定，招标控制价、投标报价、竣工结算等使用的表格及规定。并明确了封面、总说明应该填写的内容。

工程计价表格详见附录：某中学教学楼工程招标工程量清单及招标控制价编制示例。

4.3.2 工程量清单

1. 工程量清单的概念

工程量清单指载明建设工程分部分项工程、措施项目、其他项目的名称和相应数量以及规费项目、税金项目等内容的明细清单。在建设工程发承包及实施过程的不同阶段，又可分为“招标工程量清单”“已标价工程量清单”等。招标工程量清单指招标人依据国家标准、招标文件、设计文件以及施工现场实际情况编制的，随招标文件发布供投标报价的工程量清单，包括对其的说明和表格。已标价工程量清单指构成合同文件组成部分的投标文件中已标明价格，经算术性错误修正（如有）且承包人已确认的工程量清单，包括对其的说明和表格。

2. 工程量清单的特点

工程量清单作为建设工程招标投标阶段的重要文件有以下特点：

1）采用工程量清单方式招标的项目，招标工程量清单必须作为招标文件的组成部分，其准确性和完整性应由招标人负责。

2）工程量清单必须和招标文件规定的技术标准、设计图纸相一致。

3）工程量清单应根据各专业工程计算规范规定的项目编码、项目名称、项目特征、计量单位和工程量计算规则进行编制。

4）招标工程量清单中所列的工程数量是估算的或设计的预计数量，仅作为投标的共同基础，不能作为最终结算与支付的依据。

3. 工程量清单的作用

1）招标工程量清单是工程量清单计价的基础，应作为编制招标控制价、投标报价、计算或调整工程量、索赔等的依据之一。

2）已标价工程量清单中的单价或总额包括了人工费、材料和工程设备费、施工机械使用费、企业管理费、利润，以及合同中明示的所有责任、义务和一般风险。

3）在合同履行过程中，已标价工程量清单是办理结算、确定工程造价的依据。

4.3.3 招标控制价

1. 招标控制价的概念

招标控制价是招标人根据国家或省级、行业建设主管部门颁发的有关计价依据和办法，以及拟定的招标文件和招标工程量清单，结合工程具体情况编制的招标工程的最高投标限价。

2. 招标控制价的要求

清单规范规定，我国国有资金投资的工程建设项目必须实行工程量清单招标，招标人应负责编制招标控制价。由于我国对国有资金投资项目的投资控制实行的是投资概算审批制度，因此国有资金投资的工程在招标过程中，招标人编制的招标控制价超过批准的概算时，招标人应将其报原概算审批部门审核。招标控制价编制完成后，不应上调或下浮。同时为了体现招标的公平、公正性，防止招标人有意抬高或压低工程造价，招标人应在招标文件中如实公布招标控制价，并应将招标控制价报工程所在地或有该工程管辖权的行业管理部门的工程造价管理机构备查。投标人的投标报价高于招标控制价的，其投标应予以拒绝。

3. 招标控制价的作用

在工程量清单计价招标投标活动中，准确合理的招标控制价不仅能够保护自己的利益不受到损失，还能保证工程招标成功以至工程建设的顺利进行。招标控制价的作用主要体现在以下几方面：

1）招标控制价是招标人用于对招标工程发包的最高投标限价，可有效控制投资，防止恶性哄抬报价带来的投资风险。招标控制价是按照一定的规范、标准以及市场信息价格编制的，用于限制投标价的最高额，在正常建设环境和合理管理的条件下，工程造价应被控制在此范围内。因此控制价也可作为业主投资控制的依据。

2）可使各投标人自主报价、公平竞争，符合市场规律，投标人自主报价，不受标底的左右。在定额计价模式下，招标投标活动中往往以投标人的报价是否接近招标人的标底作为能否中标的决定条件，违背了市场经济规律，限制了投标企业之间的自由竞争，也打击了企业的积极性。招标控制价的出现摒弃了标底作为中标选择的方法，使投标企业处于同一平等条件下自主报价，体现了自由竞争的原则。

3）提高了透明度，避免了暗箱操作、寻租等违法活动的产生。由于招标控制价采用公开的原则，避免了以往有标底时期各投标人采用非正常手段获取保密标底的行为，也杜绝了投标人和业主之间的寻租行为，使招标投标活动更加合法合规地进行，体现了公平、公正、公开的原则。

4.3.4　投标报价

1. 投标报价的概念

投标报价是投标人投标时响应招标文件要求所报出的对已标价工程量清单汇总后标明的总价。

2. 投标报价的要求

投标人应依据招标文件及其招标工程量清单自主确定投标报价，投标报价不得低于工程成本。投标报价编制时，投标人必须按招标工程量清单填报价格；项目编码、项目名称、项目特征、计量单位、工程量必须与招标工程量清单一致。国有资金投资的工程，招标人编制并公布招标控制价的，投标人的投标不能高于招标控制价，否则，其投标作废标处理。

投标报价与招标控制价有如下区别：

（1）编制主体不同　投标报价是在工程招标发包过程中，由投标人按照招标文件的要求编制并不能高于招标控制价。招标控制价是在工程招标发包过程中，由招标人根据有关计价规定计算编制。

（2）编制依据不同　招标控制价与投标报价虽然在编制过程中都要依据工程设计文件、《建设工程工程量清单计价规范》以及相关的计价定额和办法，但投标报价是投标人根据工程特点并结合自身的施工技术、装备和管理水平，并主要根据市场价格信息等资料自主确定的价格。招标控制价是招标人根据社会平均水平编制的，并主要依据工程造价管理机构发布的工程造价信息的价格。

（3）编制目的不同　投标报价是投标人希望达成工程承包交易的期望价格；招标控制价是招标人用于限制最高投标价的。从某种意义上说，招标控制价尽可能地保证业主的投资额打足，同时又将工程造价限制在一定范围内。例如在计取部分费用时，招标控制价通常按足额费率标准计算，而投标报价可由投标人根据工程情况或企业自身特点自主计算。如夜间施工、二次搬运、冬雨期施工、总承包服务费、规费等。

招标工程量清单及招标控制价编制详见附录：某中学教学楼工程招标工程量清单及招标控制价编制示例。

4.4　建设工程工程量计算规范

4.4.1　工程量计算规范的特点与分类

1. 工程量计算规范的特点

工程量计算规范是各专业工程计算规范的总称，是在GB 50500—2008《建设工程工程量清单计价规范》的基础上修订、扩充而成的计量标准体系。它将原计价规范中附录部分专业工程的计量规则独立出来形成独立的专业工程工程量计算规范，并细化了计量规则，为各专业工程计量提供了详细的依据。

工程量计算规范作为承发包双方在工程造价的计价主要依据，有如下特点：

（1）遵循工程项目编码唯一性原则　工程量计算规范规定了每一个分部分项工程所特有的基础编码，同时赋予工程量清单编制人对每一个项目编码中自编码的自由度，从而使得工程量清单中每一个分项工程的编码具有唯一性。

（2）项目设置简明适用　工程量计算规范在项目设置上尽量符合工程实际，同时满足计价项目设置规律，并增加了新技术、新工艺、新材料项目，以适应社会生产水平不断发展的需要。

（3）规范项目特征内容与组价内容相一致　在分项工程中，无论工作内容中是否有相应内容，工程量计算规范对凡是体现项目自身价值的特征都作出规定，而对工程计价没有实质性影响的内容以及可由施工单位自行确定的施工方案、材料类型等内容在项目特征中不作规定。从而达到项目特征的描述与组价内容的统一。

（4）遵循计量单位方便计量的原则　计量单位应以方便计量为前提，而且应与现行工程定额的规定衔接。当分项工程可用不同单位计量时，规范中均予以标注，以满足招标人根据实际工程需要选用。

（5）工程量计算规则的统一性　规范中对于分项工程可采用不同单位计量时，分别规定了各自的计量规则。并对易引起争议的计量方法，用文字详细作出说明，体现计算规则的统一性。

2. 工程量计算规范的分类

工程量计算规范标准体系包括9册计量规范，含9个专业工程，每册规范内容均包括正文、附录、条文说明三部分。其中正文包括总则、术语、工程计量、工程量清单编制四部分。具体分类如下：

（1）GB 50854—2013《房屋建筑与装饰工程工程量计算规范》　该规范适用于工业与民用的房屋建筑与装饰工程发承包及实施阶段计价活动中的工程计量和工程量清单的编制。内容包括正文、附录、条文说明三部分。其中正文包括总则、术语、工程计量、工程量清单编制四部分。附录部分包括附录A土石方工程，附录B地基处理与边坡支护工程，附录C桩基工程，附录D砌筑工程，附录E混凝土及钢筋混凝土工程，附录F金属结构工程，附录G木结构工程，附录H门窗工程，附录J屋面及防水工程，附录K保温、隔热、防腐工程，附录L楼地面装饰工程，附录M墙、柱面装饰与隔断、幕墙工程，附录N天棚工程，附录P油漆、涂料、裱糊工程，附录Q其他装饰工程，附录R拆除工程，附录S措施项目等17个附录内容。

（2）GB 50855—2013《仿古建筑工程工程量计算规范》　该规范适用于仿古建筑、构筑物和纪念性建筑等工程发承包及实施阶段计价活动中的工程计量和工程量清单的编制。附录部分包括附录A砖作工程，附录B石作工程，附录C琉璃砌筑工程，附录D混凝土及钢筋混凝土工程，附录E木作工程，附录F屋面工程，附录G地面工程，附录H抹灰工程，附录J油漆彩画工程，附录K措施项目，附录L古建筑名词对照表共计11个分部。其中附录A到J为实体工程部分。

(3) GB 50856—2013《通用安装工程工程量计算规范》 该规范适用于工业、民用、公共设施建设安装工程的工程计量和工程量清单的编制。附录部分包括附录 A 机械设备工程，附录 B 热力设备安装工程，附录 C 静置设备与工艺金属结构制作安装工程，附录 D 电气设备安装工程，附录 E 建筑智能化工程，附录 F 自动化控制仪表安装工程，附录 G 通风空调工程，附录 H 工业管道工程，附录 J 消防工程，附录 K 给排水、采暖、燃气工程，附录 L 通信设备及线路工程，附录 M 刷油、防腐、绝热工程，附录 N 措施项目共计 13 个分部。

(4) GB 50857—2013《市政工程工程量计算规范》 该规范适用于市政工程的发承包及实施阶段计价活动中的工程计量和工程量清单的编制。附录部分包括附录 A 土石方工程，附录 B 道路工程，附录 C 桥涵工程，附录 D 隧道工程，附录 E 管网工程，附录 F 水处理工程，附录 G 垃圾处理工程，附录 H 路灯工程，附录 J 钢筋工程，附录 K 拆除工程，附录 L 措施项目共计 11 个分部。

(5) GB 50858—2013《园林绿化工程工程量计算规范》 该规范适用于园林绿化工程的发承包及实施阶段计价活动中的工程计量和工程量清单的编制。附录部分包括附录 A 绿化工程，附录 B 园路园桥工程，附录 C 园林景观工程，附录 D 措施项目共计 4 个分部。

(6) GB 50859—2013《矿山工程工程量计算规范》 该规范适用于矿山建设工程发承包及实施阶段计价活动中的工程计量和工程量清单的编制。附录部分包括附录 A 露天工程，附录 B 井巷工程，附录 C 措施项目共计 3 个分部。

(7) GB 50860—2013《构筑物工程工程量计算规范》 该规范适用于构筑物工程发承包及实施阶段计价活动中的工程计量和工程量清单的编制。附录部分包括附录 A 混凝土构筑物工程，附录 B 砌体构筑物工程，附录 C 措施项目共计 3 个分部。

(8) GB 50861—2013《城市轨道交通工程工程量计算规范》 该规范适用于城市轨道交通工程的发承包及实施阶段计价活动中的工程计量和工程量清单的编制。附录部分包括附录 A 路基、围护结构工程，附录 B 高架桥工程，附录 C 地下区间工程，附录 D 地下结构工程，附录 E 轨道工程，附录 F 通信工程，附录 G 信号工程，附录 H 供电工程，附录 J 智能与控制系统安装工程，附录 K 机电设备安装工程，附录 L 车辆基地工艺设备，附录 M 拆除工程，附录 N 措施项目共计 13 个分部。

(9) GB 50862—2013《爆破工程工程量计算规范》 该规范适用于建筑物、构筑物、基础设施、地下空间建设及拆除、岩石（混凝土）钻孔开挖、硐室等爆破工程发承包及实施阶段计价活动中的工程计量和工程量清单的编制。附录部分包括附录 A 露天爆破工程，附录 B 地下爆破工程，附录 C 硐室爆破工程，附录 D 拆除爆破工程，附录 E 水下爆破工程，附录 F 挖装运工程，附录 G 措施项目共计 7 个分部。

4.4.2 分部分项工程

分部分项工程是“分部工程”和“分项工程”的总称。分部工程是单项或单位工程的组成部分，是按结构部位、路段长度及施工特点或施工任务将单项或单位工程划分为若干分部的工程；例如，房屋建筑与装饰工程分为土石方工程，地基处理与边坡支护工程，桩基工程，砌筑工程，混凝土及钢筋混凝土工程，金属结构工程，木结构工程，门窗工程，屋面及防水工程，保温、隔热、防腐工程，楼地面装饰工程，墙、柱面装饰与隔断、幕墙工程，天棚工程，油漆、涂料、裱糊工程等分部工程。分项工程是分部工程的组成部分，是按不同施工方法、材料、工序及路段长度等将分部工程划分为若干个分项或项目的工程。例如钢筋工程可划分为现浇构件钢筋、预制构件钢筋、钢筋网片、钢筋笼、先张法预应力钢筋、后张法预应力钢筋、预应力钢丝、预应力钢绞线、支撑钢筋（铁马）等分项工程。一个完整的分部分项工程项目清单必须包括项目编码、项目名称、项目特征、计量单位和工程量计算规则等五大要件。

1. 项目编码

分部分项工程量清单的项目编码，应采用十二位阿拉伯数字表示。一至九位应按各专业工程计量规范附录的规定设置，其中一、二位为专业工程代码：01—房屋建筑与装饰工程；02—仿古建筑工程；03—通用安装工程；04—市政工程；05—园林绿化工程；06—矿山工程；07—构筑物工程；08—城市轨道交通工程；09—爆破工程；三、四位为附录分类顺序码，五、六位为分部工程顺序码，七、八、九位为分项工程项目名称顺序码，十至十二位为清单项目名称顺序码。

01 04 01 001 ×××

第五级是具体清单项目名称顺序码

第四级是分项工程项目名称顺序码，001表示砖基础

第三级是分部工程顺序码，01表示砖砌体

第二级是专业工程顺序码，04表示砌筑工程

第一级是工程分类码，01表示房屋建筑与装饰工程

2. 项目名称

分部分项工程量清单的项目名称应按各专业工程计量规范附录的项目名称结合拟建工程的实际确定。附录表中的“项目名称”为分项工程项目名称，是形成分部分项工程量清单项目名称的基础。即在编制分部分项工程量清单时，以附录中的分项工程项目名称为基础，考虑该项目的规格、型号、材质等特征要求，结合拟建工程的实际情况，使其工程量清单项目名称具体化、细化，以反映影响工程造价的主要因素。

3. 项目特征

项目特征是构成分部分项工程量清单项目、措施项目自身价值的本质特征。它是发包人针对某个项目向投标人发出的信息，也是投标人针对某个项目投标报价的重要依据，是确定一个清单项目综合单价不可缺少的重要依据，在编制工程量清单时，必须对项目特征进行准确和全面的描述。

4. 计量单位

分部分项工程量清单的计量单位应按各专业工程计量规范附录中规定的计量单位确定。在工程量清单中，计量单位一般取定为基本单位，而不采用扩大的计量单位。这一点是工程量清单计价与定额计价的最大不同。

5. 工程量计算规则

工程量计算规则指对清单项目工程量的计算规定。分部分项工程量清单中的工程数量，应按各专业工程计算规范附录中规定的工程量计算规则计算。由于清单工程量仅作为投标人投标报价的共同基础，工程结算的数量是按合同双方认可的最终完成的工程量确定的。

4.4.3 措施项目

1. 措施项目含义

措施项目指为完成工程项目施工，发生于该工程施工准备和施工过程中的技术、生活、

安全、环境保护等方面的项目。

清单计价规范中将措施项目划分为两类，一类是单价措施项目，一类是总价措施项目。

2. 单价措施项目

可以精确计算工程量的措施项目，称为“单价措施项目”。对单价措施项目，在编制工程量清单时必须列出项目编码、项目名称、项目特征、计量单位和工程量计算规则。

单价措施项目的项目编码、项目名称、项目特征、计量单位、工程量计算规则应按照计算规范分部分项工程的有关规定执行。对于房屋建筑与装饰工程，单价措施项目主要有脚手架工程，混凝土模板及支架（撑），垂直运输，超高施工增加，大型机械设备进出场及安拆，施工排水、降水等。

3. 总价措施项目

费用的发生与使用时间、施工方法或者两个以上工序相关，与实际完成的实体工程量的多少关系不大的措施项目，称为“总价措施项目”。对于总价措施项目，编制工程量清单时，必须按计算规范规定的项目编码、项目名称确定清单项目，不必描述项目特征和确定计量单位。

4.4.4 其他项目

其他项目指分部分项工程、措施项目所包含的内容以外，因招标人的特殊要求而发生的与拟建工程有关的其他费用项目，其他项目组成其他项目清单。工程建设标准的高低、工程的复杂程度、工程的工期长短、工程的组成内容、发包人对工程管理的要求等都会直接影响其他项目清单的具体内容，在编制清单过程中，编制人一般按暂列金额、暂估价（包括材料暂估单价、工程设备暂估单价、专业工程暂估价）、计日工、总承包服务费等进行列项，其不足部分，编制人可根据工程的具体情况进行补充。

1. 暂列金额

暂列金额是招标人在工程量清单中暂定并包括在工程合同价款中的一笔款项。用于工程合同签订时尚未确定或者不可预见的所需材料、工程设备、服务的采购，施工中可能发生的工程变更、合同约定调整因素出现时的合同价款调整以及发生的索赔、现场签证确认等的费用。

暂列金额的数额由招标人暂定并掌握。计算时，应根据工程特点，按有关计价规定估算。

2. 暂估价

暂估价指招标人在工程量清单中提供的用于支付必然发生但暂时不能确定价格的材料、工程设备的单价以及专业工程的金额。包括材料暂估单价、工程设备暂估单价和专业工程暂估价。它是招标人在招标阶段预见肯定要发生，只是因为标准不明确或者需要由专业承包人完成，暂时又无法确定具体价格时采用的一种价格形式。暂估价中的材料、工程设备暂估单价应根据工程造价信息或参照市场价格估算，列出明细表；专业工程暂估价一般应是综合暂估价，应当包括除规费和税金以外的管理费、利润等费用。编制时应分不同专业，按有关计价规定估算，列出明细表。

3. 计日工

计日工指在施工过程中，承包人完成发包人提出的工程合同范围以外的零星项目或工作，按合同中约定的单价计价的一种方式。这里的零星项目或工作一般指合同约定之外的或者因变更而产生的、工程量清单中没有相应项目的额外项目或工作，尤其是那些难以事先商定价格的额外项目或工作。计日工表中列出的人工、材料、施工机械台班，是为将来可能发生的零星项目或工作做的单价准备，计日工表中清单编制人一般应根据经验，通过估算给出一个比较贴近实际的暂定数量。计日工的数额大小与承包商没有关系，竣工结算时，应该按照实际完成的零星项目或工作结算。

4. 总承包服务费

总承包服务费指总承包人为配合协调发包人进行的专业工程分包，对发包人自行采购的材料、工程设备等进行保管以及施工现场管理、竣工资料汇总整理等服务所需的费用。这里的分包指在法律、法规允许的条件下进行专业工程发包。招标人应当在其他项目清单中给出总承包服务费的项目，并明确分包的具体内容。

4.4.5 规费和税金项目

1. 规费

规费指根据国家法律、法规规定，由省级政府或者省级有关权力部门规定施工企业必须缴纳的，应计入建筑安装工程造价的费用。规费项目清单一般应按社会保险费：包括养老保险费、失业保险费、医疗保险费、工伤保险费、生育保险费；住房公积金；工程排污费等进行列项；如出现以上未包括的项目，应根据省级政府或省级有关权力部门的规定列项。

2. 税金

税金指国家税法规定的应计入建筑安装工程造价内的营业税、城市维护建设税、教育费附加和地方教育附加，包括了目前国家税法规定的应计入建筑安装工程造价内的税种。如果税金由营业税改征增值税，应对税金项目清单进行相应调整。按照国家有关增值税计税规定执行。

4.5 工程造价信息及造价指数

信息是社会现代化使用最多、最广、最频繁的一个词汇，不仅在人类社会活动的各个方面和各个领域被广泛使用，而且在自然界的生命现象与非生命现象研究中也被广泛采用。按狭义理解，信息是一种消息、信号、数据或资料；按广义理解，信息被认为是物质的一种属性，是物质存在方式和运动规律与特点的表现。进入现代社会以后，信息逐渐被人们认识，其内涵越来越丰富，外延越来越广阔。在工程造价管理领域，信息也有它自己的定义。

4.5.1 工程造价信息

1. 工程造价信息的概念和主要内容

工程造价信息是一切有关工程造价的特征、状态及其变动的消息的组合。在工程承发包市场和工程建设过程中，工程造价总是在不停地运动着、变化着，并呈现出种种不同特征。人们通过工程造价信息来识别和掌握工程承发包市场和工程建设过程中工程造价运动的变化。在工程承发包市场和工程建设中，工程造价是最灵敏的调节器和指示器，无论是政府工程造价主管部门还是工程承发包双方，都要通过接受工程造价信息来了解工程建设市场动态，预测工程造价发展，决定政府的工程造价政策和工程承发包价。因此，工程造价主管部门和工程承发包双方都要接受、加工、传递和利用工程造价信息，工程造价信息作为一种社会资源在工程建设中的地位日趋明显，特别是随着我国逐步开始推行工程量清单计价制度，工程价格从政府计划的指令性价格向市场定价转化，而在市场定价的过程中，信息起着举足轻重的作用，因此工程造价信息资源开发的意义更为重要。

(1) 工程造价信息的特点

1）区域性。建筑材料大多质量大、体积大、产地远离消费地，因而运输量大，费用也较高。不少建筑材料本身的价值或生产价格并不高，但所需要的运输费用却很高，这都在客观上要求尽可能就近使用建筑材料。因此，这些建筑信息的交换和流通往往限制在一定的区域内。

2）多样性。我国社会主义市场经济体制正处在探索发展阶段，各种市场均未达到规范化要求，要使工程造价管理的信息资料满足这一发展阶段的需求，在信息的内容和形式上应具有多样化的特点。

3）专业性。工程造价信息的专业性集中反映在建设工程的专业化上，例如水利、电力、铁道、邮电、建安工程等，所需的信息各有它的专业特殊性。

4）系统性。工程造价信息是由若干具有特定内容和同类性质的、在一定时间和空间内形成的一连串信息组成的。一切工程造价的管理活动和变化总是在一定条件下受各种因素的制约和影响。工程造价管理工作也同样是多种因素相互作用的结果，并且从多方面反映出来，因而从工程造价信息源发出来的信息都不是孤立的、紊乱的，而是大量的、有系统的。

5）动态性。工程造价信息也和其他信息一样要保持新鲜度。为此，需要经常不断地收集和补充新的工程造价信息，进行信息更新，真实反映工程造价的动态变化。

6）季节性。由于建筑生产受自然条件影响大，施工内容的安排必须充分考虑季节因素，使得工程造价的信息也不能完全避免季节性的因素。

(2) 工程造价信息的分类　为便于对信息的管理，有必要将各种信息按一定的原则和方法进行区分和归集，并建立起一定的分类和排列顺序。因此，在工程造价管理领域，也应该按照不同的标准对信息进行分类。同时必须遵循以下原则：

1）稳定性。信息分类应选择分类对象最稳定的本质属性或特征作为信息分类的基础和标准。信息分类体系应建立在对基本概念和划分对象的透彻理解基础上。

2）兼容性。信息分类体系必须考虑到项目各参与方所应用的编码体系的情况，项目信息的分类体系应能满足不同项目参与方高效信息交换的需求。同时，与有关国际、国内标准的一致性也是兼容性应考虑的内容。

3）可扩展性。信息分类体系应具备较强的灵活性，可以在使用过程中进行方便的扩展，以保证增加新的信息类型时，不至于打乱已建立的分类体系，同时一个通用的信息分类体系还应为具体分类的拓展和细化创造条件。

4）综合实用性。信息分类应从系统工程的角度出发，放在具体的应用环境中进行整体考虑。这体现在信息分类标准与方法的选择上，应综合考虑项目的实施环境和信息技术工具。

(3) 工程造价信息的主要内容　从广义上说，所有对工程造价的确定和控制过程起作用的资料都可以称为工程造价信息。例如各种定额资料、标准规范、政策文件等。但能体现信息动态性变化特征，并且在工程价格的市场机制中起重要作用的工程造价信息主要包括以下三类：

1）人工价格信息。我国自2007年起开展建筑工程量与建筑工种人工成本信息（也即人工价格信息）的测算和发布工作。其目的是引导建筑劳务合同双方合理确定建筑工人劳动工资，也为工程招标投标中评定成本提供依据。

① 建筑工程实物工程量人工价格信息。这种价格信息以建筑工程的不同划分标准为对象，反映了单位实物工程量的人工价格信息。根据工程不同部位、作业难易并结合不同工种作业情况将建筑工程划分为：土石方工程、架子工程、砌筑工程、模板工程、钢筋工程、混凝土工程、防水工程、抹灰工程、木作与木装饰工程、油漆工程、玻璃工程、金属制品制作及安装工程、其他工程等十三项。其表现形式见表4-2。

表4-2　实物工程量人工价格信息表

1. 土石方工程					
项目编码	项目名称	工程量计算规则	计量单位	人工单价	备　注
01001	平整场地	按实际平整面积计算	m^2	3.22	
01002	人工挖淤泥、流沙	按实际挖方的天然密实体积计算	m^3	31.48	一、二类
01003	人工挖土方			15.08	
01004	人工挖沟槽、坑土方（深2m以内）			18.61	
01006	回填土（夯填）			10.82	
2. 架子工程					
项目编码	项目名称	工程量计算规则	计量单位	人工单价	备　注
2003	外架搭拆（双排步距1.2m）	按实际搭设的垂直投影面积计算	m^2	6.37	钢管外架
2005	里架搭拆			4.1	钢管里架
2006	满堂架搭拆	按搭设的水平投影面积计算		6.37	钢管满堂架
2014	挂设密目网	按实际挂设面积计算		0.86	

② 建筑工种人工成本信息。它按照建筑工人的工种分类，反映不同工种的单位人工工资单价。建筑工种是根据《中华人民共和国劳动法》和《中华人民共和国职业教育法》的有关规定，对从事技术复杂、通用性广、涉及国家财产、人民生命安全和消费者利益的职业（工种）的劳动者实行就业准入的规定，结合建筑行业实际情况确定的。其表现形式见表4-3。

表4-3　××年某市建筑工种人工成本信息表　　（单位：　元）

序　号	工　种	月工资	日工资
1	建筑、装饰工程普工	1208.14	58
2	木工（模板工）	1624.74	78
3	钢筋工	1541.42	74

（续）

序　号	工　种	月 工 资	日 工 资
4	混凝土工	1395.61	67
5	架子工	1562.25	75
6	砌筑工（砖瓦工）	1583.08	76
7	抹灰工（一般抹灰）	1562.25	75
8	抹灰、镶贴工	1728.89	83
9	装饰木工	1833.04	88
10	防水工	1478.93	71
11	油漆工	1541.42	74
12	管工	1583.08	76
13	电工	1624.74	78
14	通风工	1645.57	79
15	电焊工	1666.4	80
16	起重工	1624.74	78
17	玻璃工	1499.76	72
18	金属制品安装工	1645.57	79

2）材料价格信息。在材料价格信息的发布中，应披露材料类别、规格、单价、供货地区、供货单位以及发布日期等信息。其表现形式见表4-4。

表4-4　××年×月上海市即时商品混凝土参考价

序　号	名　称	规格型号	单　位	零售价/元	供货城市	公司名称	发布日期
1	泵送商品混凝土	C60（5～25mm）坍落度（12±1）cm	m^3	370.00	上海市市辖区	上海××混凝土有限公司	
2	泵送商品混凝土	C55（5～25mm）坍落度（12±1）cm	m^3	360.00	上海市市辖区	上海××混凝土有限公司	
3	泵送商品混凝土	C50（5～25mm）坍落度（12±1）cm	m^3	350.00	上海市市辖区	上海××混凝土有限公司	
4	泵送商品混凝土	C45（5～25mm）坍落度（12±1）cm	m^3	340.00	上海市市辖区	上海××混凝土有限公司	
5	泵送商品混凝土	C40（5～25mm）坍落度（12±1）cm	m^3	330.00	上海市市辖区	上海××混凝土有限公司	

3）机械价格信息。机械价格信息包括设备市场价格信息和设备租赁市场价格信息两部分。相对而言，后者对于工程计价更为重要，发布的机械价格信息应包括机械种类、规格型号、供货商名称、租赁单价、发布日期等内容。其表现形式见表4-5。

表4-5　××年×月北京市设备租赁参考价

机械设备名称	规格型号	供货商名称	租赁单价/(元/月)	发布时间
塔式起重机	36B	中建×局×公司机租公司	50000	
塔式起重机	F0/23C	中建×局×公司机租公司	32000	
塔式起重机	C7050B	中建×局×公司机租公司	180000	

（续）

机械设备名称	规格型号	供货商名称	租赁单价/(元/月)	发布时间
塔式起重机	256HC，7030	中建×局×公司机租公司	60000	
塔式起重机	G33/28B	中建×局×公司机租公司	36000	
塔式起重机	G25/15C	中建×局×公司机租公司	30000	
塔式起重机	F0/23B	中建×局×公司机租公司	35000	

2. 工程造价资料积累、分类和运用

（1）工程造价资料及其分类　工程造价资料指已竣工和在建的有关工程可行性研究、估算、概算、施工预算、招标投标价格、工程竣工结算、竣工决算、单位工程成本以及新材料、新结构、新设备、新施工工艺等建筑安装工程分部分项的单价分析等资料。

工程造价资料可以分为以下几种类型：

1）按照不同工程类型（如厂房、铁路、住宅、公共建筑、市政工程）进行划分，并分别列出其包括的单项工程和单位工程。

2）按照不同阶段进行划分。一般分为项目可行性研究、投资估算、初步设计概算、施工图预算、工程量清单和报价、竣工结算、竣工决算等。

3）按照组成特点划分。一般分为建设项目、单项工程和单位工程造价资料，同时也包括有关新材料、新工艺、新设备、新技术的分部分项工程造价资料。

（2）工程造价资料积累的内容　工程造价资料积累的内容应包括“量”（如主要工程量、材料量、设备量等）和“价”，还要包括对造价确定有重要影响的技术经济条件，如工程的概况、建设条件等。

1）建设项目和单项工程造价资料。

① 对造价有主要影响的技术经济条件。如项目建设标准、建设工期、建设地点等。

② 主要的工程量、主要的材料量和主要设备的名称、型号、规格、数量等。

③ 投资估算、概算、预算、竣工决算及造价指数等。

2）单位工程造价资料。单位工程造价资料包括工程的内容、建筑结构特征、主要工程量、主要材料的用量和单价、人工工日和人工费以及相应的造价指数等。

其他主要包括有关新材料、新工艺、新设备、新技术分部分项工程的人工工日，主要材料用量，机械台班用量。

（3）工程造价资料的运用　建立工程造价资料积累制度是工程造价计价依据及其重要的基础性工作。发达国家和地区不同阶段的投资估算，以及编制标底、投标报价的主要依据是单位和个人所积累的工程造价资料。全面系统地积累和利用工程造价资料，建立稳定的造价资料积累制度，对于我国加强工程造价，合理确定和有效控制工程造价具有十分重要的意义。

工程造价资料积累的工程量非常大，牵涉面也很广，应当依靠各级政府有关部门和行业组织进行组织管理。

积极推广使用计算机建立工程造价资料数据库，开发通用的工程造价资料管理程序，可以提高工程造价资料的适用性和可靠性。要建立造价资料数据库，首要的问题是工程的分类与编码。由于不同的工程在技术参数和工程造价组成方面有较大差异，必须把同类型工程合并在一个数据库文件中，而把另一类型工程合并到另一个数据库文件中去。

有了统一的工程分类与相应的编码之后，就可进行数据的搜集、整理和输入工作，从而得到不同层次的造价资料数据库。工程造价资料数据库的建立必须遵守统一的标准和规范。

1）进行单位生产能力投资分析。单位生产能力投资的计算公式是：

$$单位生产能力投资=\frac{全部投资完成额(现值)}{全部新增生产能力(使用能力)} \tag{4-26}$$

在其他条件相同的情况下，单位生产能力投资越小则投资效益越好。计算的结果可与类似的工程进行比较，从而评价该建设工程的效益。

2）用作编制投资估算的重要依据。设计单位的设计人员在编制估算时一般采用类比的方法，因此需要选择若干个类似的典型工程加以分解、换算和合并，并考虑到当前的设备与材料价格情况，最后得出工程的投资估算额。有了工程造价资料数据库，设计人员就可以从中挑选出所需要的典型工程，运用计算机进行适当地分解与换算，加上设计人员的经验和判断，最后得出较为可靠的工程投资估算额。

3）用作编制初步设计概算和审查施工图预算的重要依据。在编制初步设计该算时，有时要用类比的方式进行。这种类比法比估算要细致深入，可以具体到单位工程甚至分部工程的水平。在限额设计和优化设计方案的过程中，设计人员可能要反复修改设计方案，每次修改都希望能得到相应的概算。具有较多的典型工程资料是十分有益的。多种工程组合的比较不仅有助于设计人员探索造价分配的合理方式，还为设计人员指出修改设计方案的可行途径。

施工图预算编制完成之后，需要有经验的造价管理人员来审查，以确定其正确性，这一过程可以借助于有关造价资料。从造价资料中选取类似资料，将其造价与施工图预算进行比较，从中发现施工图预算是否有偏差和遗漏。由于设计变更、材料调价等因素所带来的造价变化，在施工图预算阶段往往无法事先估计到，此时参考以往类似工程的数据，有助于预见到这些因素发生的可能性。

4）用作确定招标控制价和投标报价的参考资料。在建设单位制定招标控制价或施工单位招标报价的工作中，无论是用工程量清单计价还是用定额计价法，工程造价资料都可以发挥重要作用。它可以向甲、乙双方指明类似工程的实际造价及其变化规律，使得甲、乙双方都可以对未来将发生的造价进行预测和准备，从而避免招标控制价和报价的盲目性。尤其是在工程量清单计价方式下，招标人自主报价，没有统一的参考标准，除了根据有关政府机构颁布的人工、材料、机械价格指数外，更大程度上依赖于企业已完工程的历史经验。这就对工程造价资料的累积分析提出了更高的要求，不仅需要总造价及专业工程的造价分析资料，还需要更加具体、与工程量清单计价规范相适应的各分项工程的综合单价资料。此外，还需要从企业历年来完成的类似工程的综合单价的发展的趋势获取企业技术能力和发展能力水平变化的信息。

5）用作技术经济分析的基础资料。由于不断地搜集和积累工程在建期间的造价资料，到结算和决算时就能简单容易地得出结果。造价信息的及时反馈，使得建设单位和施工单位都可以尽早发现问题，并及时予以解决。这也正是把对造价的控制由静态转入动态的关键所在。

6）用作编制各类定额的基础资料。通过分析不同种类分部分项工程造价，了解各分部分项工程中各类实物量消耗，掌握各分部分项工程预算和结算的对比结果，定额管理部门就可以发现原有定额是否符合实际情况，从而提出修改的方案。对于新工艺和新材料，也可以从积累的资料中获得编制新增定额的有用信息。概算定额和估算指标的编制与修订，也可以从造价资料中得到参考依据。

7）用以测定调价系数、编制造价指数。为了计算各种工程造价指数（如材料费价格指数、人工费指数、直接工程费价格指数、建筑安装工程价格指数、设备及工器具价格指数、工程造价指数、投资总量指数等），必须选取若干个典型工程的数据分析与综合，在此过程中，已经积累的造价资料可以充分发挥作用。

8）用以研究同类工程造价的变化规律。定额管理部门可以在拥有较多的同类工程造价资料的基础上，研究出各类工程造价的变化规律。

3. 工程造价信息的管理

（1）我国工程造价信息管理的现状

1）工程造价信息管理的基本原则。工程造价的信息管理指对信息的收集、加工整理、储存、传递与应用等一系列工作的总称。其目的就是通过有组织的信息流通，使决策者能及时、准确地获得相应的信息。为了达此目的，在工程造价信息管理中应遵循以下基本原则：

① 标准化原则。要求在项目的实施过程中对有关信息的分类进行统一，对信息流程进行规范，力求做到格式化和标准化，从组织上保证信息生产过程的效率。

② 有效性原则。工程造价信息应针对不同层次管理者的要求进行适当加工，针对不同管理层提供不同要求和浓缩程度的信息。这一原则是为了保证信息产品对于决策支持的有效性。

③ 定量化原则。工程造价信息不应是项目实施过程中所产生的数据的简单记录，而应经过信息处理人员的比较和分析。采用定量工具对有关数据进行分析和比较是十分必要的。

④ 时效性原则。考虑到工程造价计价与控制过程的时效性，工程造价信息也应具有相应的时效性，以保证信息产品能够及时服务与决策。

⑤ 高效处理原则。通过采用高性能的信息处理工具（如工程造价信息管理系统）尽量缩短信息在处理过程中的延迟。

2）我国工程造价信息管理的现状。在市场经济中，由于市场机制的作用和多方面的影响，工程造价的运动变化更快、更复杂。在这种情况下，工程发承包双方单独、分散地进行工程造价信息的收集、加工，不但工作困难，而且成本很高。工程造价信息是一种具有共享性的社会资源。因此，政府工程造价主管部门利用自己的信息系统的优势，对工程造价提供信息服务，其社会和经济效益是显而易见的。我国目前的工程造价信息管理主要以国家和地方政府主管部门为主，通过各种渠道进行工程造价信息的搜集、处理和发布。随着我国的建设市场越来越成熟，企业规模不断扩大，一些工程咨询公司和工程造价软件公司也加入了工程造价信息管理的行列。

① 全国工程造价信息系统的逐步建立和完善。实行工程造价体系改革后，国家对工程造价的管理逐渐由直接管理转变为间接管理。国家制定统一的工程量计算规则，编制全国统一工程项目编码和定期公布人工、材料、机械等价格的信息。随着计算机网络技术的广泛应用，国家也开始建立工程造价信息网，定期发布价格信息及其产业政策，为各地方主管部门、各咨询机构、其他造价编制和审定等单位提供基础数据。同时，通过工程造价信息网，

采集各地、各企业的工程实际数据和价格信息。主管部门及时依据实际情况，制定新的政策法规，颁布新的价格指数等。各企业、地方主管部门可以通过造价信息网，及时获得相关的信息。

② 地区工程造价信息系统的建立和完善。由于各个地区的生产力发展水平不一致，经济发展不平衡，各地价格差异较大。因此，各地区造价管理部门通过建立地区性造价信息系统，定期发布反映市场价格水平的价格信息和调整指数；依据本地区的经济、行业发展情况制定相应的政策措施。通过造价信息系统，地区主管部门可以及时发布价格信息、政策规定等。同时，通过选择本地区多个具有代表性的固定信息采集点或通过吸收各企业作为基本信息网员，收集本地区的价格信息、实际工程信息，作为本地区造价政策制定价格信息的数据和依据，使地区主管部门发布的信息更具有实用性、市场性、指导性。目前，全国有很多地区建立了造价价格信息网。

③ 随着工程量清单计价方式的应用，施工企业迫切需要建立自己的造价资料数据库，但由于大多数施工企业在规模上和能力上都达不到这一要求，因此这些工作在很大程度上委托给工程造价咨询公司或工程造价软件公司去完成。这是我国《建设工程工程量清单计价规范》颁布实施后造价信息管理出现的新的趋势。

（2）工程造价信息化的发展趋势

1）适应建设市场的新形势，着眼于为建设市场服务，为工程造价管理服务。工程建设在国民经济中占有较大的份额，但存在着科学水平不高，现代化管理滞后，竞争能力较弱的问题。信息技术的应用，可以促进管理部门依法行政，提高管理工作的公开、公平、公正和透明度。可以促进企业提高产品质量、服务水平和企业效率，达到提高企业自身竞争力的目的。针对我国目前正在大力推广的工程量清单计价制度，工程造价信息化应该围绕为工程建设市场服务，为工程造价管理改革服务这条主线，组织技术攻关，加快信息化建设。

2）我国有关工程造价方面的软件和网络发展很快。为加大信息化建设的力度，全国工程造价信息网正在与各省信息网联网，这样全国造价信息网联成一体，用户可以很容易地查阅到全国、各省、各市的数据，从而大大提高各地造价信息网的使用效率。同时把与工程造价信息化有关的企业组织起来，加强交流、协作，避免低层次、低水平的重复开发，鼓励技术创新，淘汰落后，不断提高信息化技术在工程造价中的应用水平。

3）发展工程造价信息化，要建立有关的规章制度，促进工程技术健康有序地向前发展。为了加强建设信息标准化、规范化，建设系统信息标准体系正在建立，制定信息通用标准，制定建设信息安全保障技术规范和网络设计技术规范已提上日程。加强全国建设工程造价信息系统的信息标准化工作，包括组织编制建设工程人工、材料、机械、设备的分类及标准代码，工程项目分类标准代码，各类信息采集及传输标准格式等工作，将为全国工程造价信息化的发展提供基础。

4.5.2 工程造价指数

1. 指数的概念和分类

（1）指数的概念　指数是用来统计和研究社会经济现象数量变化幅度和趋势的一种特有的分析方法和手段。指数有广义和狭义之分。广义的指数指反映社会经济现象变动与差异程度的相对数，如产值指数、产量指数、出口额指数等。而从狭义上说，统计指数是用来综合反映社会经济现象复杂总体数量变动状况的相对数。所谓复杂总体，指数量上不能直接加总的总体。例如不同的产品或商品，有不同的使用价值和计量单位，不同商品的价格也以不同的使用价值和计量单位为基础，都是不同度量的事物，是不能直接相加的。但通过狭义的统计指数就可以反映出不同度量的事物所构成的特殊总体变动或差异程度。例如物价总指数、成本总指数等。

（2）指数的分类

1）指数按其反映的现象范围的不同，分为个体指数、总指数。个体指数是反映个别现象情况变动的指数。如个别产品的产量指数、个别产品的价格指数等。总指数是综合反映不能同度量的现象生态变化的指数。如工业总产量指数、社会商品零售价格总指数等。

2）指数按其反映的现象的性质不同，分为数量指标指数和质量指标指数。数量指标指数是综合反映现象总的规模和水平变动的指数。如商品销售量的指数、工业产品产量指数、职工人数指数等。质量指标指数指综合反映现象相对水平或平均水平变动情况的指数。如产品成本指数、价格指数、平均工资水平指数等。

3）指数按照采用的基期不同，可分为定基指数和环比指数。当对一个时间数列进行分析时，计算动态分析指标通常用不同时间的指标值做对比。在动态对比时作为对比基础时期的水平，叫基期水平；所要分析时期（与基期相比较的时期）的水平，叫报告期水平或计算期水平。定基指数指各个时期指数都是采用同一固定时期为基期计算的，表明社会经济现象对某一固定基期的综合变动程度的指数。环比指数是以前一时期为基期计算的指数，表明社会经济现象对上一期或前一期的综合变动的指数。定基指数或环比指数可以连续将许多时间的指数按时间顺序加以排序，形成指数数列。

4）指数按其编制的不同，分为综合指数和平均数指数。综合指数是通过确定同度量因素，把不能同度量的现象过渡为可以同度量的现象，采用科学方法计算出两个时期的总量指标并进行对比而形成的指数。平均数指数是从个体指数出发，通过对个体指数加权平均计算而形成的指数。

① 综合指数是总指数的基本形式。计算总指数的目的，在于综合测定有不同度量单位的许多商品或产品所组成的复杂现象总体数量方面的总动态。综合指数的编制方法是先综合后对比。因此，综合指数主要解决不同度量单位的问题，使不能直接加总的不同使用价值的各种商品或产品的总和，改变成为能够进行对比的两个时期的现象的总体。综合指数可以把各种不能直接相加的现象还原为价值形态，先综合（相加），然后再进行对比（相除），从而反映观测对象的变化趋势。

② 平均数指数是综合指数的变形。综合指数虽然能最完整地反映所研究现象的经济内容，但其编制时需要全面资料，即对应的两个时期的数量指标和质量指标的资料。但在实践中，要取得这样全面的资料往往是比较困难的。因此，实践中可用平均数指数的形式来编制总指数。所谓平均数指数，是以个体指数为基础，通过对个体指数计算加权平均数编制的总指数。

2. 工程造价指数概念

随着我国经济体制改革，特别是价格体制改革的不断深化，设备、材料价格和人工费用的变化对工程造价的影响日益增大。在建筑市场供求和价格水平发生经常性波动的情况下，建设工程造价及其各组成部分也处于不断变化中，这不仅使不同时期的工程在“量”与

“价”两方面都失去可比性，也给合理确定和有效制定造价造成了困难。根据工程建设的特点，编制工程造价指数是解决这些问题的最佳途径。以合理方法编制的工程造价指数，不仅能较好地反映工程造价的变动趋势和变动幅度，而且可提出价格水平变化对造价的影响，正确反映建筑市场的供求关系和生产力发展水平。

工程造价指数是反映一定时期由于价格变化对工程造价影响程度的一种指标，它是调整工程造价价差的依据。工程造价指数反映了报告期与基期相比的价格变动趋势，利用它来研究实际工作中的下列问题很有意义。

1）可以利用工程造价指数分析价格变动趋势及其原因。

2）可以利用工程造价指数估计工程造价变化对宏观经济的影响。

3）工程造价指数是工程承发包双方进行工程估价和结算的重要依据。

3. 工程造价指数内容及特性分析

按照工程造价的构成，工程造价指数的构成应该包括以下几种：

（1）各种单项价格指数　这其中包括了反映各类工程的人工费、材料费、施工机械使用费报告期价格对基期价格的变化程度的指标。可利用它研究主要单项价格变化的情况及其发展变化的趋势，其计算过程可以简单表示为报告期价格与基期价格之比。以此类推，可以把各种费率指标也归入其中，例如措施项目费指数、间接费指数，甚至工程建设其他费用指数等。这些费率指数的编制可以直接用报告期费率与基期费率之比求得。很明显，这些单项价格指数都属于个体指数，其编制过程相对比较简单。

（2）设备、工器具价格指数　设备、工器具的种类、品种和规范很多。设备、工器具费用的变动通常由两个因素引起，即设备、工器具单件采购价格的变化和采购数量的变化，同时工程所采购的设备、工器具也是由不同规格、不同品种组成的，因此设备、工器具价格指数属于总指数。由于采购价格和采购数量的数据无论是基期还是报告期都比较容易获得，因此设备、工器具价格指数可以用综合指数的形式来表示。

（3）建设安装工程造价指数　建设安装工程造价指数也是一种综合指数，其中包括了人工费指数、材料费指数、施工机械使用费指数及其措施项目费、间接费等各项个体指数的综合影响。由于建筑安装工程造价指数相对比较复杂，涉及的面较广，利用综合指数进行计算分析的难度较大。因此，可以通过对各项个体指数的加权平均，用平均数指数的形式表示。

（4）建设项目或单项工程造价指数　该指数是由设备、工器具指数，建筑安装工程造价指数，工程建设其他费用指数综合得到的。它也属于总指数，并且与建筑安装工程造价指数类似，一般也用平均数指数的形式来表示。

当然，根据造价资料的期限长短分类，也可以把工程造价指数分为时点造价指数、月指数、季指数和年指数等。

4. 工程造价指数的编制

（1）各种单项价格指数的编制

1）人工费、材料费、施工机械使用费等价格指数的编制。这种价格指数的编制可以直接用报告期价格与基期价格相比后得到。其计算公式如下：

$$人工费（材料费、施工机械使用费）价格指数 = p_n/p_0 \tag{4-27}$$

式中 p_0——基期人工日工资单价（材料价格、机械台班单价）；

p_n——报告期人工日工资单价（材料价格、机械台班价格）。

2）措施项目费、工程建设其他费用等费率指标的编制。其计算公式如下：

$$措施项目费(工程建设其他费用)费率指数 = p_n / p_0 \tag{4-28}$$

式中 p_0——基期措施项目费（工程建设其他费用）费率；

p_n——报告期措施项目费（工程建设其他费用）费率。

（2）设备、工器具价格指数的编制　如前所述，设备、工器具价格指数是用综合指数形式表示的总指数。运用综合指数计算总指数时，一般要涉及两个因素，一个是指数所要研究的对象，称为指数化因素；另一个是将不能同度量过渡为可以同度量现象的因素，称为同度量因素。当指数化因素是数量指标时，这是计算的指数称为数量指标指数；当指数化因素是质量指标时，这时的指数称为质量指标指数。很明显，在设备、工器具价格指数中，指数化因素是设备、工器具的采购价格，同度量因素是设备、工器具的采购数量。因此，设备、工器具价格指数是一种质量指标指数。

1）同度量因素的选择。既然已经明确了设备、工器具价格指数是一种质量指标指数，那么同度量因素应该是数量指标，即设备、工器具的采购数量，那么就会面临一个新的问题，就是应该选择基期计划采购数量为同度量因素，还是选择报告期实际采购数量为同度量因素。因同度量因素选择的不同，可分为拉斯贝尔体系和派许体系。拉斯贝尔体系主张采用基期指标作为同度量因素，而派许体系主张用报告期指标作为同度量因素。根据统计学的一般原理，确定同度量因素的一般原则是：质量指标指数应当以报告期的数量指标作为同度量因素，确定同度量因素的一般原则是：质量指标指数应当以报告期的数量指标作为同度量因素，而数量指标指数则应以基期的质量指标作为同度量因素。

2）设备、工器具价格指数的编制。考虑到设备、工器具的采购品种很多，为简化起见，计算价格指数时可选择其中用量大、价格高、变动多的主要设备、工器具的购置数量和单价进行计算，按照派氏公式进行计算如下：

$$设备、工器具价格指数 = \frac{\sum(报告期设备、工器具单价 \times 报告期购置数量)}{\sum(基期设备、工器具单价 \times 报告期购置数量)} \tag{4-29}$$

（3）建筑安装工程价格指数　与设备、工器具价格指数类似，建筑安装工程价格指数也属于质量指标指数，所以也应用派氏公式计算。但考虑到建筑安装工程价格指数的特点，所以用综合指数的变形即平均指数的形式表述。

1）平均数指数。从理论上说，综合指数是计算总指数的比较理想的形式，因为它不仅可以反映事物变动的方向与程度，而且可以用分子与分母的差额直接反映事物变动的实际经济效果。然而，在利用派氏公式计算质量指标指数时，需要掌握 $\sum p_0q_1$（基期价格报告期数量之积的和），这是比较困难的。而相比而言，基期和报告期的费用总值（$\sum p_0q_1$，$\sum p_1q_1$），却是比较容易获得的资料。因此，可以在不违反综合指数的一般原则的前提下，改变公式的形式而不改变公式的实质，利用容易掌握的资料来推算不容易掌握的资料，进而再计算指数，在这种背景下所计算的指数即为平均数指数。利用派氏综合指数进行变形后计算得出的平均数指数称为加权平均数指数。其计算过程如下：

设 $K_P = p_1/p_0$ 表示个体价格指数，则派氏综合指数可以表示为

$$\text{派氏价格指数} = \frac{\sum q_1 p_1}{\sum q_1 p_0} = \frac{\sum q_1 p_1}{\sum \frac{1}{K_P} q_1 p_1} \tag{4-30}$$

其中 $\dfrac{\sum q_1 p_1}{\sum \frac{1}{K_P} q_1 p_1}$ 即为派氏综合指数变形后的加权调和平均数指数。

2）建筑安装工程造价指数的编制。根据加权平均数指数的推导公式，建筑安装工程造价指数的公式如下（由于利润率和税率通常不会变化，可以认为其单项价格指数为 1）：

$$\text{建筑安装工程造价指数} = \frac{\text{报告期建筑安装工程费}}{\dfrac{\text{报告期人工费}}{\text{人工费指数}} + \dfrac{\text{报告期材料费}}{\text{材料费指数}} + \dfrac{\text{报告期施工机械使用费}}{\text{施工机械使用费指数}} + \dfrac{\text{报告期措施项目费}}{\text{措施项目费指数}} + \dfrac{\text{报告期间接费}}{\text{间接费指数}} + \text{利润} + \text{税金}} \tag{4-31}$$

（4）建设项目或单项工程造价指数的编制　建设项目或单项工程造价指数是由建筑安装工程造价指数，设备、工器具价格指数和工程建设其他费用指数综合而成的。与建筑安装工程造价指数相类似，其计算也应采用加权调和平均数指数的推导公式。其计算公式如下：

$$\text{建设项目或单项工程指数} = \frac{\text{报告期建设项目或单项工程造价}}{\dfrac{\text{报告期建筑安装工程费}}{\text{建筑安装工程造价指数}} + \dfrac{\text{报告期设备、工器具费}}{\text{设备、工器具价格指数}} + \dfrac{\text{报告期工程建设其他费用}}{\text{工程建设其他费用指数}}} \tag{4-32}$$

编制完成的工程造价指数有很多用途，比如作为政府对建设市场宏观调控的依据，也可以作为工程估算以及概预算的基本依据。当然，其最重要的作用是在建设市场的交易过程中，为承包商提出合理的投标报价提供依据，此时的工程造价指数也可称为投标价格指数，具体的表现形式见表 4-6。

表 4-6　某省 2012 年建筑工程造价指数表

项　目	2012 年 1 月	2012 年 5 月	2012 年 6 月	2012 年 7 月	2012 年 8 月
综合楼	100	103.10	102.71	102.73	105.68
教学楼	100	104.41	103.32	103.35	106.73
高层商住楼	100	104.14	103.23	103.21	106.11
多层住宅楼 1	100	103.99	102.33	102.35	104.25
多层厂房	100	104.54	103.36	103.38	105.01
多层住宅楼 2	100	103.07	101.87	101.89	103.74
商品住宅楼	100	105.46	104.10	104.08	107.38

习　题

1. 工程计价依据是如何分类的？有哪些类型？
2. 工程量清单计价规范与工程量计算规范有何异同？
3. 预算定额的作用有哪些？
4. 简述预算定额、概算定额的编制对象及用途。
5. 计价规范的特点和内容有哪些？
6. 什么是招标工程量清单？什么是已标价工程量清单？
7. 招标控制价与投标报价的区别有哪些？
8. 计量规范的特点是什么？分类有哪些？
9. 措施项目是如何分类的？
10. 什么是工程造价信息？举例说明工程造价信息的作用。
11. 什么是工程造价指数？举例说明工程造价指数的作用。
12. 简述工程造价指数的表现形式与编制过程。

第 5 章 工程计价方法

本章学习重点

本章通过对工程计价的基本原理、基本体系和计价方法的学习，掌握工程定额计价的基本原理、方法、程序和步骤。通过对工程量清单计价的基本原理和方法的学习，掌握工程量清单计价方法，掌握招标工程量清单和招标控制价的编制程序和步骤，熟悉投标报价的编制特点，达到对工程量清单计价方法熟练掌握的目的。

建设项目各阶段工程造价的计价活动，在现代建设项目管理及工程计价与管理方面，有着举足轻重的作用。工程造价合理、及时、准确地计价与确定，既是工程项目管理的核心工作，也对建设项目的实际投资控制及成本控制有着深远影响。工程计价，就是按照规定的方法、规范或定额，对工程造价及其内容进行计算和确定的过程。对建筑产品的价格而言，我国现阶段主要采用两种计价方法，即工程定额计价方法和工程量清单计价方法。同时规定，全部使用国有资金投资或国有资金投资为主的建设工程项目，必须采用工程量清单计价方法。因此，我国目前的工程计价方法，主要以工程量清单计价为主。

5.1 概述

我国从实行工程量清单计价以来，工程造价无论是计算，还是控制与管理都发生了根本性的变化。在工程造价的形成机制上，也逐步从过去的政府定价到政府指导价再到现在的清单计价，以市场竞争形成的市场调节价，初步建立了具有中国特色的“法律规范秩序，企业自主报价，市场形成价格，监管行之有效”的工程价格形成机制。同时在造价管理体系上，也逐步建立了“以工程造价管理法律、法规为前提，以工程造价管理标准和工程计价定额为核心，以工程计价信息为支撑”的工程造价管理体系。在工程造价发展方向上，也逐步从过去传统的概预算计价发展到全过程、全要素、全方位、全寿命周期的精细化、集成化、信息化的全面工程造价的价值管理。工程造价管理不仅仅要重视工程计价，也要重视项目的价值管理及合同管理，并加强事前主动的风险控制。着眼于建设项目的全寿命周期的最大价值，以合同管理为前提，以准确的工程计量及计价为基础，通过不断的优化设计提升项目价值或降低工程成本，关注各生产要素对工程造价的影响，协同各管理主体，建立合理的方案，通过事前主动控制，确定一个合理的造价，并逐步实现以工程造价管理为核心的多目标的集成化的现代项目价值管理体系。

5.1.1 工程计价的基本原理

工程计价，指在建设项目的各阶段，按照一定的程序、依据和方法，对计价对象的造价构成内容进行计算和确定的过程。其造价形成过程主要包括工程计价对象的工程量计算和价格构成计算两个环节。合理、及时、准确地计算出工程产品的价格，是为了满足工程建设过程中，不同主体在建设各阶段对造价控制与管理的需要。在项目建设过程中，造价的计算与合理确定贯穿整个过程，同时和工程造价的控制与管理过程是并行的、各有侧重点又相互联系的有机工作过程。

工程建设是一项综合的、系统的经济活动过程，具有建设和使用周期长、规模大、造价高、动态性及地区性强等特点。因此，对其造价计算就和一般商品计价有许多不同的自身特点，其计价具有单件性、阶段及多次性、层次组合性及专业性等特点。工程产品的计价原理与方法，必然有自己的特殊性，其造价形成过程与形成机制必然与其他商品不完全相同。一个工程项目是单件性与多样性的集合体，每一个建设项目都要按照业主的需求进行单独设计，单独施工，不像其他商品一样可以大规模批量重复生产。所以，其计价就只能按照一定的计价程序和计价方法进行。即将项目进行结构分解，划分为可以按照计价定额的技术参数或工程量清单计价规范所要求的参数来测算价格的基本构造单元（如定额项目、清单项目）。再计算出基本构造单元的费用和综合其他造价构成内容的费用，这就解决了工程计价的基本问题。

一个建设项目都可以分解为一个或几个单项工程，一个单项工程又由一个或几个单位工程综合组成，而一个单位工程也是一个复杂的综合体，从计量和计价的技术层面讲，还需要进一步的划分才具有操作性。如一般房屋建筑与装饰工程，按其结构组成可以分为如下分部工程：土石方工程、地基处理与边坡支护工程、桩基工程、砌筑工程、混凝土及钢筋混凝土工程、金属结构工程、木结构工程、门窗工程、屋面及防水工程、保温隔热防腐工程、楼地面装饰工程、墙柱面装饰与隔断幕墙工程、天棚工程、油漆涂料裱糊工程、其他装饰工程、拆除工程、措施项目等。进一步把分部工程按照不同的施工方法、不同的构造、不同的规格更为细致的分解，划分为简单细小的分项工程后，就得到了工程计量计价的基本构造要素——分项工程。这就是计价的基本构造单元，即计价的定额项目或清单项目。

从以上看出，结构分解层次越多，基本构造单元就越细，其计算也就更精确。而这些基本单元的工程实物量可以通过国家颁发的工程量计算规范的规则计算出来，它也就直接反映了工程项目的规模及主要内容。分项工程的实物量确定后，再确定其单位价格和计算其费用就形成了工程的造价。

所以，工程计价的基本原理就是把工程首先分解至最基本的构造单元，结合其计量单位及计算规则计算出基本构造单元的工程量，再确定其合理的单价（如定额基价或综合单价），使用一定的计价方法和程序，按照造价的形成顺序，进行分部组合计价汇总，就计算出了相应工程项目的工程造价。

5.1.2 工程计价的基本体系和方法

1. 工程计价的基本体系

建设工程既是一种产品，也应是一种商品，进入市场交易，也就必然同其他商品一样，有其形成的造价及交易的价格，其价格构成，也应包括各种活劳动和物化劳动的消耗，以及所创造的社会价值。但工程产品的划分对象、建设阶段和本身施工又具有独特的技术经济特征，因而其造价构成就具有自己独有的特征。

就工程产品的价格构成特点而言，除了物质消耗、劳动报酬、盈利三部分同其他商品一样外，还由于工程产品竣工后，一般不发生物理运动，因而其价格构成就不包括一般商品的生产性流通费用。比如：商品的运输、包装等。同时，正是这一特征，产品是固定在一个地方，和大地是连在一起的。所以，其价格构成中，就应包括所使用的土地的价值，这一特征是其他商品通常不具有的。另一方面，由于工程产品的建造是一项复杂的系统工程，建造过程中，涉及多个责任主体。如：投资方或业主方、承包商或建造施工方、勘察设计单位、工程监理公司、造价咨询等中介机构、工程主管部门及相关政府职能部门等。因此，其价格构成中也应包括上述各部门发生的建设相关费用。另外，工程产品具有生产周期长、单件性、体积大、交易在先、生产在后等技术经济特点，故其造价具有大额性、个别差异性、地区及动态性、不同项目层次性、不同建设阶段的组合性等特点，这也就决定了其计价特征及计价体系的多样化和系统性。

正是由于工程产品的价格构成具有上述特征，就一个工程项目而言，这就需要在不同建设阶段，针对不同的工程对象，由不同的单位或人员，根据不同阶段的方案或设计图、施工组织设计或施工方案等内容，采用不同计价依据和计价方法，根据不同时期和不同地区的造价经济信息及造价指数，用不同的方式、方法，进行各种类型的造价计算。即对工程产品进行计价，实际上，这就形成了建设工程的造价计价体系。

从广义理解，工程造价应反映项目从筹建到竣工投产或使用全过程的投资费用，其组成主要包括：建筑安装工程费、设备及工器具购置费、工程建设其他费用、预备费用、建设期利息等投资的基本组成。同时，对生产性项目，还应包括流动资金等流动资产投资。而对上述各项费用的计算，有些项目是按实发生而确定的，有些是政策文件规定的费用，有些是由市场报价、合同约定形成的，而有些是需要事前通过专业计算而预计形成的（如建筑安装工程费），这部分的计算与计价也是最复杂、最专业的。因此，通过对上述费用的分析，就可看出工程造价的计算应是一个贯穿建设全过程的计价体系。

工程造价主要计价特征之一就是要分阶段多次性计价，以保证工程计价与控制的科学合理性。按照工程建设的各阶段先后顺序划分，工程计价体系主要分为：

1）建设项目建议书阶段的初步估算及可行性研究阶段的投资估算。

2）建设项目初步设计阶段的设计总概算或设计综合概算（包括修正设计概算）。

3）建设项目施工图设计阶段的工程预算。

4）工程招标投标阶段的招标控制价及签约合同价的确定。

5）承包商的施工成本预算，通常简称施工预算。

6）工程施工中的价款期中结算及工程竣工后的工程结算。

7）建设项目业主最终的投资费用总决算。

上述计价体系中，投资估算、设计概算、工程预算及招标控制价，在属性上讲，仅是只有业主一个主体的事前预期计算价格。严格意义上讲，它并不是完全的工程产品价格，只表示对工程造价的预计性的事前造价预计，都可以理解为：预先一算“预算”。在国外，这阶段的造价计算通称为工程估价。而招标投标阶段的招标控制价和签订的合同价、企业的施工成本预算等，也是工程实施过程中前期产品价格的预计价格。只有工程竣工后，交易主体发承包双方认可的工程结算价才是工程产品实际的建造价格。而项目最终的决算才是工程的最终投资费用的总和，即建设项目总投资。

同时，在上述造价计价体系中，前一阶段确定的工程造价是后一阶段工程造价的控制数额及标准，后一阶段的工程造价一般不能超过前一阶段的造价控制数额。具体讲，要用投资估算价控制设计方案的选择及规模标准等，并相应控制初步设计概算造价。用设计概算造价控制技术阶段的修正概算或设计概算，用设计概算或修正概算造价通过优化设计或限额设计等手段控制工程预算造价。而工程预算是工程项目临界施工的最准确的预期造价值，有着承上启下的作用：对上受投资估算及设计概算的控制，对下控制招标投标过程的控制价以及施工过程中变更、索赔等造价管理。因此，施工图阶段的工程预算的编制是工程造价的计价与确定最主要的内容。实际上，它也是施工图图上造价最准确的一算，这无论是对设计图的经济评价，还是确定招标控制价及控制结算与决算，都有着十分重要的计价作用。

2. 工程计价的主要方法

影响造价最主要的两个因素是：基本构造要素的工程数量和其单位价格。单位工程造价数额的大小与工程量及其单位价格是成正比的，即基本构造单位价格高，工程造价就高，基本单元的工程数量大，其工程造价就大。在基本单元的工程量通过一定的方法计算出来后，其单位价格的确定就是关键所在。也就是说，基本单元的单位价格确定的方法，也就决定了工程造价的计价方法。虽然其单位价格确定有多种方法，但目前我国工程计价主要有两种单价确定方式，即工料单价和综合单价。因此，工程造价的计价方法也就相应主要有两种，即工程定额计价方法和工程量清单计价方法。

（1）工程定额计价方法　工程定额计价法，直意就是根据定额计算工程造价的方法。其基本单元的单价是按人工、材料、施工机具使用费构成的工料单价确定的，工料单价就是分部分项工程的单位价格只考虑人工、材料、施工机械资源要素的价格形成。而分部分项工程的消耗量数据通过长期的收集、整理和积累就形成了工程建设的基础定额，该定额也就是工程计价的重要依据。

该方法是事先由国家或地区建设主管部门制定和颁发投资估算指标、概算定额、概算指标、预算定额、费用定额及有关造价信息等计价资料，再由造价人员根据方案或施工图以及相关资料，并结合工程实情，套用指标或定额，再按一定取费程序，最后计算出拟建工程所需全部费用，即工程造价。这也是我国在 2003 年以前，在工程量清单计价方法未实施以前一直沿用的工程定额计价方法。目前主要用于工程建设前期的投资估算、设计概算及工程预算编制及一些少数非国有资金投资的项目的计价活动。

（2）工程量清单计价方法　工程量清单计价方法，直意就是按照工程量清单计算工程造价的方法，是目前建设行业广泛使用的一种计价方法。它是我国从 2003 年起借鉴国外以市场竞争形成价格的工程计价体系而发展起来的一种方法，使用国有资金投资或国有投资为主的建设工程必须实行工程量清单计价方法。目前我国采用工程量清单计价方法，其构成单元的清单项目是采用综合单价计价的，其建筑安装工程的造价按其构成要素包括：人工费、材料费、施工机具使用费、企业管理费、利润、规费和税金。按其造价形成顺序，清单计价费用组成分为：分部分项工程费、措施项目费、其他项目费、规费和税金。

我国目前采用的工程量清单计价方法是综合单价的计价方式，同工程定额计价法相比，主要区别在于计价的构成和造价的形成机制不同。国家已发布的GB 50500—2013《建设工程工程量清单计价规范》规定，工程量清单计价价款，应包括完成招标文件规定的工程量清单项目所需的全部费用。工程量清单计价方法的关键在于综合单价的计算及确定，在编制招标控制价或投标报价时，其综合单价由编制人计算确定。但国家及地方为了指导工程量清单计价，也颁发了配套的综合单价清单定额，一般招标控制价编制时就参照该定额综合单价执行。但在招标投标工程中，企业投标时，则应结合工程特点、自身企业定额及施工管理水平，自主确定其综合单价并报价竞争，单价高低和风险是由企业自主承担的。这就真正实现了企业的自主定价及市场形成价格的竞争机制，逐步建立以工程成本为中心的报价制度，实现了我国工程造价计价与管理和国际惯例接轨的目标。

5.2 工程定额计价

5.2.1 工程定额计价方法概述

工程计价的基本原理在于项目的分解与组合。建筑产品单件性与多样性特点决定了每一个建设项目都需要按业主的特定需要单独设计、单独施工，不能批量生产和按整个项目确定价格，只能采用特殊的计价程序和计价方法，即将整个项目进行分解，划分为可以按有关技术经济参数测算价格的基本构造要素，基本子项的实物量确定后，再确定其单位价格。基本子项单价如何确定？又用什么方式？这就必须研究工程造价的计价基本方法。

计价方法有多种，但工程计价的基本过程和原理是相同的，影响造价最主要的因素有两个，即基本构造要素的工程数量及其单位价格，即

$$\text{工程造价} = \sum(\text{工程量} \times \text{单位价格}) + \text{相关税、费} \tag{5-1}$$

在基本子项的工程量通过一定的方法计算出来后，其单位价格的确定就是关键所在，也就是说，基本子项的单位价格确定的方法，决定了工程的计价方法。虽然其单位价格确定有多种方法，但目前我国工程造价行业主要有两种单价确定方式，即工料单价和综合单价。因此，工程的计价方法也就相应主要有两种，即工程定额计价法和工程量清单计价法。

工程定额计价法就是根据国家统一颁布的投资估算指标、概算指标、概算定额、预算定额及其他相关计价定额等，按照规定的计算程序对工程产品价格实行有计划的计价与管理。这是我国曾长期采用的一种计价模式及概预算计价体制。

工程定额计价方法主要采用工料单价法计算工程造价。所谓工料单价法，指工程项目的分部分项工程单价仅仅包括了人工、材料、施工机具三项资源要素的价格，是一种不完全的单价形式。以相应定额项目工程量乘以对应的工料单价并汇总，就得到相应工程直接工程费，再按相应的取费程序计算企业管理费、现场管理费、利润、税金等费用，就形成相应的工程造价。

在工程定额计价方法下，定额所反映的是社会的平均消耗量和平均技术管理水平，不能准确地反映企业的实际消耗量，也不能全面地体现企业技术装备水平、管理水平和劳动生产率水平。同时，工程价格或直接由国家决定，或由国家给出一定的指导价，不能充分体现公平竞争的原则。随着市场经济体制的建立与逐步完善，工程价格的确定主要通过市场机制的

调节和市场竞争来实现。即使在计价定额从指令性走向指导性的过程中，虽然计价定额中的一些因素可以按照市场变化做一些调整，但其主要资源要素即人工、材料和机械台班价格也都由工程造价管理部门发布造价信息，造价管理部门不可能把握市场价格的随机变化，其公布的造价信息与市场实际价格信息总有一定的时间滞后或偏差，这就决定了工程定额计价方法的局限性。

工程量清单计价方法正是顺应市场经济发展而形成的工程造价计价的新模式，也是国际上通行的做法。但考虑到我国目前工程建设管理体制及各地区发展的实际情况，在工程造价计价中采用两种计价模式即工程定额计价方法和工程量清单计价方法并存。

5.2.2 工程定额计价的程序和步骤

1. 工程定额计价的程序

采用工程定额计价方法编制工程造价文件，即采用传统的定额计价体系计算，虽然与市场经济及市场竞争的要求有一定差距，但由于这种工序定额子项划分清楚，价格与构成仔细且明确，在一定时期内，其价格确定也有相对稳定性，再加上适当的工、料、机价差调整及取费动态调整，采用这种方法编制工程造价文件还是有成熟实用的一面。工程定额计价法计价时通常采用工料单价法，按照单价形成方式的不同，工料单价法又可以分为定额单价法及实物量法。但无论哪种方法，在计价的基本程序上都是一致的。

工程定额计价的基本程序如图5-1所示。从图5-1可知，工程量计算和工程计价是编制建设工程造价的两个最基本的过程。

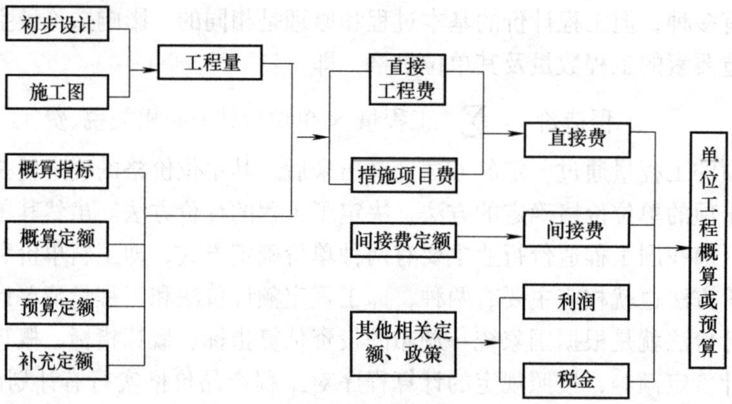

图5-1 工程定额计价的基本程序

用定额计价方法编制单位工程造价的基本程序可表示如下：

（1）分项工程直接工程费 = 人工费 + 材料费 + 施工机械使用费 （5-2）

其中：人工费 = $\sum$（人工工日消耗量 × 人工日工资单价）

材料费 = $\sum$（材料消耗量 × 材料单价）

机械使用费 = $\sum$（机械台班消耗量 × 机械台班单价）

（2）单位工程直接费 = $\sum$ 分项工程的直接工程费 + 措施项目费 （5-3）

（3）单位工程预算造价 = 直接费 + 间接费 + 利润 + 税金 （5-4）

2. 定额单价法

定额单价，即分部分项工程的单价只包括了人工、材料、施工机具三项资源要素的价格。定额单价法，又称预算单价法，就是利用各地区造价主管部门颁发的预算定额，并根据预算定额的分部分项工程量计算规则，按照施工图计算出分部分项工程量，乘以相应项目的定额单价（或称定额基价），汇总后就得出了工、料、机的定额直接费，再以定额直接费（或其中定额人工费）为计费基础，按照规定的费用项目及计费标准综合计算并汇总就形成了单位工程的工程预算。

$$\text{工程预算造价} = \sum(\text{分项工程量} \times \text{分项定额单价}) + \text{措施项目费} + \text{间接费} + \text{利润} + \text{税金} \quad (5\text{-}5)$$

定额单价法具有计算简单、工作量相对较小、编制速度较快、便于工程造价统一管理等特点。但值得注意的是，由于预算定额是"三合一"，即"定额单价""消耗量指标""计算规则"三方面统编在一起的，特别是定额单价，由于是事先按一定的工、料、机单价复合计算好了的，因而，其定额的编制水平、定额消耗量指标的确定、分项工程基价的高低等因素，都会直接影响工程预算的准确性及合理性，加上这种编制方法涉及"量""价""费"三方面，其"量""价"与定额水平有关，而取费又是另一方面的问题，其费用项目构成、费用标准的高低等又是影响工程预算编制水平的因素。

针对这种方式的不足，可对主要材料进行价差调整，当市场价格波动较大时，又可以对取费基础进行修正，对于一些取费项目，不做计划性规定，仅做指导性规定，留一部分弹性给市场等措施。当然，这些措施和手段，在方法上是可行的，但往往在时间上有一定的滞后性，加上定额本身具有静态计划性，因此工程预算造价并不能真实反映工程的价值，特别是对招标投标工程来说，不能完全反映施工企业的真实水平。这也是市场经济形势下，定额计价方法的不足。

3. 实物量法

实物量法首先仍是根据预算定额的分部分项工程量计算规则及施工图计算出分部分项工程量，然后套用相应人工、材料、机械台班的定额消耗量，再分别乘以工程所在地当时的人工、材料、机械台班的实际单价，求出单位工程的人工费、材料费和施工机械使用费，并汇总求和，进而求得直接工程费，最后按规定计取其他各项费用，汇总就可得出单位工程预算造价。

由于定额单价法的"价"具有定额计划性，是静态不变的，按其计算出来的定额直接费（或定额人工费）作为取费基数也是不变的，据此计算出的相应其他费用也是静态的（指在工程量一定时）。这显然不能反映采用相同定额的该地区各工程所在地的工、料、机真实价格及取费水平。为了克服定额基价带来的取费影响，实物量法就把"量""价"分开，先计算出工程量，在套用相应预算定额中人工、材料、机械台班的定额消耗量后，不再去套静态的定额基价，用这些实物量去乘该地区当时的工、料、机械台班的实际单价。从这里看出，这个直接费就不是静态的了，它受工、料、机价格变化的影响，不再像定额单价法那样，只要工程量相同，则套用的定额直接费就相同，就没有考虑价格的动态性问题，这也是这两种编制方法的核心区别。

实物量法编制工程预算，由于其直接费是按市场价计算的，也就克服了定额"定价"的弱点。因此，这种方法能够比较真实地反映工程产品的实际价格。这对于一些价格变化比较快、地区价差大的工程项目比较适合。这种方法的关键是直接费的确定要比定额单价更接近市场实际情况，用这种方法计算直接费时，也套用了定额，但只是用了定额的“量”。这个消耗量标准，在建材产品及标准、设计、施工技术及规范、验收标准、工艺水平等没有重大变化或突破性变化之前，一般是相对稳定的。

需要指出的是，虽然实物量法把“量”“价”分开来计算直接费，而且与定额单价法套的定额“单价”有区别，但最后形成造价时，仍要进行取费，所以这种方式仍然涉及“量”“价”“费”三个因素，只不过其中最主要的“价”这个因素按市场价格执行，因此，采用这种方法确定的工程价格仍不是一种完全的市场竞争价，不能适应日益发展的市场经济及市场竞争机制的需要。

4. 采用定额计价方法编制工程预算步骤

（1）准备工作　采用工程定额计价方法编制工程预算，不仅要严格遵守国家计价法规、政策，严格按照图纸计量，而且还要考虑施工现场实际条件因素，是一项复杂而细致的工作，也是一项政策性和技术性都很强的工作，因此必须事前做好充分准备。准备工作主要包括两大方面：一是组织准备，二是收集编制施工图预算的编制依据。其中主要包括现行建筑安装工程定额、取费标准、工程量计算规则、地区材料预算价格以及市场材料价格等各种资料。资料收集清单见表 5-1。

表 5-1　定额计价法收集资料一览表

序　号	资料分类	资料内容
1	国家规范	国家或省级、行业建设主管部门颁发的计价依据
2		国家或省级、行业建设主管部门颁发的计价办法
3	地方标准、定额	××地区建筑安装工程预算定额
4		××地区建筑安装工程消耗量标准
5		××地区人工费调整系数、材料信息价等管理办法
6	建设项目有关资料	设计文件、施工图、标准图集等
7		施工现场情况、工程特点及常规施工方案
8		经批准的初步设计概算或修正概算
9	其他有关资料	

（2）熟悉施工图　施工图文件不仅是施工的依据，也是编制工程预算最重要的基础资料，只有对施工图所表述的工程构件、材料做法、材料及设备的规格品种及质量、设计尺寸等基本内容仔细了解后，才能结合计算规则的要求，及时、准确无误地计算出工程量。

在熟悉施工图时，应将建施图、结施图、其他工种施工图、相关的大样图、所采用的标准图集、材料做法等相互结合起来，并对构造要求、构件联结、装饰要求等有一个全面认识，对设计施工图形成主要概念。

同时，在识图时，发现图纸上不合理或存在问题的地方，要通知设计者及时修改，避免机械预算而返工，也可以通过造价人员参加图纸会审及技术交底工作，进一步分析施工中的可能性，发现问题之后，向设计部门提出合理化建议，使设计更经济合理，充分发挥造价人员的主观能动性。这一方面，是造价人员主动控制造价的关键。

（3）了解和掌握现场情况及施工组织设计或施工方案等资料　对施工现场的施工条件、

施工方法、技术组织措施、施工进度、施工机械及设备、材料供应等情况也应了解。同时，对现场的地貌、土质、水位、施工场地、自然地坪标高、土石方挖填运状况及施工方式、总平面布置等与工程预算有关的资料有详细了解。

（4）熟练掌握计价定额及有关规定　正确掌握预算定额及有关规定，熟悉定额的全部内容和项目划分、定额子目的工程内容、施工方法、材料规格、质量要求、计量单位、工程量计算规则及方法、项目之间的相互关系、定额允许换算的规定条件及方法等。只有对这些定额内容、形式及使用方法有了全面了解，才能迅速而准确地计算出全部分项工程的工程量。

（5）划分工程项目　划分工程项目是工程造价计价的重要环节。工程计量计价最大的失误就是缺项、漏项或重项，其结果将造成编制的工程造价重大误差，对建设单位（业主）或施工单位带来重大经济损失。因此，为了准确地划分工程项目，必须正确细致地理解施工图，掌握基本施工技术和施工方案，熟练运用预算定额。划分的工程项目必须与定额的项目一致，这样才能正确地套用定额，选择正确的计算规则，既不能重复列项计算，也不能漏算少算。

（6）计算工程量　无论任何计价模式，工程量的计算都是预算编制水平的关键环节。这是一项繁琐而又要求细致的工作，要求认真、及时、准确、完整地计算。计算时，根据施工图的内容要求、定额的分项划分及计算规则，按照一定的统筹顺序，详细地计算出具体的分部分项工程原始的工程数量。

工程量是计价的基础数据，计算的精度不仅影响到工程造价，而且影响到与之关联的一系列数据，如计划、统计、劳动力、材料等。因此，决不能把工程量看成单纯的技术计算，它对整个企业的经营管理都有重要的意义。

1）计算工程量一般可按下列具体步骤进行：

① 根据施工图示的工程内容和定额项目，列出需计算工程量的分部分项。

② 根据一定的计算顺序和计算规则，列出计算式。

③ 根据施工图示尺寸及有关数据，代入计算式进行数学计算。

④ 按照定额中的分部分项的计量单位对相应的计算结果的计量单位进行调整，使之一致。

2）工程量的计算要根据图纸所标明的尺寸、数量以及附有的设备明细表、构件明细表进行。一般应注意下列几点：

① 要严格按照计价依据的规定和工程量计算规则，结合图纸所标明的尺寸进行计算，不能随意地加大或缩小各部位的尺寸。

② 为了便于核对，计算工程量一定要注明层次、部位、轴线编号及断面符号。计算式要力求简单明了，按一定程序排序，填入工程量计算表，以便核对。

③ 尽量采用图中已经通过计算注明的数量和附表，如门窗表、预制构件表、钢筋表、设备表、安装主材表等，必要时查阅图纸进行核对。因为设计人员往往从设计角度计算材料和构件的数量，除了口径不尽一致外，常常有遗漏和误差现象，要加以改正。

④ 计算时要防止重复计算和漏算。在比较复杂的工程或工作经验不足时，最容易发生的是漏项漏算或重项重算。因此，在计价之前应先看懂图纸，弄清各页图纸的关系及细部说明。一般也可按照施工次序，由上而下，由外而内，由左而右，事先草列分部分项名称，依

次进行计算。在计算中如果发现有新的项目，则应随时补充进去。为了防止遗忘，也可以采用分页图纸逐张清算的办法，以便先减少一部分图纸数量，集中精力计算比较复杂的工程量，有条件的尽量分层、分段、分部位来计算，最后将同类项加以合并，编制工程量汇总表。

工程量的计算过程，也是工程预算编制最消耗时间的环节，为了减小劳动强度及时间消耗，有很多计算软件可以运用，基本上能大部分或全部解决计算的问题。快速与准确的统一是计算机计算工程量需解决的主要问题，“快而不准”数据无用，“准而不快”效率又不高，甚至不如手算直观。因此，目前很多工程造价人员在计算工程量时，处于半手工、半电算阶段。即大部分采用人工计量、计算机软件计价计费。当然，随着施工图的规范设计、计量规则的统一、软件开发功能的提高，工程量计算必然能实现全面电算化。

（7）套用预算定额并计算直接费　当分部分项工程量计算完毕经检验无误后，就按定额分项工程的排列顺序，套用定额单价、计算出定额直接费。这部分工作全部可以由计算机软件完成。但值得注意的是，软件是接受人的指令的，而人是能动的，在上机套用定额项目时，要注意分项工程名称，材料品种、规格、配合比及强度等级，工程做法等要与所套分项相符合。要注意定额如何换算、补充定额如何编制及使用等事项，才能保证其计算的准确性。

1）定额的套用。套用定额时，必须仔细核对工程内容、技术特征、施工方法及材料规格，并根据施工图及说明的做法选择定额的项目，尽量避免漏项、重项、错项、高项、低项及定额档次划分混淆不清等情况发生。

2）定额换算。当分项工程的内容、材料规格、施工方法、强度等级及配合比等条件与定额项目不相符合时，应根据定额的说明要求，在规定的允许范围内调整及换算。通常容易涉及换算的内容主要有：配合比换算、混凝土强度等级换算、厚度换算、其他有关的材料代换。

3）补充定额的编制。当某些分项工程在定额中缺项时，可以编制补充定额。编制时，建设单位、施工单位及监理部门应进行协商并同意，报当地工程造价管理部门审批同意后，才能列入使用。

（8）工料分析、计算费用形成工程预算造价　按照规定的取费项目、取费标准及程序，计算出其他几项费用，并经工料分析，对主要材料进行价差调整，最后汇总形成预算造价。这部分工作可全部由计算机软件完成，但注意输入时，工程类别划分、取费等级及标准、材料价格及来源、按实费用、税率等要认真复核并保证无误。

（9）编制说明及复核　对编制依据、施工方法、施工措施、材料价格、费用标准等主要情况加以说明，使有关单位人员在使用本预算时，了解其编制前提，以便当实际前提发生变化时，对预算值作相应调整，最后再对预算的“量”“项”“价”“费”做全面复核。

（10）装订及签章　把预算按照其组成内容的一定顺序装订成册，再填写封面内容，签字完备，加盖参加编制的工程造价人员的资格证章，经有关负责人审定后签字，再加盖公章。至此，工程预算书编制完成。

5.3 工程量清单计价

5.3.1 工程量清单计价的特点与作用

工程量清单计价方法是区别于传统的定额计价方法的一种新的计价方法，即市场定价的方法。它由建设工程产品的买方和卖方在建设市场上根据供求关系的状况，在掌握工程造价信息的情况下进行公平、公开的竞争定价，从而最终形成工程价格即工程造价。因此，可以说工程量清单计价方法是建设市场建立、发展和完善过程中的必然产物。工程量清单计价的主要依据是国家发布的 GB 50500《建设工程工程量清单计价规范》，以及 GB 50854《房屋建筑与装饰工程工程量计算规范》等九个专业的计量规范。工程量清单计价方法已经成为我国建筑产品价款计算的基本制度。

1. 工程量清单计价的特点

（1）强制性 工程量清单计价的强制性主要表现在，首先，规定全部使用国有资金投资或国有资金投资为主的工程建设项目，必须采用工程量清单计价；这里的“国有资金”指国家财政性的预算内或预算外资金，国家机关、国有企事业单位和社会团体的自有资金及借贷资金；国家通过对发行政府债券或外国政府及国际金融机构举借主权外债所筹集的资金也应视为国有资金。“国有资金投资为主”的工程是指国有资金占总投资额50%以上或虽不足50%，但国有资产投资者实质上拥有控股权的工程。其次，规定了工程量清单的组成内容及编制格式，并规定采用工程量清单招标的，工程量清单必须作为招标文件的组成部分；三是明确了施工企业在投标报价中不能作为竞争的费用范围，如规费、税金、安全文明施工费等。

（2）实用性 工程量清单计价依据计价规范，而规范内容全面，它涵盖了建设工程施工准备阶段的工程量清单编制、建设工程招标控制价和建设工程投标报价的编制，建设工程承、发包施工合同的签订及合同价款的约定；工程施工过程中工程量的计量与价款支付，索赔与现场签证，工程价款调整；工程竣工后竣工结算的办理和工程计价争议的处理等。使每一个计价阶段，都有“章”可依，有“规”可循。“暂列金额”“暂估价”“计日工”等项的设立，更与国际惯例接轨，具有很现实的指导意义。并且 GB 50500—2013《建设工程工程量清单计价规范》所列工程量清单项目及计算规则的项目名称表现的是工程实体项目，项目名称明确清晰，工程量计算规则简洁明了，项目特征和工程内容的设置更易于招标人编制工程量清单和投标人进行投标报价。

（3）满足竞争的需要 招标投标过程本身就是一个竞争的过程，招标人给出工程量清单，投标人根据统一的工程量清单，依据企业的定额和市场价格信息填报综合单价（此单价中一般包括成本、利润），不同的投标人其综合单价是不同的，综合单价的高低取决于投标人及其企业的技术和管理水平等因素；工程量清单规定的措施项目中，投标人具体采用什么措施，如模板、脚手架、临时设施、施工排水等详细内容可由投标人根据企业的施工组织设计等确定，从而形成了企业整体实力的相互竞争。

（4）提供了一个平等的竞争条件 采用原来的工程预算来投标报价，由于诸多原因，不同投标企业的编制人员水平有差异，计算出的工程量也不同，报价相差甚远，容易造成招标投标过程中的不合理。而工程量清单报价为投标者提供了一个平等竞争的条件，相同的工程量，由企业根据自身的实力来填报不同的综合单价，符合商品交换的一般性原则。

（5）体现公平、公正、公开的原则 采用工程量清单计价方式招标时，工程量清单必须作为招标文件的组成部分，其准确性和完整性由招标人负责。投标人依据工程量清单进行投标报价，对工程量清单不负有核实的义务，更不具有修改和调整的权力。工程量清单作为投标人报价的共同平台，其准确性（数量不算错）和完整性（不缺项漏项）均应由招标人负责。

计价规范还特别规定实行工程量清单招标，应按规范依据编制招标控制价，在招标时公布，不上调或下浮，并报造价管理机构备案。如果投标人的投标报价高于招标控制价，其投标应予以拒绝。同时也赋予了投标人对招标人不按规范的规定编制招标控制价进行投诉的权利。真正体现了招标投标的公开、公平、公正原则。

（6）有利于工程款的拨付和工程造价的最终确定　中标后，业主要与中标施工企业签订施工合同，工程量清单报价基础上的中标价就成了合同价的基础。已标价工程量清单上的综合单价也就成了拨付工程款的依据。业主根据施工企业完成的工程量，可以很容易地确定进度款的拨付额。工程竣工后，业主再根据设计变更和工程量的增减乘以相应单价，也很容易确定工程的最终造价。

（7）有利于实现风险的合理分担　采用工程量清单计价的方式后，投标人只对自己所报的成本、单价等负责，而对工程量的变更或计算错误等不负责任；相应的，对于这一部分风险则应由业主承担，因此符合风险合理分担与责权利关系对等的一般原则。

（8）有利于业主对投资的控制　采用传统的定额计价方式编制工程预算，业主对因设计变更、工程量的增减所引起的工程造价变化不会及时引起重视，往往到竣工结算时，才清楚工程造价的变化大小，但此时常常是为时已晚，这种事后算账已无法主动控制项目投资。而采用工程量清单计价的方法，在发生设计变更或工程量增减时，能马上知道其工程造价的变化大小，这样业主就能根据投资情况决定是否变更或进行方案比较，采用最为合理、经济的处理方法，使用这种方法即可在“过程”中有效地控制投资额。

2. 工程量清单计价的作用

1）提供了一种市场形成价格的新的计价方法。工程造价形成的主要阶段在招标投标阶段。在工程招标投标过程中，招标人依据规范编制统一的工程量清单，各投标企业在这一同等的平台上进行投标报价时必须考虑工程本身特点，企业自身施工技术水平、管理能力和市场竞争能力，同时还必须考虑诸如工程进度、投资规模、资源计划等因素。在综合分析这些因素影响后，对投标报价作出灵活机动的调整，使报价能够比较准确地反映工程实际并与市场条件吻合。只有这样才能把投标定价的自主权真正交给招标单位和投标单位，并最终通过市场来配置资源，决定工程造价。真正实现市场机制决定工程造价。

2）简化了工程造价的计价方法，方便清单招标快速报价，提高了工程计价效率。在传统的定额计价模式下，工程计价程序繁琐、复杂，工程中部分费用性质比较模糊，给发包人对工程造价的计价与管理带来很多不便。而工程量清单计价规范中工程费用的构成项目清晰明了，有利于发包人对工程造价构成的理解和管理。并且清单计价中采用实体和非实体分离，分部分项工程量清单项目按综合实体划分，项目设置不含施工方法。施工方法、施工手段等措施项目单列，由投标人自主决定采取合理施工方案，项目划分清楚，互不包含，既有利于投标人对投标报价的编制又有利于评标。

3）为承发包双方解决工程计价纠纷提供了依据。规范中规定了招标投标阶段的招标控制价和投标报价的编制方法，将现行法规与工程实施全过程中遇到的实际问题融于一体，对工程施工过程中工程量的计量与价款支付方式和方法做了明确规定，并且对索赔与现场签证、工程价款调整、工程竣工后竣工结算的办理和工程计价争议的处理方式进行了明确说明，使得规范成为工程施工中承发包双方工程计价和解决争端的有效依据。

5.3.2　招标工程量清单的编制

招标工程量清单应以单位（项）工程为单位编制，应由分部分项工程项目清单、措施项目清单、其他项目清单、规费和税金项目清单组成。招标工程量清单应由具有编制能力的招标人或受其委托、具有相应资质的工程造价咨询人编制。招标工程量清单必须作为招标文件的组成部分，其准确性和完整性由招标人负责。

1. 招标工程量清单的编制依据

1）GB 50500—2013《建设工程工程量清单计价规范》和相关工程的国家计量规范。

2）国家或省级、行业建设主管部门颁发的计价定额和办法。

3）建设工程设计文件及相关资料。

4）与建设工程有关的标准、规范、技术资料。

5）拟定的招标文件。

6）施工现场情况、地勘水文资料、工程特点及常规施工方案。

7）其他相关资料。

2. 招标工程量清单的组成

按照 GB 50500—2013《建设工程工程量清单计价规范》的规定，招标工程量清单组成的主要内容如下：

1）招标工程量清单封面。

2）工程量清单总说明。

3）分部分项工程量清单与计价表。

4）措施项目清单与计价表。

5）其他项目清单与计价表。

6）规费项目清单与计价表。

7）税金项目清单与计价表。

3. 分部分项工程项目清单的编制

分部分项工程项目清单指完成拟建工程的工程项目数量的明细清单。分部分项工程项目清单必须载明项目编码、项目名称、项目特征、计量单位和工程量计算规则五大要件。必须根据相关工程现行国家计量规范规定的项目编码、项目名称、项目特征、计量单位和工程量计算规则进行编制。

（1）项目编码　分部分项工程项目清单的项目编码，应采用十二位阿拉伯数字表示。一至九位应按相关工程现行国家计量规范附录的规定设置，其中一、二位为专业工程代码，三、四位为附录分类顺序码，五、六位为分部工程顺序码，七、八、九位为分项工程项目名称顺序码，十至十二位为清单项目名称顺序码。

同一招标工程的项目编码不得有重码。如当同一标段（或合同段）的一份工程量清单中含有多个单位工程且工程量清单以单位工程为编制对象时，在编制工程量清单时应特别注意对项目编码十至十二位的设置不得有重码的规定。例如一个标段（或合同段）的工程量清单中含有三个单位工程，每一单位工程中都有项目特征相同的实心砖墙砌体，在工程量清单中又需反映三个不同单位工程的实心砖墙砌体工程量时，则第一个单位工程的实心砖墙的项目编码应为 010401003001，第二个单位工程的实心砖墙的项目编码应为 010401003002，第三个单位工程的实心砖墙的项目编码应为 010401003003，并分别列出各单位工程实心砖墙的工程量。

（2）项目名称　分部分项工程量清单的项目名称应按相关工程现行国家计量规范附录的项目名称结合拟建工程的实际确定。例如“现浇构件钢筋”分项工程在形成工程量清单项目名称时可细化为“现浇 HPB300 钢筋”“现浇 HRB335 钢筋”“现浇 HRB400 钢筋”等。随着新材料、新技术、新的施工工艺的不断出现和应用，如果遇到相关工程现行国家计量规范附录没有的项目，编制人可作相应补充，并报工程造价管理机构备案。

（3）项目特征　在编制工程量清单时，必须对项目特征进行准确和全面的描述。因为工程量清单的项目特征是构成分部分项工程量清单项目自身价值的本质特征，是确定和填报综合单价不可缺少的重要依据，但有些项目特征用文字往往又难以准确和全面地描述清楚。因此，为达到规范、简捷、准确、全面描述项目特征的要求，在描述工程量清单项目特征时应按以下原则进行：项目特征描述的内容应按相关工程现行国家计量规范附录中的规定，结合拟建工程的实际，能满足确定综合单价的需要；若采用标准图集或施工图能够全部或部分满足项目特征描述的要求，项目特征描述可直接用详见××图集或××图号的方式；对不能满足项目特征描述要求的部分，仍应用文字描述。

为了能够根据项目特征进行准确报价，对项目特征具体的描述可按以下要求进行：

1）必须描述的内容如下：①涉及正确计量计价的必须描述，如门窗洞口尺寸或框外围尺寸；②涉及结构要求的必须描述，如混凝土强度等级（C20 或 C25）；③涉及施工难易程度的必须描述，如抹灰的墙体类型（砖墙或混凝土墙）；④涉及材质要求的必须描述，如花岗石的品种、厚度等。

2）可不描述的内容如下：①对项目特征或计量计价没有实质影响的内容可以不描述，如混凝土柱高度、断面大小等；②应由投标人根据施工方案确定的可不描述，如预裂爆破的单孔深度及装药量等；③应由投标人根据当地材料确定的可不描述，如混凝土拌合料使用的石子种类、粒径及砂的种类等；④应由施工措施解决的可不描述，如现浇混凝土板、梁的标高等。

3）可不详细描述的内容如下：①无法准确描述的可不详细描述，如土壤类别可描述为综合等（对工程所在具体地点来讲，应由投标人根据地勘资料确定土壤类别，决定报价）；②标准图集或施工图标注明确的，可直接采用详见××图集或××图号等；③还有一些项目可不详细描述，但清单编制人在项目特征描述中应注明由投标人自定，如“挖基础土方”中的土方运距等。

另外，“项目特征”与“工程内容”是两个不同性质的规定。项目特征必须描述，因其讲的是工程实体的特征，直接决定工程的价值；工程内容无需描述，因其主要讲的是操作程序，二者不能混淆。例如砖砌体的实心砖墙，按照《建设工程工程量清单计价规范》“项目特征”栏的规定，就必须描述砖的品种：是页岩砖，还是煤灰砖；砖的规格：是标砖，还是非标砖，是非标砖就应注明规格尺寸；砖的强度等级：是 MU10、MU15，还是 MU20；因为砖的品种、规格、强度等级直接关系到砖的价格。还必须描述墙体的厚度：是 1 砖（240mm），还是 1 砖半（370mm）等；墙体类型：是混水墙，还是清水墙，清水是双面，还是单面，或者是一斗一卧、围墙等；因为墙体的厚度、类型直接影响砌砖的工效以及砖、砂浆的消耗量。还必须描述是否勾缝：是原浆勾缝，还是加浆勾缝；如是加浆勾缝，还需注明砂浆配合比。还必须描述砌筑砂浆的种类：是混合砂浆，还是水泥砂浆；还应描述砂浆的强度等级：是M5、M7.5，还是M10等，因为不同种类、不同强度等级、不同配合比的砂浆，其价格是不同的。由此可见，这些描述均不可少，因为其中任何一项都影响实心砖墙项目综合单价的确定。而《建设工程工程量清单计价规范》关于实心砖墙的“工程内容”中的“砂浆制作、运输，砌砖，勾缝，砖压顶砌筑，材料运输”就不必描述。因为发包人没必要指出承包人要完成实心砖墙的砌筑还需要制作、运输砂浆，还需要砌砖、勾缝，还需要材料运输。不描述这些工程内容，承包人也必然要操作这些工序，才能完成最终验收的砖砌体。还需要说明的是，计价规范在“实心砖墙”的“项目特征”及“工程内容”栏内均包含有勾缝，但两者的性质完全不同。“项目特征”栏的勾缝体现的是实心砖墙的实体特征，是个名词，体现的是用什么材料勾缝。而“工程内容”栏内的勾缝表述的是操作工序或称操作行为，在此处是个动词，体现的是怎么做。因此，如果需要勾缝，就必须在项目特征中描述，而不能因工程内容中有而不描述，否则，将视为清单项目漏项，而可能在施工中引起索赔。类似的情况在计价规范中还存在，必须引起注意。

（4）计量单位　分部分项工程量清单的计量单位应按相关工程现行国家计量规范附录中规定的计量单位确定。一般情况下，以质量计算的项目以吨或千克（t或kg）为单位；以体积计算的项目以立方米（m^3）为单位；以面积计算的项目以平方米（m^2）为单位；以长度计算的项目，以米（m）为单位；以自然计量单位计算的项目以个、套、块、樘、组、台等为单位。当计量单位有两个或两个以上时，应根据所编工程量清单项目的特征要求，选择最适宜表现该项目特征并方便计量的单位。

工程计量时每一项目汇总的有效位数应遵守以下规定：①以“t”为单位，应保留小数点后三位数字，第四位小数四舍五入；②以“m、m^2、m^3、kg”为单位，应保留小数点后两位数字，第三位小数四舍五入；③以“个、件、根、组、系统”为单位，应取整数。

（5）工程量计算规则　分部分项工程量清单中的工程量，应按相关工程现行国家计量规范附录中规定的工程量计算规则计算。工程量计算规则指对清单项目工程量的计算规定，清单编制人应该按照相关工程现行国家计量规范附录中规定的工程量计算规则，对每一项的工程量进行准确计算，从而避免业主承受不必要的工程索赔。

在编制工程量清单过程中，出现规范附录中未包括的项目时，编制人应作补充，并报省级或行业工程造价管理机构备案。补充项目的编码由各专业工程计算规范附录规定的专业工程代码与B和三位阿拉伯数字组成，并应从×B001起顺序编制（例如房屋建筑与装饰工程如需补充项目，则其编码应从01B001开始起顺序编制），同一招标工程的项目不得重码。工程量清单中还需附有补充项目的项目名称、项目特征、计量单位、工程量计算规则、工程内容。例如钢管桩的补充项目见表5-2。

表5-2　桩基础（编码：010201）

项目编码	项目名称	项目特征	计量单位	工程量计算规则	工程内容
01B001	钢管桩	1. 地层描述 2. 送桩长度/单桩长度 3. 钢管材质、管径、壁厚 4. 管桩填充材料种类 5. 桩倾斜度 6. 防护材料种类	m/根	按设计图示尺寸以桩长（包括桩尖）或根数计算	1. 桩制作、运输 2. 打桩、试验桩、斜桩 3. 送桩 4. 管桩填充材料、刷防护材料

另外，考虑到各专业定额编制的具体情况，同时为了使用者计价的方便，在分部分项工程量清单的编制中，对现浇混凝土模板可采用两种方式进行编制，一是在“工作内容”中包括模板工程的内容（项目特征中需要描述），以立方米计量，与混凝土工程项目一起组成综合单价；二是在措施项目中单列现浇混凝土模板工程项目，以平方米计量，单独组成综合单价。实际编制清单过程中，应注意以下三点：一是招标人应根据工程的实际情况在同一个标段（或合同段）中在两种方式中选择其一；二是招标人若采用单列现浇混凝土模板工程，必须按各专业计算规范所规定的计量单位、项目编码、项目特征描述列出清单，同时，现浇混凝土项目中不含模板的工程费用；三是招标人若不单列现浇混凝土模板工程项目，不再编列现浇混凝土模板项目清单，意味着现浇混凝土工程项目的综合单价中包括了模板的工程费用。

4. 措施项目清单的编制

措施项目清单指为完成工程项目施工，发生于该工程施工准备和施工过程中的技术、生活、安全、环境保护等方面项目的清单。

计量规范中将措施项目划分为两类：一类是单价措施项目，一类是总价措施项目。

总价措施项目指其费用的发生和金额的大小与使用时间、施工方法或者两个以上工序相关，与实际完成的实体工程量的多少关系不大，典型的是大中型施工机械、文明施工和安全防护、临时设施等，以“项”计价。

单价措施项目指可以计算工程量的项目，典型的是混凝土浇筑的模板工程，用分部分项工程量清单的方式采用综合单价。

《房屋建筑与装饰工程工程量计算规范》附录中列出了“总价项目”的内容，作为措施项目列项的参考。《房屋建筑与装饰工程工程量计算规范》中的总价措施项目见表5-3。

表5-3 总价措施项目

序号	项目名称
1	安全文明施工费（含环境保护、文明施工、安全施工、临时设施）
2	夜间施工费
3	二次搬运费
4	冬雨期施工费
5	大型机械设备进出场及安拆费
6	施工排水费
7	施工降水费
8	地上、地下设施，建筑物的临时保护设施费
9	已完工程及设备保护费
10	各专业工程的措施项目

（1）单价措施项目清单的编制　单价措施项目清单的编制与分部分项工程清单的编制完全相同，必须列明项目编码、项目名称、项目特征、计量单位、工程量，并按照计量规范的有关规定执行。某房屋建筑工程综合脚手架的措施项目清单见表5-4。

表5-4 分部分项工程和单价措施项目清单与计价表

序号	项目编码	项目名称	项目特征描述	计量单位	工程量	金额/元		
						综合单价	合价	其中
								暂估价
1	011701001001	综合脚手架	3. 建筑结构形式：框剪 4. 檐口高度：60m	m^2	12000			

（2）总价措施项目清单的编制　编制总价措施项目清单，必须按计量规范规定的项目编码、项目名称确定清单项目，不必描述项目特征和确定计量单位。某房屋建筑工程的安全文明施工的总价措施项目清单与计价表见表5-5。

表5-5 总价措施项目清单与计价表

序号	项目编码	项目名称	计算基础	费率（%）	金额/元	调整费率（%）	调整后金额/元	备注
1	011707001001	安全文明施工费	定额人工费					

注：安全文明施工费的“计算基础”中可为“定额基价”“定额人工费”或“定额人工费+定额机械费”，由各地工程造价管理部门规定。

措施项目清单的编制需考虑多种因素，除工程本身的因素以外，还涉及水文、气象、环境、安全等因素。一般情况下，措施项目清单的编制依据主要有现场情况、地勘水文资料、工程特点，常规施工方案，与建设工程有关的标准、规范、技术资料，拟定的招标文件，建设工程设计文件及相关资料等。

由于影响措施项目设置的因素太多，计量规范不可能将施工中可能出现的措施项目一一列出。在编制措施项目清单时，因工程情况不同，出现计量规范附录中未列的措施项目，清单编制人或投标人可根据工程的具体情况对措施项目清单作补充。

5. 其他项目清单的编制

其他项目清单指分部分项工程清单和措施项目清单以外，该工程项目施工中可能发生的其他费用的清单。工程建设标准的高低、工程的复杂程度、工程的工期长短、工程的组成内容、发包人对工程管理的要求等都会直接影响其他项目清单的具体内容，在编制清单过程中，编制人一般按暂列金额、暂估价（包括材料暂估单价、工程设备暂估单价、专业工程暂估价）、计日工、总承包服务费等进行编制，其不足部分，编制人可根据工程的具体情况进行补充。

（1）暂列金额　暂列金额是招标人在工程量清单中暂定并包括在工程合同价款中的一笔款项。它是招标人用于施工合同签订时尚未确定或者不可预见的所需材料、工程设备、服务的采购，施工中可能发生的工程变更、合同约定调整因素出现时的合同价款调整以及发生的索赔、现场签证确认等的费用。

暂列金额的数额由发包人暂定并掌握。计算时，应根据工程特点，按有关计价规定估算。

（2）暂估价　暂估价指招标人在工程量清单中提供的用于支付必然发生但暂时不能确

定价格的材料、工程设备的单价以及专业工程的金额。它是招标人在招标阶段预见肯定要发生，只是因为标准不明确或者需要由专业承包人完成，暂时又无法确定具体价格时采用的一种价格形式。暂估价中的材料、工程设备暂估单价应根据工程造价信息或参照市场价格估算，列出明细表；专业工程暂估价一般应是综合暂估价，应当包括除规费和税金以外的管理费、利润等取费。编制时应分不同专业，按有关计价规定估算，列出明细表。

(3) 计日工　计日工指在施工过程中，承包人完成发包人提出的施工图以外的零星项目或工作，按合同中约定的单价计价的一种方式。零星项目或工作一般指合同约定之外的或者因变更而产生的、工程量清单中没有相应项目的额外项目或工作，尤其是那些时间不允许事先商定价格的额外项目或工作。计日工表中列出的人工、材料、施工机械台班，是为将来可能发生的零星项目或工作做的单价准备，计日工表中清单编制人一般应根据经验，通过估算给出一个比较贴近实际的暂定数量。计日工的数额大小与承包商没有关系，竣工结算时，应该按照实际完成的零星项目或工作结算。

(4) 总承包服务费　总承包人为配合协调发包人进行的专业工程分包，对发包人自行采购的材料、工程设备等进行保管以及施工现场管理、竣工资料汇总整理等服务所需的费用。这里的分包指在法律、法规允许的条件下进行专业工程发包。招标人应当在其他项目清单中列出总承包服务费的项目，并明确分包的具体内容。

6. 规费项目清单

规费清单指根据国家法律、法规，由省级政府或者省级有关部门规定必须缴纳的，应计入建筑安装工程造价的费用的清单。规费项目清单一般应按社会保险费，包括养老保险费、失业保险费、医疗保险费、工伤保险费、生育保险费，住房公积金，工程排污费等进行列项；如出现以上未包括的项目，应根据省级政府或省级有关部门的规定列项。

7. 税金项目清单

税金清单指国家税法规定的应计入建筑安装工程造价内的营业税、城市维护建设税、教育费附加和地方教育附加等的清单，包括了目前国家税法规定的应计入建筑安装工程造价内的税种。如果国家税法发生变化或地方政府及税务部门依据职权对税种进行了调整，则应对税金项目清单进行相应调整。

5.3.3 招标控制价的编制

按照 GB 50500—2013《建设工程工程量清单计价规范》的规定，国有资金投资的建设工程招标，招标人必须编制招标控制价。招标控制价应由具有编制能力的招标人或受其委托、具有相应资质的工程造价咨询人编制和复核。招标控制价应按照相关规定编制，不应上调或下浮。招标人应在发布招标文件时公布招标控制价。

1. 编制招标控制价的依据

1) GB 50500—2013《建设工程工程量清单计价规范》。

2) 国家或省级、行业建设主管部门颁发的计价定额和计价办法。

3) 建设工程设计文件及相关资料。

4) 拟定的招标文件及招标工程量清单。

5) 与建设项目相关的标准、规范、技术资料。

6) 施工现场情况、工程特点及常规施工方案。

7）工程造价管理机构发布的工程造价信息，当工程造价信息没有发布时，参照市场价。

8）其他的相关资料。

2. 招标控制价成果文件的组成内容

1）招标控制价封面。

2）工程项目计价总说明。

3）建设项目招标控制价汇总表。

4）单项工程招标控制价汇总表。

5）单位工程招标控制价汇总表。

6）分部分项工程量清单与计价表。

7）单价措施项目清单与计价表。

8）总价措施项目清单与计价表。

9）其他项目清单与计价汇总表。

10）规费、税金项目计价表。

11）分部分项工程与单价措施项目综合单价分析表。

3. 分部分项工程费编制

分部分项工程费指完成工程量清单列出的各分部分项工程量所需的费用，包括人工费、材料费、机械使用费、企业管理费、利润以及一定范围内的风险费用。

GB 50500—2013《建设工程工程量清单计价规范》规定：分部分项工程费应根据招标文件中的分部分项工程量清单项目的特征描述及有关要求，按综合单价计算。

采用综合单价计价，是工程量清单计价方法的一个重要特征。按照 GB 50500—2013《建设工程工程量清单计价规范》的规定，综合单价是完成一个规定清单项目所需的人工费、材料和工程设备费、施工机具使用费和企业管理费、利润以及一定范围内的风险费用。现阶段的综合单价也是不完全单价，没有包括总价措施项目费、规费和税金等费用。综合单价中的风险费用的考虑和计算也是目前工程造价管理中的重要问题。

分部分项工程费计价，其实质就是综合单价的组价问题。一般情况下，综合单价的组价方法有以下两种：

1）依据定额计算。就是针对工程量清单中的一个项目描述的特征，按照与工程量清单计价配套的有关计价定额的项目划分和工程量计算规则进行计算，并对需要换算的项目进行换算，根据各地规定对人工费、材料单价、机械费等进行调整，最后得出该项目的综合单价。

2）根据实际费用估算。就是针对工程量清单中的一个项目描述的特征，按照实际可能发生的费用项目进行有关费用估算并考虑风险费用，然后再除以清单工程量得出该项目的综合单价。比如，某基础土方工程，工程量清单中项目描述的特征为土方开挖、土方运输，工程量 1000m^3。在清单组价时，首先根据工程实际情况、施工组织设计，确定采用反铲挖掘机对基坑开挖，同时采用自卸汽车运土，基底加宽施工工作面每边 300mm、确定堆弃土地点及运距 15km；然后，计算出实际的挖土方量为 1200m^3；根据市场上的反铲挖掘机挖土和自卸汽车运土 15km 以及包括人工修边捡底及一定的风险的每立方米单价（假如为 15 元/m^3），计算出机械土方施工的费用（18000 元）；汇总 1200m^3 土方工程施工所需的各项估算费用及管理费、预期利润（假如为1800元）；最后，将总费用除以1000m^3，得出每立方米的综合单价（即19.8元/m^3）。

在编制招标控制价时，分部分项工程费应根据拟定的招标文件中的分部分项工程量清单项目的特征描述及有关要求计价，综合单价中应包括招标文件中划分的应由投标人承担的风险范围及其费用，招标文件中没有明确的，应提请招标人明确。招标工程量清单提供了暂估单价的材料和工程设备，按暂估的单价计入综合单价。

4. 措施项目费编制

措施项目费指为完成工程项目施工，发生于该工程施工准备和施工过程中的技术、生活、安全、环境保护等方面的措施项目所需要的费用。

措施项目清单计价应根据拟建工程的具体施工方案或者施工组织设计进行计价，对于可以计算工程量的措施项目，应按照单价措施项目清单计价，即应按分部分项工程量清单的方式采用综合单价计价，如混凝土、钢筋混凝土模板及支架、脚手架等措施费用的组价；对于措施费用的发生和金额与实际完成的实体工程量的大小关系不大的措施项目，应按总价措施项目清单计价，以“项”为单位，用费率方式计算。如安全文明施工费、夜间施工增加费、二次搬运费等。

在编制招标工程量清单时，招标人提出的措施项目清单是根据一般情况确定的，没有考虑不同投标人的“个性”，由于各投标人拥有的施工装备、技术水平和采用的施工方法有所差异，因此，在编制招标控制价时，措施项目费应根据拟定的招标文件中的措施项目清单，依据国家或省级、行业建设主管部门颁发的计价定额和计价办法规定的标准计算。

措施项目清单中的安全文明施工费应按照国家或省级、行业建设主管部门的规定标准计取，不得作为竞争性费用。

5. 其他项目费用的编制

其他项目指暂列金额、暂估价（包括材料暂估单价、工程设备暂估单价、专业工程暂估价）、计日工、总承包服务费。其他项目的具体内容应根据拟建工程的具体情况确定。

1）编制招标控制价时的暂列金额，由招标人根据工程特点、工期长短，按有关计价规定进行估算确定，一般应以分部分项工程项目清单费用的10%～15%为参考。

2）暂估价中的材料单价在编制招标控制价时，应根据招标工程量清单中提供的单价计入综合单价；暂估价中的专业工程金额应分不同专业，按有关计价规定估算。招标人在工程量清单中提供了暂估价的材料和专业工程属于依法必须招标的，由承包人和招标人共同通过招标确定材料单价与专业工程分包价；若材料和专业工程不属于依法必须招标的，经发、承包双方协商确认单价后计价。

3）计日工在编制招标控制价时，计日工项目和数量应按其他项目清单列出的项目和数量，一般情况下，计日工中的人工单价和施工机械台班单价应按工程造价管理机构公布的单价计算，计日工中的材料单价应按工程造价管理机构发布的工程造价信息中的材料单价计算，工程造价信息未发布单价的材料，其价格应按市场调查确定的单价计算。

4）总承包服务费在编制招标控制价时，应根据招标工程量清单列出的内容和要求估算：一般情况下，招标人仅要求对分包的专业工程进行总承包管理和协调时，按分包的专业工程估算造价的1.5%计算；招标人要求对分包的专业工程进行总承包管理和协调，并同时要求提供配合服务时，根据招标文件中列出的配合服务内容和提出的要求，按分包的专业工程估算造价的3% ~5%计算；招标人自行供应材料的，按招标人供应材料价值的1%计算。

6. 规费和税金的编制

规费和税金应按国家或省级、行业建设主管部门的规定计算，不得作为竞争性费用。编制招标控制价时，规费标准有幅度的，按上限计列。税金应按工程在市区，工程在县城、镇，工程不在城市、县城、镇等三种情况计取费率。

5.3.4 投标报价的编制

按照GB 50500—2013《建设工程工程量清单计价规范》的规定，投标报价应由投标人或受其委托、具有相应资质的工程造价咨询人编制。投标人应按照相关规定自主确定投标报价，且投标报价不得低于工程成本。同时，投标人必须按招标工程量清单填报价格。项目编码、项目名称、项目特征、计量单位、工程量必须与招标工程量清单一致。投标人的投标报价高于招标控制价的应予废标。

1. 编制投标报价的依据

1）GB 50500—2013《建设工程工程量清单计价规范》。

2）国家或省级、行业建设主管部门颁发的计价办法。

3）企业定额，国家或省级、行业建设主管部门颁发的计价定额和计价办法。

4）招标文件、招标工程量清单及其补充通知、答疑纪要。

5）建设工程设计文件及相关资料。

6）施工现场情况、工程特点及投标时拟定的施工组织设计或施工方案。

7）与建设项目相关的标准、规范等技术资料。

8）市场价格信息或工程造价管理机构发布的工程造价信息。

9）其他的相关资料。

2. 投标报价成果文件的组成内容

1）投标报价封面。

2）工程项目计价总说明。

3）建设项目招标控制价汇总表。

4）单项工程招标控制价汇总表。

5）单位工程招标控制价汇总表。

6）分部分项工程量清单与计价表。

7）单价措施项目清单与计价表。

8）总价措施项目清单与计价表。

9）其他项目清单与计价汇总表。

10）规费、税金项目计价表。

11）分部分项工程与单价措施项目综合单价分析表

3. 投标报价各项费用的编制

从上述投标报价的组成可以看出，其与招标控制价的组成基本一样。在编制各项费用时，采用的方式方法也基本相同。主要不同点有：

（1）编制依据略有不同　在采用定额方面，招标控制价的编制只能使用政府主管部门发布的计价定额；而投标报价的编制优先采用企业定额，也可以参照计价定额执行。

在采用材料单价时，招标控制价的编制应采用政府主管部门发布的材料信息价，只有在信息价缺失的情况，才能采用材料市场价。而投标报价的编制应优先采用材料市场价，同时也可以按照信息价执行。

上述规定充分体现了工程量清单计价方法关于投标人自主确定投标报价的原则。

（2）分部分项工程费编制　在编制投标报价时，分部分项工程工程量必须是招标工程量清单提供的工程量，综合单价应依据招标文件及其招标工程量清单中的分部分项工程量清单项目的特征描述确定计算，综合单价中应包括招标文件中划分的应由投标人承担的风险范围及其费用。其中人工费依据企业定额和市场价格计算，也可以按国家或省级、行业建设主管部门颁发的计价定额和计价办法的规定计算；材料费依据企业定额和市场价格计算，也可以按国家或省级、行业建设主管部门颁发的计价定额和计价办法的规定计算，招标工程量清单提供了暂估单价的材料和工程设备，按暂估的单价计入综合单价；机械费依据企业定额和市场价格计算，也可以按国家或省级、行业建设主管部门颁发的计价定额和计价办法的规定计算；综合费依据企业定额结合市场和企业具体情况计算，也可以按国家或省级、行业建设主管部门颁发的计价定额和计价办法的规定计算。

（3）措施项目费编制　在编制投标报价时，投标人应根据招标文件中的措施项目清单及投标时拟定的施工组织设计或施工方案依据企业定额和市场价格自主计算，也可以按国家或省级、行业建设主管部门颁发的计价定额和计价办法的规定计算。另外，投标人投标时可根据招标工程实际情况结合施工组织设计或施工方案，对招标人所列的措施项目进行增补。投标人对招标文件编列的措施项目或投标施工组织设计或施工方案中已有的措施项目未报价的，若中标，结算时不得增加或调整相应措施项目的措施费。

（4）其他项目费编制　对暂列金额，在投标报价时投标人应按招标人在其他项目清单中列出的金额填写，不得增加或减少。对材料暂估价，投标人投标报价时，应按招标人在其他项目清单中列出的材料单价计入综合单价；专业工程暂估价应按招标人在其他项目清单中列出的金额填写，并进入合同价。对计日工报价时，投标人应按招标人在其他项目清单中列出的项目和数量，自主确定综合单价并计算计日工费用。编制竣工结算时，计日工的费用应按发包人实际签证确认的数量和合同约定的相应项目综合单价计算。对总承包服务费投标报价时，投标人应依据招标人在招标文件中列出的分包专业工程内容和供应材料设备情况，按照招标人提出的协调、配合与服务要求和施工现场管理需要自主确定；编制竣工结算时，总承包服务费应依据合同约定的金额计算，发、承包双方依据合同约定对总承包服务费进行了调整的，应按调整后的金额计算。

（5）规费编制　对规费，在投标报价时，应按国家或省级、行业建设主管部门对投标人核定的费率计取。

5.3.5 工程量清单及招标控制价编制程序和步骤

工程量清单计价方法与工程定额计价法是两种完全不同的计价方法，因而其编制程序和步骤也不同。对工程量清单而言，由招标人编制，与施工企业无关。招标控制价也由招标人编制，而投标报价由施工企业编制。由于工程量清单和招标控制价均由招标人编制，而且两者的编制依据和要求具有规定性，因此工程量清单和招标控制价的编制具有一定的程序和步骤。而投标报价按规定由施工企业自主报价，其投标报价编制程序由企业自行掌握。

招标工程量清单和招标控制价编制程序可按以下步骤进行：

1. 准备工作

准备工作的要求与工程定额计价方法基本一致，只是收集的编制依据有所不同。工程量清单计价资料收集清单见表 5-6。

表 5-6　工程量清单计价法收集资料一览表

序　号	资料分类	资料内容
1	国家规范	国家或省级、行业建设主管部门颁发的计价办法
2		《建设工程工程量清单计价规范》
3		《房屋建筑与装饰工程工程量计算规范》等九册计量规范
4	地方标准、定额	××地区建筑安装工程消耗量标准
5		××地区建设工程工程量清单预算定额
6		××地区建设工程工程量清单计价定额
7		××地区人工费调整系数、材料信息价、规费等管理办法
8	建设项目有关资料	设计文件、施工图、标准图集等
9		施工现场情况、工程特点及常规施工方案
10		经批准的初步设计概算或修正概算
11	其他有关资料	

对熟悉施工图、了解和掌握现场情况及施工组织设计或施工方案等资料、熟练掌握计价定额及有关规定的要求，与工程定额计价方法基本相同，只是应熟练掌握的计价定额不是定额计价法中的预算定额，而是与工程量清单计价法配套的计价定额（或计价依据），因为工程量清单计价时，需要组合综合单价，各地区都已发布了与工程量清单计价法配套的计价定额（或预算定额）。

2. 划分工程项目

工程量清单计价方法下的划分工程项目，必须与现行国家发布的各专业工程计量规范的项目一致（这与工程定额计价方法较大的不同）。这样才能正确地选用计量规范，选择正确的计算规则，编制正确的招标工程量清单。

3. 计算工程量

计算工程量的总体要求与定额计价法的要求一致。但由于此时采用的计算依据不同，初学者往往容易混淆。在工程定额计价法中，计算工程量采用的是与定额计价法配套的预算定额中的计算规则，这是正确的。而在工程量清单计价法中，计算工程量必须采用国家发布的各专业工程计量规范如 GB 50854—2013《房屋建筑与装饰工程工程量计算规范》、GB 50856—2013《通用安装工程工程量计算规范》等规定的计算规则，而不能采用与工程量清单计价法配套的计价定额中的计算规则。由于历史的延续，各地区在编制与工程量清单计价法配套的计价定额时，往往保留了原预算定额的计算规则，它只能在组合综合单价时使用，而计算招标工程量清单的工程量时，不能采用。

4. 编制招标工程量清单

招标工程量清单是招标人依据国家标准、招标文件、设计文件以及施工现场实际情况，按照 GB 50500—2013《建设工程工程量清单计价规范》以及 GB 50854—2013《房屋建筑与装饰工程工程量计算规范》等九册计量规范的规定编制，包括对其的说明和表格。招标工程量清单随招标文件发布，作为编制招标控制价的依据，也是所有投标人投标报价的共同基础。

5. 工程量清单项目组价

组价的方法和注意事项与工程定额计价法套定额的方式基本相同。但需要注意的是，由于工程量清单项目编制的综合性，每个工程量清单项目可能包括一个或几个子目，每个子目相当于一个定额子目。所不同的是，工程量清单项目套价的结果是计算该清单项目的综合单价。

6. 分析综合单价

工程量清单的工程数量，按照国家发布的现行的相应专业工程计量规范规定的工程量计算规则计算。一个工程量清单项目由一个或几个定额子目组成，将各定额子目的综合单价汇总累加，再除以该清单项目的工程数目，即可求得该清单项目的综合单价。

综合单价中人工、材料、机械台班的净用量、损耗量和价格水平，企业管理费、利润的取费标准，风险费用的考虑因素和取费高低，是综合单价分析的重点。它们既是构成综合单价的资源要素，也是进行工程期中结算和竣工结算，强化工程造价全过程控制和管理的主要因素。

7. 费用计算

在工程量计算和综合单价分析经复查无误后，即可进行分部分项工程费、措施项目费、其他项目费、规费和税金的计算，从而汇总得出工程造价。

其具体计算原则和方法如下：

$$\text{分部分项工程费} = \sum(\text{分部分项工程量} \times \text{分部分项工程项目综合单价}) \tag{5-6}$$

其中，分部分项工程项目综合单价由人工费、材料费、机械费、管理费和利润组成，并考虑风险因素。

措施项目费分为单价措施项目费与总价措施项目费两种，可以按国家发布的现行的各专业工程计量规范规定应予计量的措施项目，即为单价措施项目；不宜计量的措施项目为总价措施项目。

$$\text{单价措施项目费} = \sum(\text{措施项目工程量} \times \text{措施项目综合单价}) \tag{5-7}$$

$$\text{总价措施项目费} = \sum(\text{措施项目费} \times \text{费率}) \tag{5-8}$$

其中，单价措施项目综合单价的构成与分部分项工程项目综合单价的构成类似。

$$\text{单位工程造价} = \text{分部分项工程费} + \text{措施项目费} + \text{其他项目费} + \text{规费} + \text{税金} \tag{5-9}$$

工程量清单复核、编制说明、装订与签章的要求，与工程定额计价方法的要求完全一致。

习　题

1. 简述工程计价的基本原理。
2. 工程计价的基本体系包括哪些内容？
3. 什么是工程定额计价方法？

4. 什么是工程量清单计价方法？
5. 采用工程量清单计价还需要定额吗？为什么？
6. 什么是定额单价法、实物量法、综合单价法？请说出三者的区别。
7. 如何区别暂列金额与暂估价？
8. 招标工程量清单的编制依据有哪些？
9. 招标控制价与投标报价的编制依据有哪些区别？为什么？
10. 简述工程定额计价的编制步骤。
11. 简述工程量清单的编制步骤，指出与定额计价的主要区别。
12. 简述招标控制价的编制步骤，指出与定额计价的主要区别。
13. 措施项目费有哪两种类型？请各自举例说明。

附　录

某中学教学楼工程招标工程量清单
及招标控制价编制示例

__________×××中学教学楼__________工程

招标工程量清单

招　标　人：________________________

（单位盖章）

造价咨询人：________________________

（单位盖章）

年　　月　　日

×××中学教学楼　工程

招标工程量清单

招　标　人：________（单位盖章）

造价咨询人：________（单位资质专用章）

法定代表人
或其授权人：________（签字或盖章）

法定代表人
或其授权人：________（签字或盖章）

编　制　人：________（造价人员签字盖专用章）

复　核　人：________（造价工程师签字盖专用章）

编制时间：

复核时间：

扉-1

总 说 明

工程名称：×××中学教学楼　　　　　　　　　　　　　　　　第1页　共2页

1. 工程概况

1.1　本工程为×××中学教学楼。

1.2　建筑总面积为23326.04m^2。

1.3　本工程建筑耐火等级为一级，建筑耐久年限为50年，结构的抗震类别为丙类，抗震设防烈度为6度。

2. 工程招标和分包范围

本工程招标范围为×××中学教学楼施工图设计范围内的土建工程、安装工程。

3. 招标工程量清单编制依据

3.1　中华人民共和国国家标准GB 50854—2013《房屋建筑与装饰工程工程量计算规范》、GB 50856—2013《通用安装工程工程量计算规范》、GB 50500—2013《建设工程工程量清单计价规范》、GB/T 50353—2013《建筑工程建筑面积计算规范》、《四川省建设工程工程量清单计价定额》。

3.2　四川省相关工程造价管理及其配套文件。

3.3　×××工程顾问有限公司设计的2014.07版本工程施工图及相关图集。

4. 工程质量、材料、施工等的特殊要求

4.1　工程质量要求：达到现行施工质量验收规范中的合格标准。

4.2　材料质量要求：材料、设备选用满足设计和国家现行相关质量标准要求，其中装饰材料、安装材料、设备选用中等档次合格产品，并须得到招标人现场代表、现场监理工程师认可。

4.3　施工要求：满足国家相关文件政策要求，并须按经批准的施工组织设计实施，符合现行施工规范及验收标准。

5. 其他需说明的问题

5.1　本工程招标控制价为：23764622元。

5.2　土建部分需说明的问题：

5.2.1　混凝土均使用商品混凝土；所有砂浆均使用预拌砂浆。

5.2.2　本工程楼栋室内门窗由用户自理，本清单未计入。

5.2.3　本工程门厅、前室、公共通道楼地面、墙面面层、吊顶装饰属于二次设计范畴，本清单未计入。

5.2.4　本工程外墙成品灯具，施工图无具体规格及做法，此部分属于二次设计范畴，本清单未计入。

5.2.5　依据招标人要求，本清单未编制基坑护壁，发生时按实结算。

5.3　填表及报价须知：

5.3.1　本工程投标报价按GB 50500—2013《建设工程工程量清单计价规范》、招标文件的规定及要求，使用表格及格式按GB 50500—2013《建设工程工程量清单计价规范》执行，有更正的以勘误和解释为准。

5.3.2　工程量清单中每一个项目，都需填入综合单价及合价，对没有填入综合单价及合价的项目其费用视为已包含在本工程量清单其他项目的综合单价及合价中，承包人需完成未填写单价及合价的清单项目所包含的工程内容，但该部分费用得不到结算与支付，不同单项及单位工程中的分部分项清单中相同项目（项目特征相同）的报价应统一，如有差异，按最低一个报价进行结算。

5.3.3　《承办人提供材料和工程设备一览表》中的材料投标单价应与综合单价分析表中材料投标单价一致，如有不同需按不利于投标人的方式进行结算。

5.3.4　本工程量清单中分部分项工程量及措施项目工程量均依据××工程顾问有限公司设计的2014.07版本工程施工图及相关图集，并依据GB 50854—2013《房屋建筑与装饰工程工程量计算规范》、GB 50856—2013《通用安装工程工程量计算规范》等计量规范进行计算所得，此工程量仅作为施工企业投标报价的共同基础，不能作为最终结算与支付价款的依据，工程量的变化调整以招标人与承包商签订的施工合同约定为准。

5.3.5　分部分项工程量清单及措施项目清单中对工程项目的项目特征及具体做法只作重点描述，详细情况见施工图设计、技术说明及相关图集。投标人组价时应结合工程施工现场具体情况，确定完成所有工序及工作内容全部费用的综合单价。

5.3.6　投标人编制施工方案，应充分考虑施工现场周边的实际情况对施工的影响，并结合自身技术及管理水平作出报价。

5.3.7　本说明未尽事宜，以双方签订的合同、相关计量计价规范及相关法律、法规、建设行政主管部门颁发的文件为准。

分部分项工程和单价措施项目清单与计价表

工程名称：×××中学教学楼【建筑与装饰工程】　　标段：　　第 1 页　共 19 页

序号	项目编码	项目名称	项目特征	计量单位	工程量	金额/元		
						综合单价	合价	其中 暂估价
			土石方工程					
1	010101003001	挖沟槽土方	1. 部位：暗沟等 2. 土壤类别：综合 3. 挖土深度：2m 以内 4. 弃土运距：投标人自行考虑	m^3	152.43			
2	010103001001	回填方	1. 土质要求：综合 2. 密实度要求：按规范要求（夯实后密实度>95%），分层夯填 3. 运距：投标人自行考虑	m^3	33.45			
			分部小计					
			砌筑工程					
3	010401003001	实心砖墙	1. 砖品种、规格、强度等级：页岩实心砖，200mm×115mm×53mm 2. 墙体类型：电梯井 3. 砂浆强度等级、配合比：M5 混合砂浆	m^3	101.42			
4	010401004001	多孔砖墙	1. 多孔砖品种、规格、强度等级：页岩烧结多孔砖，200mm × 115mm ×90mm 2. 砂浆强度等级、配合比：M5 混合砂浆	m^3	2268.99			
5	010401005001	空心砖墙	1. 空心砖、砌块品种、规格、强度等级：页岩空心砖 2. 砂浆强度等级、配合比：M5 混合砂浆	m^3	910.58			
6	010401012001	零星砌砖	1. 砖品种、规格、强度等级：各种砖规格综合	m^3	1.09			
			本页小计					

表-08

工程名称：×××中学教学楼【建筑与装饰工程】　　标段：　　第2页　共19页

序号	项目编码	项目名称	项目特征	计量单位	工程量	金额/元		
						综合单价	合价	其中：暂估价
6	010401012001	零星砌砖	2. 砂浆强度等级、配合比：M5 水泥砂浆	m^3	1.09			
7	010401014001	砖暗沟	1. 砖品种、规格、强度等级：烧结页岩实心砖 2. 砌筑砂浆强度等级：M5 水泥砂浆 3. 抹灰砂浆配合比：20mm 厚 1∶3 水泥砂浆粉光 4. 沟盖板：铸铁落水箅子	m	153.25			
			分部小计					
			混凝土及钢筋混凝土工程					
8	010501001001	垫层	1. 部位：暗沟等 2. 混凝土种类：商品混凝土 3. 混凝土强度等级：C10	m^3	25.87			
9	010502001001	矩形柱（装饰柱）	1. 混凝土种类：商品混凝土 2. 混凝土强度等级：C20	m^3	135.20			
10	010502002001	构造柱	1. 混凝土种类：商品混凝土 2. 混凝土强度等级：C20	m^3	608.85			
11	010502003001	异形柱	1. 混凝土种类：商品混凝土 2. 混凝土强度等级：C30	m^3	25.16			
12	010503002001	矩形梁	1. 混凝土种类：商品混凝土 2. 混凝土强度等级：C30	m^3	10.28			
13	010503003001	异形梁	1. 混凝土种类：商品混凝土 2. 混凝土强度等级：C30	m^3	13.34			
14	010503004001	电梯井圈梁	1. 混凝土种类：商品混凝土 2. 混凝土强度等级：C20	m^3	6.90			
			本页小计					

注：为计取规费等使用，可在表中增设其中：“定额人工费”。

表-08

单价措施项目清单与计价表

工程名称：×××中学教学楼【建筑与装饰工程】　　标段：　　第1页　共3页

序号	项目编码	项目名称	项目特征描述	计量单位	工程量	金额/元		
						综合单价	合价	其中 暂估价
		脚手架工程						
1	011701001001	综合脚手架	1. 建筑结构形式：剪力墙结构 2. 脚手架材质：投标人根据工程实际情况按照国家现行标准 JGJ 130—2011《建筑施工扣件式钢管脚手架安全技术规范》、《建筑施工附着升降脚手架管理暂行规定》（建建［2000］230号）等规范自行确定	m^2	17925.58			
		小计						
		混凝土模板及支架（撑）						
2	011702002001	装饰柱	装饰柱	m^2	3199.62			
3	011702003001	构造柱	构造柱	m^2	7635.76			
4	011702004001	异形柱	1. 柱截面形状：L、T等 2. 清水模板	m^2	444.93			
5	011702006001	矩形梁	1. 支撑高度：≤3.6m 2. 清水模板	m^2	128.52			
6	011702007001	异形梁	1. 支撑高度：≤3.6m 2. 清水模板	m^2	156.99			
7	011702008001	混凝土翻边	混凝土翻边	m^2	1132.58			
8	011702008002	圈梁	圈梁	m^2	77.28			
9	011702009001	过梁	过梁	m^2	1101.45			
10	011702011001	直形墙	直形墙	m^2	23919.48			
			本页小计					

表-08

总价措施项目清单计价表

工程名称：×××中学教学楼【建筑与装饰工程】　　标段：　　第1页　共1页

序号	项目编码	项目名称	计算基础	费率（%）	金额/元	调整费率（%）	调整后金额/元	备注
1	011707001001	安全文明施工						
1.1	①	环境保护	分部分项定额人工费	0.8				
1.2	②	文明施工	分部分项定额人工费	10				
1.3	③	安全施工	分部分项定额人工费	15				
1.4	④	临时设施	分部分项定额人工费	15				
2	011707002001	夜间施工						
3	011707003001	非夜间施工照明						
4	011707004001	二次搬运						
5	011707005001	冬雨期施工						
6	011707006001	地上、地下设施、建筑物的临时保护设施						
7	011707007001	已完工程及设备保护						
合计								

注：1. “计算基础”中安全文明施工费可为“定额基价”“定额人工费”或“定额人工费+定额机械费”，其他项目可为“定额人工费”或“定额人工费+定额机械费”。

2. 按施工方案计算的措施项目费，若无“计算基础”和“费率”的数值，也可只填“金额”数值，但应在备注栏中说明施工方案的出处或计算方法。

其他项目清单与计价汇总表

工程名称：×××中学教学楼【建筑与装饰工程】　　　　标段：　　　　第1页　共1页

序　号	项 目 名 称	金额/元	结算金额/元	备　注
1	暂列金额	1188231		
合　计				—

注：材料（工程设备）暂估单价进入清单项目综合单价，此处不汇总。

表-12

暂列金额明细表

工程名称：×××中学教学楼【建筑与装饰工程】　　　　标段：　　　　第1页　共1页

序　号	项 目 名 称	计 量 单 位	暂定金额/元	备　注
1	暂列金额	项	1188231	
合　计				—

注：此表由招标人填写，如不能详列，也可只列暂定金额总额，投标人应将上述暂列金额计入投标总价中。

表-12-1

材料（工程设备）暂估单价及调整表

工程名称：×××中学教学楼【建筑与装饰工程】　　标段：　　第1页　共1页

序号	材料（工程设备）名称、规格、型号	计量单位	数量		单价/元		合价/元		差额±/元		备注
			暂估	确认	暂估	确认	暂估	确认	暂估	确认	
合计											

注：此表由招标人填写“暂估单价”，并在备注栏中说明暂估价的材料、工程设备拟用在哪些清单项目上，投标人应将上述材料、工程设备暂估单价计入工程量清单综合单价报价中。

表-12-2

专业工程暂估价及结算价表

工程名称：×××中学教学楼【建筑与装饰工程】　　　　标段：　　　　第1页　共1页

序　　号	工程名称	工程内容	暂估金额/元	结算金额/元	差额±/元	备　　注
合　　计				—	—	—

注：此表“暂估金额”由招标人填写，投标人应将“暂估金额”计入投标总价中。结算时按合同约定结算金额填写。

表-12-3

计日工表

工程名称：×××中学教学楼【建筑与装饰工程】　　标段：　　第1页　共1页

编　号	项目名称	单　位	暂定数量	实际数量	综合单价/元	合价/元	
						暂　定	实　际
总　计							

注：此表项目名称、暂定数量由招标人填写，编制招标控制价时，单价由招标人按相关计价规定确定；投标时，单价由投标人自主报价，按暂定数量计算合价计入投标总价中。结算时，按发承包双方确定的实际数量计算合价。

表-12-4

总承包服务费计价表

工程名称：×××中学教学楼【建筑与装饰工程】　　标段：　　第1页　共1页

序　号	项目名称	项目价值/元	服务内容	计算基础	费率（%）	金额/元
1	发包人发包专业工程					
2	发包人供应材料					
—	合　计	—	—	—	—	—

注：此表项目名称、服务内容由招标人填写，编制招标控制价时，费率及金额由招标人按相关计价规定确定；投标时，费率及金额由投标人自主报价，计入投标总价中。

表-12-5

规费、税金项目计价表

工程名称：×××中学教学楼【建筑与装饰工程】　　标段：　　第1页　共1页

序　号	项目名称	计算基础	计算基数	计算费率（%）	金额/元
1	规费				
1.1	社会保险费				
(1)	养老保险费	分部分项定额人工费＋措施项目定额人工费			
(2)	失业保险费	分部分项定额人工费＋措施项目定额人工费			
(3)	医疗保险费	分部分项定额人工费＋措施项目定额人工费			
(4)	工伤保险费	分部分项定额人工费＋措施项目定额人工费			
(5)	生育保险费	分部分项定额人工费＋措施项目定额人工费			
1.2	住房公积金	分部分项定额人工费＋措施项目定额人工费			
1.3	工程排污费	按工程所在地环境保护部门收取标准，按实计入			
2	税金	分部分项工程费＋措施项目工程费＋其他项目费＋规费－按规定不计税的工程设备金额			
合　计					

表-13

×××中学教学楼＿＿＿＿工程

招 标 控 制 价

招　标　人：＿＿＿＿＿＿＿＿＿＿
（单位盖章）

造价咨询人：＿＿＿＿＿＿＿＿＿＿
（单位盖章）

年　月　日

封-2

×××中学教学楼　　　工程

招 标 控 制 价

招标控制价(小写)：　23764622 元

（大写)：零拾（亿）零亿贰仟（万）叁佰（万）柒拾（万）陆万肆仟陆佰贰拾贰元

招　标　人：　　　　　　　　　　造价咨询人：

（单位盖章）　　　　　　　　　　（单位资质专用章）

法定代表人　　　　　　　　　　　法定代表人

或其授权人：　　　　　　　　　　或其授权人：

（签字或盖章）　　　　　　　　　（签字或盖章）

编　制　人：　　　　　　　　　　复　核　人：

（造价人员签字盖专用章）　　　　（造价工程师签字盖专用章）

编制时间：　　　　　　　　　　　复核时间：

扉-2

总　说　明

工程名称：×××中学教学楼　　　　第1页共1页

1. 工程概况

1.1　本工程为×××中学教学楼。

1.2　建筑总面积为23326.04m^2。

1.3　本工程建筑耐火等级为一级，建筑耐久年限50年，结构的抗震类别为丙类，抗震设防烈度为6度。

2. 工程招标和分包范围

本工程招标范围为×××中学教学楼施工图设计范围内的土建工程、安装工程。

3. 招标控制价编制依据

3.1　中华人民共和国国家标准GB 50854—2013《房屋建筑与装饰工程工程量计算规范》、GB 50856—2013《通用安装工程工程量计算规范》、GB 50500—2013《建设工程工程量清单计价规范》、GB/T 50353—2013《建筑工程建筑面积计算规范》、《四川省建设工程工程量清单计价定额》。

3.2　四川省相关工程造价管理及其配套文件。

3.3　××工程顾问有限公司设计的2014.07版本工程施工图，及相关图集。

3.4　人工费调整：按川建价发［2013］22号文执行。

3.5　税金：按川建造价发［2011］123号执行。

3.6　规费：按川建发［2008］94号执行。

3.7　安全文明施工费：按川建发［2011］6号执行。

3.8　本工程招标控制价材料价格参考四川省2014年第七期发布的《工程造价信息》及市场价计取。

4. 工程质量、材料、施工等的特殊要求

4.1　工程质量要求：达到现行施工质量验收规范中的合格标准。

4.2　材料质量要求：材料、设备选用满足设计和国家现行相关质量标准要求，其中装饰材料、安装材料、设备选用中等档次合格产品，并须得到招标人现场代表、现场监理工程师认可。

4.3　施工要求：满足国家相关文件政策要求，并须按经批准的施工组织设计实施，符合现行施工规范及验收标准。

5. 其他需说明的问题

本工程招标控制价为：23764622元。

5.1　混凝土均使用商品混凝土；所有砂浆均使用预拌砂浆；所有商品混凝土泵送费用考虑在商品混凝土材料单价中。

5.2　本工程楼栋室内门窗由用户自理，本招标控制价未计入。

5.3　本工程门厅、前室、公共通道楼地面、墙面面层、吊顶装饰属于二次设计范畴，本招标控制价未计入。

5.4　本工程外墙成品灯具，施工图无具体规格及做法，此部分属于二次设计范畴，本招标控制价未计入。

建设项目招标控制价汇总表

工程名称：×××中学教学楼　　　　第1页　共1页

序号	单项工程名称	金额/元	其中：/元		
			暂估价	安全文明施工费	规费
	6#楼	23764622.38		962227.80	933127.14
	合计	23764622		962228	933127

注：本表适用于建设项目招标控制价或投标报价的汇总。

表-02

单项工程招标控制价汇总表

工程名称：×××中学教学楼　　　　第1页　共1页

序号	单项工程名称	金额/元	其中：/元		
			暂估价	安全文明施工费	规费
1	建筑与装饰工程	23764622.38		962227.80	933127.14
合计		23764622.38		962227.80	933127.14

注：本表适用于单项工程招标控制价或投标报价的汇总。暂估价包括分部分项工程中的暂估价和专业工程暂估价。

表-03

单位工程招标控制价汇总表

工程名称：×××中学教学楼【建筑与装饰工程】　　标段：　　第1页　共2页

序号	汇总内容	金额/元	其中：暂估价/元
1	分部分项工程	16077785.51	
	土石方工程	2960.93	
	砌筑工程	1300055.23	
	混凝土及钢筋混凝土工程	5921622.13	
	金属结构工程	179118.18	
	门窗工程	1050893.37	
	屋面及防水工程	552271.01	
	保温、隔热、防腐工程	2304130.06	
	楼地面装饰工程	240387.78	
	墙、柱面装饰与隔断、幕墙工程	3326216.53	
	油漆、涂料、裱糊工程	277793.95	
	其他装饰工程	922336.34	
2	措施项目	5970058.61	—
2.1	其中：安全文明施工费	962227.80	—
3	其他项目	1188231	—
3.1	其中：暂列金额	1188231	—
3.2	其中：专业工程暂估价		—
3.3	其中：计日工		—

表-04

工程名称：×××中学教学楼【建筑与装饰工程】　　标段：　　第2页　共2页

序号	汇总内容	金额/元	其中：暂估价/元
3.4	其中：总承包服务费		—
4	规费	933127.14	—
5	税金	783651.12	—
招标控制价/投标报价合计 =1 +2 +3 +4 +5		23764622.38	

注：本表适用于单位工程招标控制价或投标报价的汇总，如无单位工程划分，单项工程也使用本表汇总。

表-04

分部分项工程量清单与计价表

工程名称：×××中学教学楼【建筑与装饰工程】　　　标段：　　　　　第1页　共17页

序号	项目编码	项目名称	项目特征描述	计量单位	工程量	金额/元 综合单价	金额/元 合价	金额/元 其中 暂估价
		土石方工程						
1	010101003001	挖沟槽土方	1. 部位：暗沟等 2. 土壤类别：综合 3. 挖土深度：2m以内 4. 弃土运距：投标人自行考虑	m^3	152.43	17.70	2698.01	
2	010103001001	回填方	1. 土质要求：综合 2. 密实度要求：按规范要求（夯实后密实度>95%），分层夯填 3. 运距：投标人自行考虑	m^3	33.45	7.86	262.92	
		分部小计					2960.93	
		砌筑工程						
3	010401003001	实心砖墙	1. 砖品种、规格、强度等级：页岩实心砖，200mm×115mm×53mm 2. 墙体类型：电梯井 3. 砂浆强度等级、配合比：M5混合砂浆	m^3	101.42	453.57	46001.07	
4	010401004001	多孔砖墙	1. 多孔砖品种、规格、强度等级：页岩烧结多孔砖，200mm×115mm×90mm 2. 砂浆强度等级、配合比：M5混合砂浆	m^3	2268.99	400.34	908367.46	
5	010401005001	空心砖墙	1. 空心砖、砌块品种、规格、强度等级：页岩空心砖 2. 砂浆强度等级、配合比：M5混合砂浆	m^3	910.58	339.23	308896.05	
6	010401012001	零星砌砖	1. 砖品种、规格、强度等级：各种砖规格综合	m^3	1.09	470.93	513.31	
			本页小计				1266738.82	

表-08

工程名称：×××中学教学楼【建筑与装饰工程】　　标段：　　第2页　共17页

序号	项目编码	项目名称	项目特征描述	计量单位	工程量	金额/元		
						综合单价	合价	其中：暂估价
6	010401012001	零星砌砖	2. 砂浆强度等级、配合比：M5 水泥砂浆	m^3	1.09	470.93	513.31	
7	010401014001	砖暗沟	1. 砖品种、规格、强度等级：烧结页岩实心砖 2. 砌筑砂浆强度等级：M5 水泥砂浆 3. 抹灰砂浆配合比：20mm 厚 1：3 水泥砂浆粉光 4. 沟盖板：铸铁落水箅子	m	153.25	236.72	36277.34	
		分部小计					1300055.23	
		混凝土及钢筋混凝土工程						
8	010501001001	垫层	1. 部位：暗沟等 2. 混凝土种类：商品混凝土 3. 混凝土强度等级：C10	m^3	25.87	369.90	9569.31	
9	010502001001	矩形柱（装饰柱）	1. 混凝土种类：商品混凝土 2. 混凝土强度等级：C20	m^3	135.20	402.78	54455.86	
10	010502002001	构造柱	1. 混凝土种类：商品混凝土 2. 混凝土强度等级：C20	m^3	608.85	409.97	249610.23	
11	010502003001	异形柱	1. 混凝土种类：商品混凝土 2. 混凝土强度等级：C30	m^3	25.16	438.30	11027.63	
12	010503002001	矩形梁	1. 混凝土种类：商品混凝土 2. 混凝土强度等级：C30	m^3	10.28	437.90	4501.61	
13	010503003001	异形梁	1. 混凝土种类：商品混凝土 2. 混凝土强度等级：C30	m^3	13.34	437.90	5841.59	
14	010503004001	电梯井圈梁	1. 混凝土种类：商品混凝土 2. 混凝土强度等级：C20	m^3	6.90	402.38	2776.42	
本页小计							374059.99	

注：为计取规费等的使用，可在表中增设其中：“定额人工费”。

表-08

单价措施项目清单与计价表

工程名称：×××中学教学楼【建筑与装饰工程】　　标段：　　第1页　共3页

序号	项目编码	项目名称	项目特征描述	计量单位	工程量	金额/元		
						综合单价	合价	其中 暂估价
		脚手架工程						
1	011701001001	综合脚手架	1. 建筑结构形式：剪力墙结构 2. 脚手架材质：投标人根据工程实际情况按照国家现行标准 JGJ 130—2011《建筑施工扣件式钢管脚手架安全技术规范》、《建筑施工附着升降脚手架管理暂行规定》（建建［2000］230号）等规范自行确定	m^2	17925.58	18.96	339869.00	
		小计					339869.00	
		混凝土模板及支架（撑）						
2	011702002001	装饰柱	装饰柱	m^2	3199.62	35.45	113426.53	
3	011702003001	构造柱	构造柱	m^2	7635.76	35.54	271374.91	
4	011702004001	异形柱	1. 柱截面形状：L、T等 2. 清水模板	m^2	444.93	55.93	24884.93	
5	011702006001	矩形梁	1. 支撑高度：≤3.6m 2. 清水模板	m^2	128.52	41.86	5379.85	
6	011702007001	异形梁	1. 支撑高度：≤3.6m 2. 清水模板	m^2	156.99	44.27	6949.95	
7	011702008001	混凝土翻边	混凝土翻边	m^2	1132.58	30.71	34781.53	
8	011702008002	圈梁	圈梁	m^2	77.28	30.71	2373.27	
9	011702009001	过梁	过梁	m^2	1101.45	32.81	36138.57	
10	011702011001	直形墙	直形墙	m^2	23919.48	29.81	713039.70	
			本页小计				1548218.24	

注：为计取规费等的使用，可在表中增设其中：“定额人工费”。

表-08

总价措施项目清单计价表

工程名称：×××中学教学楼【建筑与装饰工程】　　标段：　　第1页　共1页

序　号	项目编码	项目名称	计算基础	费率（%）	金额/元	调整费率（%）	调整后金额/元	备　注
1	011707001001	安全文明施工			962227.80			
1.1	①	环境保护	分部分项定额人工费	0.8	18867.21			
1.2	②	文明施工	分部分项定额人工费	10	235840.15			
1.3	③	安全施工	分部分项定额人工费	15	353760.22			
1.4	④	临时设施	分部分项定额人工费	15	353760.22			
2	011707002001	夜间施工			58960.04			
3	011707003001	非夜间施工照明						
4	011707004001	二次搬运			35376.02			
5	011707005001	冬雨期施工			47168.03			
6	011707006001	地上、地下设施、建筑物的临时保护设施						
7	011707007001	已完工程及设备保护						
合　计					1103731.89	—	—	—

注：1.“计算基础”中安全文明施工费可为“定额基价”“定额人工费”或“定额人工费＋定额机械费”，其他项目可为“定额人工费”或“定额人工费＋定额机械费”。

2. 按施工方案计算的措施费，若无“计算基础”和“费率”的数值，也可只填“金额”数值，但应在备注栏说明施工方案出处或计算方法。

其他项目清单与计价汇总表

工程名称：×××中学教学楼【建筑与装饰工程】　　标段：　　第1页　共1页

序　号	项目名称	金额/元	结算金额/元	备　注
	暂列金额	1188231		
合　计				—

注：材料（工程设备）暂估单价进入清单项目综合单价，此处不汇总。

表-12

暂列金额明细表

工程名称：×××中学教学楼【建筑与装饰工程】　　　　标段：　　　　第1页　共1页

序　　号	项 目 名 称	计 量 单 位	暂定金额/元	备　　注
1	暂列金额	项	1188231	
合　　计				—

注：此表由招标人填写，如不能详列，也可只列暂定金额总额，投标人应将上述暂列金额计入投标总价中。

表-12-1

材料（工程设备）暂估单价及调整表

工程名称：×××中学教学楼【建筑与装饰工程】　　标段：　　第1页　共1页

序　号	材料（工程设备）名称、规格、型号	计量单位	数　量		单价/元		合价/元		差额±/元		备　注
			暂估	确认	暂估	确认	暂估	确认	暂估	确认	
合　计											

注：此表由招标人填写“暂估单价”，并在备注栏说明暂估价的材料、工程设备拟用在哪些清单项目上，投标人应将上述材料、工程设备暂估单价计入工程量清单综合单价报价中。

表-12-2

专业工程暂估价及结算价表

工程名称：×××中学教学楼【建筑与装饰工程】　　标段：　　第1页　共1页

序　号	工程名称	工程内容	暂估金额/元	结算金额/元	差额±/元	备　注
合　计				—	—	—

注：此表“暂估金额”由招标人填写，投标人应将“暂估金额”计入投标总价中。结算时按合同约定结算金额填写。

表-12-3

计日工表

工程名称：×××中学教学楼【建筑与装饰工程】　　标段：　　第1页　共1页

编　号	项目名称	单　位	暂定数量	实际数量	综合单价/元	合价/元	
						暂　定	实　际
总　计							

注：此表项目名称、暂定数量由招标人填写，编制招标控制价时，单价由招标人按相关计价规定确定；投标时，单价由投标人自主报价，按暂定数量计算合价计入投标总价中。结算时，按发承包双方确定的实际数量计算合价。

总承包服务费计价表

工程名称：×××中学教学楼【建筑与装饰工程】　　标段：　　第1页　共1页

序号	项目名称	项目价值/元	服务内容	计算基础	费率（%）	金额/元
1	发包人发包专业工程					
2	发包人供应材料					
—	合　计	—	—	—	—	

注：此表项目名称、服务内容由招标人填写，编制招标控制价时，费率及金额由招标人按相关计价规定确定；投标时，费率及金额由投标人自主报价，计入投标总价中。

表-12-5

规费、税金项目计价表

工程名称：×××中学教学楼【建筑与装饰工程】　　标段：　　第1页　共1页

序　号	项目名称	计算基础	计算基数	计算费率（%）	金额/元
1	规费				933127. 14
1. 1	社会保险费				729387. 59
（1）	养老保险费	分部分项定额人工费＋措施项目定额人工费	4074791	11	448227. 01
（2）	失业保险费	分部分项定额人工费＋措施项目定额人工费	4074791	1. 1	44822. 70
（3）	医疗保险费	分部分项定额人工费＋措施项目定额人工费	4074791	4. 5	183365. 60
（4）	工伤保险费	分部分项定额人工费＋措施项目定额人工费	4074791	1. 3	52972. 28
（5）	生育保险费	分部分项定额人工费＋措施项目定额人工费			
1. 2	住房公积金	分部分项定额人工费＋措施项目定额人工费	4074791	5	203739. 55
1. 3	工程排污费	按工程所在地环境保护部门收取标准，按实计入			
2	税金	分部分项工程费＋措施项目工程费＋其他项目费＋规费－按规定不计税的工程设备金额	22980971. 26	3. 41	783651. 12
合　计					1716778. 26

表-13

参 考 文 献

[1] 中华人民共和国住房和城乡建设部．GB 50500—2013　建设工程工程量清单计价规范［S］．北京：中国计划出版社，2013.

[2] 中华人民共和国住房和城乡建设部．GB 50854—2013　房屋建筑与装饰工程工程量计算规范［S］．北京：中国计划出版社，2013.

[3] 中华人民共和国住房和城乡建设部．GB/T 50875—2013　工程造价术语标准［S］．北京：中国计划出版社，2013.

[4] 全国造价工程师执业资格考试培训教材编审委员会．建设工程计价（2013 年版）［M］．北京：中国计划出版社，2014.

[5] 全国造价工程师执业资格考试培训教材编审委员会．建设工程造价管理（2013 年版）［M］．北京：中国计划出版社，2014.

[6] 中国建设工程造价管理协会．建设工程造价管理基础知识［M］．北京：中国计划出版社，2014.

[7] 尹贻林，严玲．工程造价概论［M］．北京：人民交通出版社，2009.

[8] 李建峰．建设工程定额原理与实务［M］．北京：机械工业出版社，2014.

[9] 陶学明．工程造价计价与管理［M］．北京：中国建筑工业出版社，2004.

[10] 袁建新．企业定额编制原理与实务［M］．北京：中国建筑工业出版社，2003.

[11] 黄伟典．工程定额原理［M］．北京：中国电力出版社，2008.

[12] 严玲，尹贻林．工程计价学［M］．2 版．北京：机械工业出版社，2014.

[13] 吴怀俊，马楠．工程造价管理［M］．北京：人民交通出版社，2007.

信息反馈表

尊敬的老师：您好！

感谢您多年来对机械工业出版社的支持和厚爱！为了进一步提高我社教材的出版质量，更好地为我国高等教育发展服务，欢迎您对我社的教材多提宝贵意见和建议。另外，如果您在教学中选用了**《建设工程计价基础与定额原理》（陶学明　熊伟　主编）**，欢迎您提出修改建议和意见。索取课件的授课教师，请填写下面的信息，发送邮件即可。

一、基本信息

姓名：________　性别：________　职称：________　职务：________

邮编：________　地址：________________

学校：________　院系：________　任课专业：________

任教课程：________　手机：________　电话：________

电子邮件：________　QQ：________

二、您对本书的意见和建议

（欢迎您指出本书的疏误之处）

三、您对我们的其他意见和建议

请与我们联系：

100037　机械工业出版社·高等教育分社

Tel：010-8837 9542（O）　刘　涛

E-mail：ltao929@163.com　　QQ：1847737699

http：//www.cmpedu.com（机械工业出版社·教育服务网）

http：//www.cmpbook.com（机械工业出版社·门户网）